高等学校教材

U0384146

电工电子技术基本技能实训教程

李金田　严文娟　贺国权　**主编**

西南交通大学出版社
·成　都·

内 容 简 介

　　本书以训练学生的电工电子基本技能为主，在取材和编排上，循序渐进，注重理论联系实际。全书共分 9 章，内容包括：安全用电常识、室内电气布线和电气照明、焊接技术、常用电子仪器的使用、常用电子元器件的识别与检测、电路图识图基础、电子电路 EDA 技术、PCB 制板与 SMT 技术、电子产品的组装与调试等。

　　本书可作为高等学校电子信息类、电气类、仪器仪表类、机电类等专业的"电工电子基本技能"课程的教材，也可供电子爱好者参考。

图书在版编目（CIP）数据

电工电子技术基本技能实训教程 / 李金田，严文娟，贺国权主编. 一成都：西南交通大学出版社，2012.9
ISBN 978-7-5643-1978-6

Ⅰ. ①电… Ⅱ. ①李… ②严… ③贺… Ⅲ. ①电工技术－教材②电子技术－教材 Ⅳ. ①TM②TN

中国版本图书馆 CIP 数据核字（2012）第 220470 号

高等学校教材

电工电子技术基本技能实训教程

李金田　严文娟　贺国权　主编

*

责任编辑　李芳芳
特邀编辑　张少华
封面设计　何东琳设计工作室
西南交通大学出版社出版发行
(成都二环路北一段 111 号　邮政编码：610031　发行部电话：028-87600564)
http://press.swjtu.edu.cn
成都蓉军广告印务有限责任公司印刷

*

成品尺寸：185 mm × 260 mm　　　印张：19
字数：473 千字
2012 年 9 月第 1 版　　2012 年 9 月第 1 次印刷
ISBN 978-7-5643-1978-6
定价：36.00 元

前　言

在高等教育大众化阶段，长江师范学院电子信息类专业开设了电工电子技术基本技能实训课程，前后经历了 5 年的实践，本书就是在这个实训课程讲义的基础上编写而成的。其目的是为了培养学生的电工电子技术基本技能，激发学生的学习兴趣，为专业课程的学习和培养应用型人才奠定基础。

"电工电子技术基本技能"实训教程适合于技术本科专业人才的培养，要求学生具备高中知识，可以在大学第一学期开设。全书在内容的安排上考虑了实用性和完整性，以专业课程学习需要的基本技能为主要内容，力求做到内容实用、重点突出、通俗易懂、强化技能、激发兴趣。本书特别注重对学生基本技术应用能力的培养，希望通过"电工电子技术基本技能"实训教程的学习，学生可以较好地掌握电工电子技术方面的基本技术。

全书内容共分为 9 章，第 1 章主要介绍人体触电常识、预防触电措施、电气消防与触电急救以及家庭安全用电常识；第 2 章主要介绍室内电气布线与电气照明的相关知识和基本技能；第 3 章主要介绍常用焊接工具和焊接材料、手工焊接工艺和手工焊接质量，以及电子工业生产中的焊接；第 4 章主要介绍常用电子仪器的使用方法以及在使用过程中的注意事项；第 5 章主要介绍常用电子元器件的基本知识、识别与检测的基本技能；第 6 章主要介绍电路图的基本知识、识图的基本方法和基本技能；第 7 章主要介绍 Protel 99 SE 用于电路原理图设计、印制电路板的制作等方面的基本知识和基本技能；第 8 章为印制电路板（PCB，Printed Circuit Board）制作技术、表面安装技术（SMT，Surface Mount Technology）以及手工操作 SMT 简介；第 9 章主要介绍电子产品的组装与调试方面的基本知识与基本技能。

本书可作为高等学校电子信息类、电气类、仪器仪表类、机电类等专业的"电工电子基本技能"课程的教材，也可作为相关专业技术人员和电子爱好者参考。

本书第 1、2、3、4、9 章和附录由李金田编写，第 5、7、8 章由严文娟编写，第 6 章由贺国权编写，全书由贺国权统稿。

由于编者水平有限，书中难免存在许多不足，恳请读者批评指正。

编　者
2012 年 7 月

目　　录

第1章　安全用电常识

1.1　人体触电常识

随着电气化程度的提高，人们接触电的机会成倍增多，触电事故时有发生。据有关统计资料分析，用电过程中触电的主要原因依次是：私拉乱接、缺乏用电常识、违章作业、设备失修、设备安装不合格等，而这些事故原因都直接或间接地与缺乏用电常识和相关电气知识有关。因此，了解安全用电常识和掌握安全用电技能是人们安全合理地使用电能，避免用电事故发生的一大关键。

1.1.1　电流对人体的伤害

人体因触及带电体而承受过高的电压继而导致死亡或局部受伤的现象称为触电。

当电流通过人体时，人体会产生热效应、化学效应以及刺激作用等生物效应。这些生物效应会影响人体的功能，严重时可损伤人体，甚至危及人的生命。

根据触电伤害的程度不同，可将其分为电击伤和电灼伤两种。

电击伤：指电流通过人体时造成的人体内部的伤害，主要影响呼吸系统和神经系统的正常工作，并会对心脏造成致命破坏。

电灼伤：指电弧对人体外表造成的伤害，主要是局部的热、光效应，轻者只见皮肤灼伤，严重者灼伤面积大，并深达肌肉、骨骼。常见的有灼伤、烙伤和皮肤金属化等，严重时危及性命。

调查表明，绝大部分的触电事故都是由电击造成的。电击伤害的程度取决于通过人体的电流的大小、持续时间、频率以及途径等。

1. 伤害程度与电流大小的关系

通过人体的电流越大，人体的生理反应越明显，感觉越强烈。电流对人体作用的变化分为以下三种：

（1）感知电流。可引起人的感觉的最小电流称为感知电流。人对电流最初的感觉是轻微麻抖和刺痛。对于工频交流电的平均感知电流，成年男性约为 1.05 mA，成年女性约为 0.7 mA。

感知电流一般不会对人体造成伤害，但应该考虑到有时会使人因惊慌或恐惧导致跌倒或坠落而产生伤害。

（2）摆脱电流。人触电后能自行摆脱电源的电流极限值称为摆脱电流。通过人体的电流超过感知电流后，人体就会产生痛苦的感觉。当电流增大到一定程度，触电者将因肌肉收缩发生痉挛而紧紧抓住带电体。由于神经麻痹，触电者将失去运动的自主性而不能自行摆脱电源。

对于工频交流电的平均摆脱电流，成年男性约为 16 mA，成年女性约为 10.5 mA。

摆脱电流是人体可以忍受又不致造成不良后果的电流。当电流值大于摆脱电流时，由于呼吸中枢抑制及至麻痹，呼吸常常变快变浅，心跳加速，有时出现前期收缩，触电者常短时陷入昏迷。因此，设计电力系统时，应确保使人不致长时间承受大于 9 mA 交流或 60 mA 直流电的作用。

（3）致命电流。在较短时间内，危及生命的最小电流称为致命电流。一般情况下，通过人体的工频电流超过 50 mA 时，心脏就会停止跳动，使人发生昏迷，并出现致命的电灼伤。工频 100 mA 的电流通过人体时会很快致命。

心室颤动的程度与通过电流的强度有关。不同电流强度对人体的影响如表 1.1.1 所示。

表 1.1.1　不同电流强度对人体的影响

电流强度/mA	对人体的影响	
	50 Hz 交流电	直流电
0.6~1.5	开始有感觉，手脚麻木	无感觉
2~3	手指麻刺、颤抖	无感觉
5~7	手部痉挛	热感
8~10	手部剧痛，勉强可以摆脱电源	热感增多
20~25	手迅速麻痹，不能自主，呼吸困难	手部轻微痉挛
50~80	呼吸麻痹，心室开始颤动	手部痉挛，呼吸困难
90~100	呼吸麻痹，心室经 2 s 颤动即发生麻痹，心脏停止跳动	

由表 1.1.1 可知，人体允许的安全工频电流为 30 mA，工频危险电流为 50 mA。

2. 伤害程度与电流持续时间的关系

电流对人体的伤害程度与电流对人体作用的持续时间有密切关系。人体实验表明，随着作用时间的增长，不仅摆脱电流值迅速降低，而且使人可以摆脱的电压值也迅速降低。动物实验表明，通电时间越长，引起心室颤动的电流值越小。

由于人体发热出汗和电流对人体组织的电解作用，电流通过人体的时间越长，人体电阻将逐渐降低，在电源电压一定的情况下，会使电流增大，对人体组织的破坏更大，后果更严重。总之，电流通过人体的时间越长，则伤害越大。

我国规定的安全电流为 30 mA·s，即触电时间在 1 s 内，通过人体的最大允许电流为 30 mA。

3. 伤害程度与电流种类的关系

实验表明，直流、不同频率的交流及冲击电流（脉冲电流）对人体的伤害程度是不同的。其中，直流电的危险性比交流电要小。男性对直流电的最小感知电流约为 5.2 mA，女性约为

3.5 mA；男性对直流电的平均摆脱电流约为 76 mA，女性约为 51 mA；均为工频（50 Hz）电流的 5 倍左右。

电流频率为 25 ~ 300 Hz 的交流电对人体伤害最严重。摆脱电流的频率曲线是以 50 ~ 60 Hz 为最低点，高于 50 Hz 的交流电的摆脱电流阈值都高于 50 Hz 时的值。200 Hz 的交流电具有最大的生理主动性，这个频率下的最小感知电流值和可以忍耐的电流极限值最低。超过 1 000 Hz 以上的电流，伤害程度明显减轻。

雷电和静电产生的电流为冲击电流（单脉冲电流），冲击电流能引起强烈的肌肉收缩，给人以冲击感。持续时间为 10 ~ 100 μs 的冲击电流使人有感觉的最小值为数十毫安以上，甚至 100 A 的冲击电流仍不至引起心室颤动而致命。通常认为，冲击电流引起心室颤动的界限是 27 W·s。

实践证明，直流电对血液有分解作用，而高频电流不仅没有危害还可以用于医疗保健等。

4. 伤害程度与电流途径的关系

电流通过人体时，通过的途径不同，其后果也不同。电流通过心脏会引起心室颤动，使血液循环停止而导致死亡；电流通过中枢神经或有关部位，会引起中枢神经系统强烈失调而导致死亡；电流通过头部会使人昏迷，电流通过脊髓会使人截瘫。电流通过人体的代表性途径如图 1.1.1 所示。

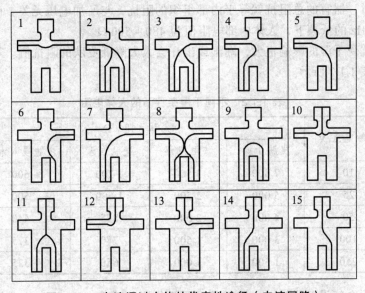

图 1.1.1　电流通过人体的代表性途径（电流回路）

因此，电流从一只手流入，从另一只手流出，或从手流入，从脚流出，都是能发生致命影响的途径。而从一只脚流入，从另一只脚流出时，危险性就小一些。

实践证明，从左手到脚是最危险的电流途径，因为心脏直接处在电路中；从手到手和从手到脚也是很危险的电流途径。从右手到脚的电流途径危险性较小，但一般也能引起剧烈痉挛而摔倒，导致电流通过人体的全身。

除了上述影响伤害程度的因素外，电流对人体的伤害程度还与人体的状态等因素有关。一般来说，女性和儿童受电流的作用较成年男性敏感。另外，体重越大，肌肉越发达者的摆脱电流也越大；使心室颤动的最小电流约与体重成正比。

1.1.2 安全电压

安全电压：为防止触电事故而采用的由特定电源供电的电压系列。显而易见，安全电压是保证用电安全的重要措施。

1. 人体允许电流及人体的阻抗

通常把摆脱电流看作允许电流。男性最小允许电流为 9 mA，女性为 6 mA。在线路或设备上装有防止触电的速断保护装置的情况下，人体的允许电流可按 30 mA 考虑。在空中、水下等可能因电击导致摔死和淹死的场合，人体允许电流应按不引起强烈痉挛的 5 mA 考虑。

人体阻抗由电阻和与其并联的电容组成。由于电容很小，可忽略不计。

人体的总阻抗为电流所经过的组织的阻抗之和，血液、淋巴、肌肉组织，特别是神经，具有最大的电导；皮肤、骨骼和脂肪电导最小。人体阻抗在很大范围内波动，并取决于电压、接触面积、电流作用时间和其他因素。

皮肤电阻，更确切地说是皮肤上角质层的电阻，它是人体总阻抗的主要部分。割伤、擦伤、皮肤潮湿，会大大降低皮肤电阻，增加触电可能性。随着电压的提高，皮肤的保护作用就失去了意义，因为角质层将被击穿，人体总阻抗值会下降。在电压一定的条件下，当角质层被完全击穿时，器官的总阻抗就等于内部组织的阻抗，与所加电压无关。研究结果表明，在不超过 150 kHz 的低频下，人体内部电阻值为 480 ~ 500 Ω。

人体的阻抗受干湿的影响很大，潮湿或出汗会大大降低皮肤的阻抗值。不同干湿条件下的人体阻抗如表 1.1.2 所示。

表 1.1.2 不同干湿条件下的人体电阻

接触电压/V	人体电阻 /Ω			
	皮肤干燥	皮肤潮湿	皮肤润湿	皮肤浸入水中
10	7 000	3 500	1 200	600
25	5 000	2 500	1 000	500
50	4 000	2 000	875	440
100	3 000	1 500	770	375
250	1 500	1 000	650	325

在进行低压电气设备设计时，一般情况下人体阻抗可取 2 000 Ω，在比较潮湿条件下应按 500 ~ 1 000 Ω 考虑。

干燥和普通潮湿场所的皮肤，电流途径为单手至双足。在有水蒸气等特别潮湿场所的皮肤，电流途径为双手至双足。在游泳池或浴池中的情况下，基本上为体内电阻。

2. 安全电压值

从人身直接接触保护来讲，应以 25 V（交流有效值）为上限，超过 25 V 就应遮拦起来或采取绝缘措施；若以 25 V 为上限，人身安全是有保证了，但是从电气设备的设计和制造来讲就变困难了，在经济上和技术上也是行不通的。因此，在技术、经济与安全之间必须采取把安全电压值适当提高，但附加一些措施条件以保障人身安全的妥协办法。

GB/T 3805—2008《特低电压（ELV）限值》规定，15～100 Hz 交流电压限值是：当电气设施或电气设备正常（无故障）状态下，在干燥环境中限值为 33 V（对于接触面积小于 1 cm² 的非可握紧部件，允许增大至 66 V）；潮湿环境中限值为 16 V。

安全电压额定值的等级为 42 V、36 V、24 V、13 V、6 V。

当电气设备采用超过 24 V 的安全电压时，必须对可直接接触的带电体采取绝缘措施。

1.1.3　触电类型

根据电流通过人体的途径和触及带电体的方式，一般可将触电分为单相触电、两相触电、跨步电压触电、静电触电和感应电压触电。

1. 单相触电

人体某一部位与大地接触，另一部位与一相带电体接触所致的触电事故称为单相触电。

（1）电源中性点接地的单相触电。

这时人体处于相电压下，危险较大，如图 1.1.2 所示。通过人体电流：

$$I_b = \frac{U_P}{R_0 + R_P} = 219 \ (\text{mA}) \gg 50 \ (\text{mA})$$

式中　U_P——电源相电压（220 V）；

　　　R_0——接地电阻≤4 Ω；

　　　R_b——人体电阻 1 000 Ω。

（2）电源中性点不接地的单相触电。

人体接触某一相时，通过人体的电流取决于人体电阻 R_b 与输电线对地绝缘电阻 R' 的大小，如图 1.1.3 所示。

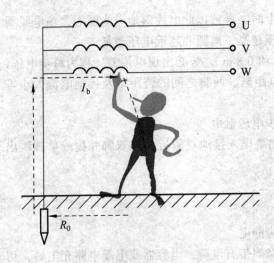

图 1.1.2　电源中性点接地的单相触电

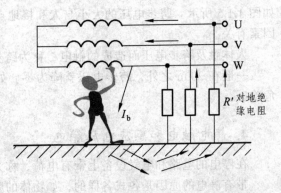

图 1.1.3　电源中性点不接地的单相触电

5

若输电线绝缘良好，绝缘电阻 R' 较大，对人体的危害性就减小。

但导线与地面间的绝缘可能不良（R' 较小），甚至有一相接地（$R' = 0$），这时人体中就有电流通过。

2. 两相触电

发生触电时，人体的不同部位同时触及两相带电体，称为两相触电。

两相触电时，相与相之间以人体作为负载形成电流回路，这时人体处于线电压下，如图1.1.4 所示。

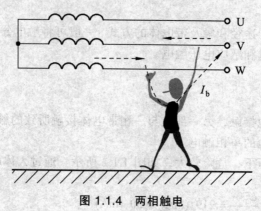

图 1.1.4 两相触电

通过人体的电流：

$$I_b = \frac{U_L}{R_b} = \frac{380}{1\,000} = 0.38 \ (A) \gg 50 \ (mA)$$

触电后果更为严重。

3. 跨步电压触电

当输电线出现断路故障，输电线掉落到地上时，导致以此电线落地点为圆心，输电线周围地面产生一个相当大的电场，离圆心越近电压越高，离圆心越远电压越低。

当人走进距圆心 10 m 以内，双脚迈开时（约 0.8 m），势必出现电位差，称为跨步电压，如图 1.1.5 所示。跨步电压的大小与人和接地点距离、两脚之间的跨距以及接地电流大小等因素有关。

人体触及跨步电压而造成的触电，称为跨步电压触电。

一般在 20 m 之外，跨步电压就降为零。如果误入接地点附近，应双脚并拢或单脚跳出危险区。

4. 静电触电和感应电压触电

在停电的电路和电气设备上带有电荷，称为静电。

带有静电的原因是各式各样的，如物体的摩擦带有电荷，电容器或电缆电路充电后，切除电源，仍残存电荷。人体触及带有静电的设备会受到电击，导致伤害。

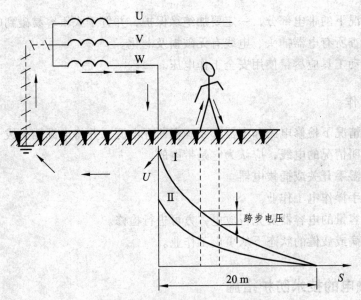

图 1.1.5　跨步电压触电示意图

　　停电后的电气设备或电路，受到附近有电设备或电路的感应而带电，称为感应电。人体触及带有感应电的设备也会受到电击。

1.2　预防触电措施

　　在使用电能的过程中，如果不注意用电安全，可能造成人身触电伤亡事故或电气设备的损坏，甚至影响到电力系统的安全运行，造成大面积的停电事故，使国家财产遭受损失，给生产和生活造成很大的影响。因此，在使用电能时，必须注意安全用电，以保证人身、设备、电力系统三方面的安全，防止触电事故发生。

　　安全用电是指为保证人身及设备安全而采取的科学措施和手段。通常从两方面着手，一是严格遵守用电安全制度和操作规程；二是采取技术防护措施，即电气设备接地和接零、安装低压触电保护器两种方式。

1.2.1　严格遵守用电安全制度和操作规程

　　1. 安全制度

　　在各种用电场所都制定了各种安全使用电气的制度，这些制度是人们在工作实践中不断积累经验而总结制定的，一定要严格遵守，千万不可麻痹大意。

　　2. 安全措施

　　（1）在所有使用市电的场所安装漏电保护器。
　　（2）所有用电的电器及配电装置都应安装保护接地或保护接零。

（3）正常情况下的带电部分，一定要加绝缘保护，并置于人不容易碰到的地方。

（4）随时检查所有电器插头、电线有无破损及老化。

（5）手持电动工具应尽量使用安全工作电压。

3. 安全操作

（1）在任何情况下检修电路和电器都要确保断开电源，并将电源插头拔下。

（2）遇到不明情况的电线，应认为它是带电的。

（3）不要用湿手开关或插拔电器。

（4）尽量单手操作电工作业。

（5）遇到大容量的电容器要先行放电，方可进行检修。

（6）不在带病或疲倦的状态下从事电工作业。

1.2.2 预防触电的技术防护措施

为了防止人身触电事故，通常采用的技术防护措施有电气设备的接地和接零、安装低压触电保护器两种方式。

1. 接地和接零

按接地目的的不同，主要分为工作接地、保护接地和保护接零。

（1）工作接地，即将中性点接地，如图 1.2.1 所示。

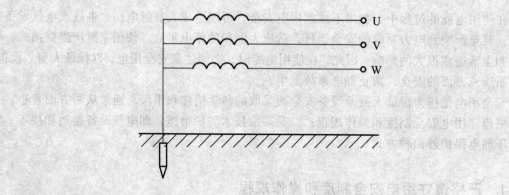

图 1.2.1　工作接地

中性点接地目的：

① 降低触电电压；

② 在中性点接地的系统中,若一相故障接地则其电流会变的较大,保护装置可迅速动作,断开故障点；

③ 降低电气设备对地的绝缘水平。

（2）保护接地就是将电气设备的金属外壳（正常情况下是不带电的）接地。

电气设备外壳未装保护接地时，如图 1.2.2 所示。

图 1.2.2　电气设备外壳未装保护接地时

当电气设备内部绝缘损坏发生一相碰壳时：由于外壳带电，当人触及外壳，接地电流 I_e 将经过人体入地，再经其他两相对地绝缘电阻 R' 及分布电容 C' 回到电源。当 R' 值较低、C' 较大时，I_b 将达到或超过危险值。

保护接地适用于中性点不接地的低压系统，如图 1.2.3 所示。

图 1.2.3　电气设备外壳有保护接地时

电气设备外壳有保护接地时，通过人体的电流：

$$I_b = I_e \frac{R_0}{R_0 + R_b}$$

式中　R_b——人体电阻；
　　　R_0——接地电阻。

R_b 与 R_0 并联，且 $R_b \gg R_0$。利用接地装置的分流作用来减少通过人体的电流，通过人体的电流可减小到安全值以内。

（3）保护接零就是将电气设备的外壳可靠地接到零线上，如图 1.2.4 所示。保护接零适用于 380 V/220 V 三相四线制系统。

当电气设备绝缘损坏造成某相碰壳，该相电源短路，其短路电流使保护装置动作，将故障设备从电源切除，防止人身触电，如图 1.2.5 所示。

注意：
① 中性点接地系统不允许采用保护接地，只能采用保护接零；
② 不准保护接地和保护接零同时使用。

保护接地和保护接零同时使用时，如图 1.2.6 所示。

当某相（如 A 相）绝缘损坏碰壳时，接地电流为

$$I_e = \frac{U_P}{R_0 + R_0'}$$

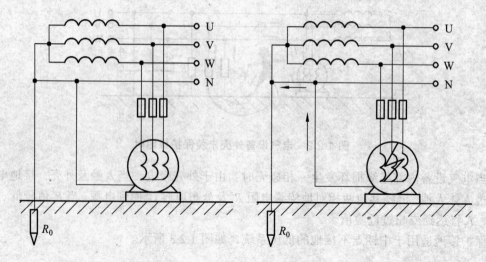

图 1.2.4 保护接零   图 1.2.5 电气设备一相碰壳

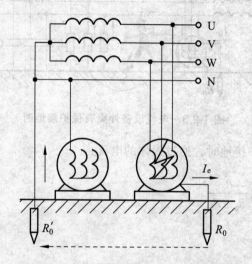

图 1.2.6 保护接地和保护接零同时使用（电气设备一相碰壳）

式中　　R_0——保护接地电阻 4 Ω；

　　　　R_0'——工作接地电阻 4 Ω。

$$I_e = \frac{220}{4+4} = 27.5 \text{ (A)}$$

　　此电流不足以使大容量的保护装置动作，而使设备外壳长期带电，其对地电压为 110 V。

　　（4）在电源中性线做了工作接地的系统中，为确保保护接零的可靠，还需相隔一定距离将中性线或接地线重新接地，称为重复接地。

　　从图 1.2.7（a）可以看出，一旦中性线断线，设备外露部分带电，人体触及同样会有触电的可能。而在重复接地的系统中，如图 1.2.7（b）所示，即使出现中性线断线，但外露部分因重复接地而使其对地电压大大下降，对人体的危害也大大下降。不过应尽量避免中性线或接地线出现断线的现象。

10

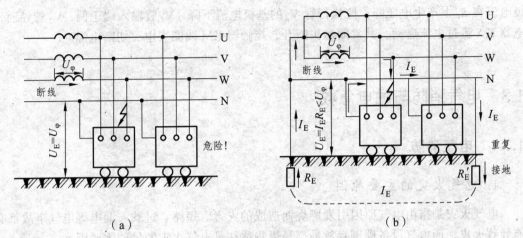

（a）　　　　　　　　　　　（b）

图 1.2.7　重复接地作用

2. 漏电保护

漏电保护为近年来推广采用的一种新的防止触电的保护装置。

在电气设备中发生漏电或接地故障而人体尚未触及时，漏电保护装置已切断电源；或者在人体已触及带电体时，漏电保护器能在非常短的时间内切断电源，减轻对人体的危害。

漏电保护器的种类很多，这里介绍目前应用较多的晶体管放大式漏电保护器。

晶体管漏电保护器的组成及工作原理如图 1.2.8 所示，由零序电流互感器、输入电路、放大电路、执行电路、整流电源等构成。

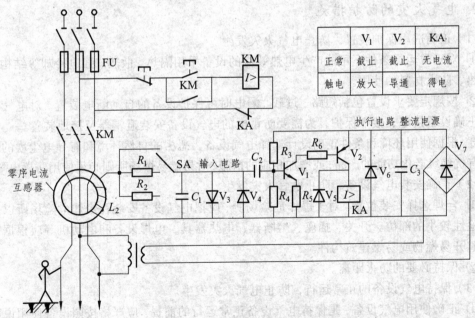

	V_1	V_2	KA
正常	截止	截止	无电流
触电	放大	导通	得电

图 1.2.8　晶体管放大式漏电保护器原理图

当人体触电或线路漏电时，零序电流互感器原边中有零序电流流过，在其副边产生感应电动势，加在输入电路上，放大管 V_1 得到输入电压后，进入动态放大工作区，V_1 管的集电

极电流在 R_6 上产生电压降，使执行管 V_2 的基极电流下降，V_2 管输入端正偏，V_2 管导通，继电器 KA 流过电流启动，其常闭触头断开，接触器 KM 线圈失电，切断电源。

1.3 电气消防与触电急救

1.3.1 电气消防

1. 电气火灾的主要原因

电气火灾是指由电气原因引发燃烧而造成的灾害。短路、过载、漏电等电气事故都有可能导致火灾，而电气设备周围存放易燃易爆物往往是电气火灾的另一主要因素。

电气火灾产生的直接原因：

（1）设备或电路发生短路故障；

（2）过载引起电气设备过热；

（3）接触不良引起过热；

（4）通风散热不良；

（5）电器使用不当；

（6）雷击静电引起的高温；

（7）电火花和电弧。

2. 电气火灾的防护措施

（1）正确选用保护装置，防止电气火灾发生。

① 对正常运行条件下可能产生电热效应的设备采用隔热、散热、强迫冷却等结构，并注重耐热、防火材料的使用。

② 按规定要求设置包括短路、过载、漏电时可保护设备的自动断电装置。对电气设备和电路正确设置接地、接零保护，为需要防雷电的电气设备安装避雷器及接地装置。

③ 根据使用环境和条件正确设计选择电气设备。恶劣的自然环境和有导电尘埃的地方应选择有抗绝缘老化功能的产品，或增加相应的措施；对易燃易爆场所则必须使用防爆电气产品。

（2）正确安装电气设备，防止电气火灾发生。

① 合理选择安装位置。对于爆炸危险场所，应把电气设备安装在爆炸危险场所以外或爆炸危险性较小的部位。开关、插座、熔断器、电热器具、电焊设备和电动机等应根据需要，尽量避开易燃物或易燃建筑构件。

② 保持必要的防火距离。

（3）保持电气设备的正常运行，防止电气火灾发生。

① 正确使用电气设备，是保持电气设备正常运行的前提。应严格按照设备使用说明书的规定操作电气设备。

② 保持电气设备的电压、电流、温升等不超过允许值。保持各导电部分连接可靠，接地良好。

③ 保持电气设备的绝缘良好，保持电气设备的清洁，保持良好通风。

3. 电气消防

发生电气火灾，应首先判明情况，如果能够自行灭火的，应立即进行灭火，否则应立即拨打119火警电话报警，向公安消防部门求助。

自行灭火应注意以下几点：

（1）发现电子装置、电线等冒烟起火时，要尽快切断电源。

（2）灭火时不可将身体或者灭火工具触及电子装置和电缆。

（3）发生电气火灾时，应用沙土、二氧化碳或四氯化碳等不导电的灭火介质，绝对不能使用泡沫或水进行灭火。

1.3.2 触电急救

触电急救的要点是要动作迅速，救护得法，切不可惊慌失措、束手无策。

1. 首先要尽快地使触电者脱离电源

人触电以后，可能会由于痉挛或失去知觉等原因而紧抓带电体，不能自行摆脱电源。这时，使触电者尽快脱离电源是救活触电者的首要因素。

（1）低压触电事故。对于低压触电事故，可采用下列方法使触电者脱离电源：

① 触电地点附近有电源开关或插头，可立即断开开关或拔掉电源插头，切断电源。

② 电源开关远离触电地点，可用有绝缘柄的电工钳或干燥木柄的斧头分相切断电线，断开电源；或用干燥的木板等绝缘物插入触电者身下，以隔断电流。

③ 电线搭落在触电者身上或按压在身下时，可用干燥的衣服、手套、木板、木棒等绝缘物作为工具拉开触电者或挑开电线，使触电者脱离电源。

（2）高压触电事故。对于高压触电事故，可以采用下列方法使触电者脱离电源：

① 立即通知有关部门停电。

② 戴上绝缘手套，穿上绝缘靴，用相应电压等级的绝缘工具断开开关。

③ 抛掷裸金属线使线路短路接地，迫使保护装置动作，断开电源。注意在抛掷金属线前，应将金属线的一端可靠地接地，然后抛掷另一端。

（3）脱离电源的注意事项。

① 救护人员不可以直接用手或其他金属及潮湿的物件作为救护工具，而必须采用适当的绝缘工具且单手操作，以防止自身触电。

② 防止触电者脱离电源后，可能造成的摔伤。

③ 如果触电事故发生在夜间，应当迅速解决临时照明问题，以利于抢救，并避免事故扩大。

2. 现场急救方法

当触电者脱离电源后，应当根据触电者的具体情况，迅速地对症进行救护。现场应用的主要救护方法是人工呼吸法和胸外心脏挤压法。

（1）对症进行救护。触电者需要救治时，大体上按照以下三种情况分别处理：

① 如果触电者伤势不重，神志清醒，但是有些心慌、四肢发麻、全身乏力，或者触电者在触电的过程中曾经一度昏迷，但已经恢复清醒，在这种情况下，应当使触电者安静休息，不要走动，严密观察，并请医生前来诊治或送往医院。

② 如果触电者伤势比较严重，已经失去知觉，但仍有心跳和呼吸，这时应当使触电者舒适、安静地平卧，保持空气流通，同时揭开他的衣服，以利于呼吸，如果天气寒冷，要注意保暖，并要立即请医生诊治或送往医院。

③ 如果触电者伤势严重，呼吸停止或心脏停止跳动或两者都已停止时，则应立即实行人工呼吸和胸外心脏挤压，并迅速请医生诊治或送往医院。

应当注意，急救要尽快地进行，不能等候医生的到来，在送往医院的途中，也不能中止急救。

（2）口对口人工呼吸法。此方法是在触电者呼吸停止后应用的急救方法，具体步骤如下：

① 使触电者仰卧，迅速解开其衣领和腰带；

② 将触电者头偏向一侧，清除口腔中的异物，使其呼吸畅通，必要时可用金属钥匙柄由嘴角伸入，使嘴张开；

③ 救护者站在触电者的一边，一只手捏紧触电者的鼻子，一只手托在触电者颈后，使触电者颈部上抬，头部后仰，然后深吸一口气，用嘴紧贴触电者嘴，大口吹气，接着放松触电者的鼻子，让气体从触电者肺部排出。每 5 s 吹气一次，不断重复地进行，直到触电者苏醒为止，如图 1.3.1 所示。

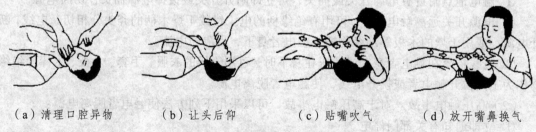

（a）清理口腔异物　　（b）让头后仰　　（c）贴嘴吹气　　（d）放开嘴鼻换气

图 1.3.1　口对口人工呼吸法

对儿童施行此法时，不必捏鼻。开口困难时，可以使其嘴唇紧闭，对准鼻孔吹气（即口对鼻人工呼吸），效果相似。

（3）胸外心脏挤压法。

此方法是触电者心脏跳动停止后采用的急救方法。具体操作步骤如下：

① 触电者仰卧在结实的平地或木板上，松开衣领和腰带，使其头部稍后仰（颈部可枕垫软物），抢救者跪跨在触电者腰部两侧。

② 抢救者将右手掌放在触电者胸骨处，中指指尖对准其颈部凹陷的下端，左手掌复压在右手背上（对儿童可用一只手），如图 1.3.2（a）、（b）所示。

③ 抢救者借身体重量向下用力挤压，压下 3～4 cm，突然松开，如图 1.3.2（c）、（d）所示，挤压和放松动作要有节奏，每秒钟进行一次，每分钟宜挤压 60 次左右，不可中断，直至触电者苏醒为止。

（a）手掌位置　　（b）左手掌压在右手背上　　（c）掌根用力下压　　（d）突然松开

图 1.3.2　胸外心脏挤压法

要求挤压定位要准确，用力要适当，防止用力过猛给触电者造成内伤和用力过小挤压无效。对儿童用力要适当小些。

（4）触电者呼吸和心跳都停止时，允许同时采用"口对口人工呼吸法"和"胸外心脏挤压法"。单人救护时，可先吹气 2～3 次，再挤压 10～15 次，交替进行。双人救护时，每 5 s 吹气一次，每秒钟挤压一次，两人同时进行操作，如图 1.3.3 所示。

抢救既要迅速又要有耐心，即使在送往医院途中也不能停止急救，此外，不能给触电者打强心针、泼冷水或压木板等。

（a）单人操作　　　　　　　　（b）双人操作

图 1.3.3　无心跳无呼吸触电者急救

1.4　实验室安全用电常识

保证实验的安全，是保证实验能顺利完成的前提条件，是最重要的，也是第一位的。所谓实验安全，具有两层含义：一是实验者的人身安全；二是仪器设备的使用安全。为此，实验者在实验操作过程中，应严格遵守实验室安全用电规则。

1. 防止触电

（1）不用潮湿的手接触电器。

（2）电源裸露部分应有绝缘装置（如电线接头处应裹上绝缘胶布）。

（3）所有电器的金属外壳都应保护接地。

（4）实验时，应先连接好电路后才接通电源。实验结束时，先切断电源再拆线路。

（5）维修或安装电器时，应先切断电源。

（6）不能用试电笔去试高压电。使用高压电源应有专门的防护措施。

（7）如有人触电，应迅速切断电源，然后进行抢救。

2. 防止引起火灾

（1）使用的保险丝要与实验室允许的用电量相符。

（2）电线的安全通电量应大于用电功率。

（3）室内若有氢气、煤气等易燃易爆气体，应避免产生电火花。继电器工作和开关电闸时，易产生电火花，要特别小心。电器接触点（如电插头）接触不良时，应及时修理或更换。

（4）如遇电线起火，立即切断电源，用沙土、二氧化碳或四氯化碳灭火器灭火，禁止用水或泡沫灭火器等导电液体灭火。

3. 防止短路

（1）线路中各接点应牢固，电路元件两端接头不要互相接触，以防短路。

（2）电线、电器不要被水淋湿或浸在导电液体中，如实验室加热用的灯泡接口不要浸在水中。

4. 电器仪表的安全使用

（1）在使用前，先了解电器仪表要求使用的电源是交流电还是直流电，是三相电还是单相电以及电压的大小（380 V、220 V、110 V 或 6 V）。还要弄清电器功率是否符合要求及直流电器仪表的正、负极。

（2）仪表量程应大于待测量，若待测量大小不明时，应从最大量程开始测量。

（3）实验之前要检查线路连接是否正确，经教师检查同意后方可接通电源。

（4）在电器仪表使用过程中，如发现有不正常声响，局部温升或嗅到绝缘漆过热产生的焦味，应立即切断电源，停止实验，并报告教师进行检查。

1.5 家庭安全用电常识

1.5.1 开关插座和塑料绝缘导线的正确安装

1. 照明开关必须接在火线

如果将照明开关装设在零线上，虽然断开时电灯也不亮，但灯头的相线仍然是接通的，人们看到灯不亮，就会错误地认为是处于断电状态。而实际上灯具上各点的对地电压仍是 220 V 的危险电压。如果灯灭时人们触及这些实际上带电的部位，就会造成触电事故。所以各种照明开关或单相小容量用电设备的开关，只有串接在火线上，才能确保安全。

2. 单相三孔插座的正确安装

通常，单相用电设备，特别是移动式用电设备，都应使用三芯插头和与之配套的三孔插座。三孔插座上有专用的保护接零（地）插孔。在采用接零保护时，有人常常仅在插座内将此孔接线桩头与引入插座内的那根零线直接相连，这是极为危险的。因为一旦电源的零线断开，或者电源的火（相）线、零线接反，其外壳等金属部分也将带上与电源相同的电压，这极易导致触电。

因此，接线时专用接地插孔应与专用的保护接地线相连。采用接零保护时，接零线应从电源端专门引来，而不应就近利用引入插座的零线。

3. 塑料绝缘导线的正确安装

严禁将塑料绝缘导线直接掩埋在墙内，要加专用绝缘导管，因为：

（1）塑料绝缘导线长时间使用后，塑料会老化龟裂，绝缘水平大大降低，当线路短时过载或短路时，更易加速绝缘的损坏。

（2）一旦墙体受潮，就会引起大面积漏电，危及人身安全。

（3）塑料绝缘导线直接暗埋，不利于线路检修和保养。

4. 使用漏电保护器

漏电保护器又称漏电保护开关，是一种新型的电气安全装置，其主要用途是：

（1）防止由于电气设备和电气线路漏电引起的触电事故。

（2）防止用电过程中的单相触电事故。

（3）及时切断电气设备运行中的单相接地故障，防止因漏电引起的电气火灾事故。

（4）随着人们生活水平的提高，家用电器的不断增加，在用电过程中，由于电气设备本身的缺陷、使用不当和安全技术措施不利而造成的人身触电和火灾事故，给人民的生命和财产带来了不应有的损失，而漏电保护器的出现，对预防各类事故的发生，及时切断电源，保护设备和人身安全，提供了可靠而有效的技术手段。

1.5.2　家庭安全用电常识

1. 使用电器设备应注意的问题

（1）带金属外壳的可移动的电器，应使用三芯塑料护套线或三眼插座、三脚插。保护接地端应与保护接地线联结，不能接在零线（工作接地线）上。

（2）使用电器时，应先插电源插头，后开电器开关；用完后，应先关电器开关，后拔电源插头。在插、拔插头时，要用手握住插头绝缘体，不要拉住导线使劲拔。家庭用电应使用漏电保护器。漏电保护器应购买正规厂家的产品，并根据需要选择适当容量及额定漏电动作电流的漏电保安器，最好到电力部门指定的专销点购买。

（3）湿手不要接触带电设备，不要用湿布擦带电设备，不要将湿手帕挂在电扇外罩上吹干。

（4）电炒锅炒菜时，应使用木柄或塑料柄锅铲。

（5）用电熨斗时，不得与其他家用电器特别是功率大的电器，如电饭锅、电烤箱、电取暖器、电冰箱、洗衣机等同时使用插座，以防线路过载而引起火灾。

（6）使用电吹风、电热梳等家电产品时，用后应立即拔掉电源插头，以免因忘记而导致长时间工作，使其温度过高而发生事故。

（7）务必安装接地线，请不要把接地线接到下列地方：自来水管（接地不可靠）、煤气管（有引火或爆炸的危险）。

（8）家用电器运行一段时间后，想了解设备外壳是否发热时，不能用手掌去摸设备外壳，应用手背轻轻接触外壳，即使外壳漏电也便于迅速脱离电源。

（9）不得用钢、铁、铅线代替铅锡熔丝作熔断器的保险丝，保险丝规格的应用必须符合规定要求。遇到电器设备冒火，一时无法判断冒火原因的，不得用手拔掉插头拉闸刀，应先切断电源再灭火。

（10）使用的电器必须符合安全质量标准，电气安装符合有关安全规范，发现破损应及时更换。

（11）安装合格的漏电保护开关，并经常进行漏电保护开关的性能测试。

（12）空调、电热水器等大功率用电设备，必须专线专用，并选用满足用电负荷的电线、插座。

（13）不要购买"三无"的假冒伪劣家用产品。

2. 安全使用电动类和电热类家用电器的问题

（1）电动类家用电器。

家用电器中电动类电气产品的种类繁多，有电风扇、洗衣机、吸尘器等。电动类电器是靠电动机将电能转换成机械能。在使用中应注意不能用手或其他物体触摸正在工作的电动类电器的转动部分，那样做易造成人身伤害。

（2）电热类家用电器。

利用电能转换成热能的家电产品叫作电热类家用电器，如电炒锅、电热毯、电吹风、电炉、电熨斗等。使用电热类家用电器时其表面温度很高，用手或身体接触时会发生电热烫伤。这类电器在断电后仍有余热，要经过一段时间后才能使表面温度降下。因此，在使用后，应摆放到人不易触摸到的地方，自然降温。这类电器的工作时间不能过长，工作时间过长容易引起火灾或烧坏电器。

3. 家用电器使用中的危险及防范

电视机、电子游戏机、家用电脑等带有荧光屏的电器对人体有电磁辐射作用。长时间使用会使人的视力下降。每天看电视或玩游戏机不宜时间太长。在看电视时，不能离电视机太近。

各类家电产品发生故障时，应立即关闭电源，千万不要自己拆卸，那样做很危险，容易触电。

冬季在使用电热毯时，应只在睡前预热，上床前将电源关闭，并拔下电源插头。

在使用各类家用电器时若突然发生停电，应马上将所用电器的电源断开，以防来电后忘记关闭电器，造成电器烧坏或引发火灾。

第2章　室内电气布线和电气照明

本章主要介绍导线、熔断器、空气开关、照明装置、照明电路施工图、配电板的安装、室内电路配线、电气照明的安装与检修等室内电气布线与电气照明的相关知识和基本技能。

2.1　导线和熔断器

2.1.1　导线的选择

1. 线芯材料的选择

作为线芯的金属材料，必须同时具备以下特点：电阻率较低、有足够的机械强度、在一般情况下有较好的耐腐蚀性、容易进行各种形式的机械加工，价格较便宜。铜和铝基本符合这些特点，因此常用铜或铝作导线的线芯。

2. 导线截面的选择

选择导线，一般考虑三个因素：长期工作允许电流、机械强度和电路电压损失在允许范围内。

（1）根据长期工作允许电流选择导线截面。在选择导线时，可依据用电负荷，参照导线的规格型号及敷设方式来选择导线截面。表 2.1.1 所示是一般用电设备负载电流计算表。

表 2.1.1　负载电流计算表

负载类型	功率因数	计　算　公　式		每 kW 电流量/A
电灯、电阻	1	单相：$I_P = P/U_P$		4.5
		三相：$I_L = P/\sqrt{3}U_L$		1.5
荧光灯	0.5	单相：$I_P = P/(U_P \times 0.5)$		9
		三相：$I_L = P/(\sqrt{3}U_L \times 0.5)$		3
单相电动机	0.75	$I_P = P/(U_P \times 0.75 \times 0.7)$		8
三相电动机	0.85	$I_L = P/(\sqrt{3}U_L \times 0.85 \times 0.85)$		2

注：公式中，I_P、U_P 为相电流、相电压；I_L、U_L 为线电流、线电压。

（2）根据机械强度选择导线。导线安装后和运行中，要受到外力的影响。导线自重和不同的敷设方式使导线受到不同的张力，如果导线不能承受张力作用，会造成断线事故。在选择导线时必须考虑导线截面即导线的机械强度。

（3）根据电压损失选择导线截面。

① 住宅用户，由变压器低压侧至电路末端，电压损失应小于 6%。

② 在正常情况下，电动机端电压与其额定电压不得相差 ±5%。

2.1.2 熔断器的选择

1. 熔断器的结构和工作原理

结构：一般分成熔体座和熔体等部分。

工作原理：熔断器串联在被保护电路中，当电路电流超过一定值时，熔体因发热而熔断，使电路被切断，从而起保护作用。

2. 熔断器的分类

常用的低压熔断器有：瓷插式、螺旋式、管式、盒式和羊角式等多种类型。瓷插式灭弧能力差，只适用于故障电流较小的线路末端使用。其他几种类型的熔断器均有灭弧措施，分断电流能力比较强。密闭管式结构简单。螺旋式更换熔管时比较安全，适用于机床电气控制电路。常用的几种熔断器如图 2.1.1 所示。

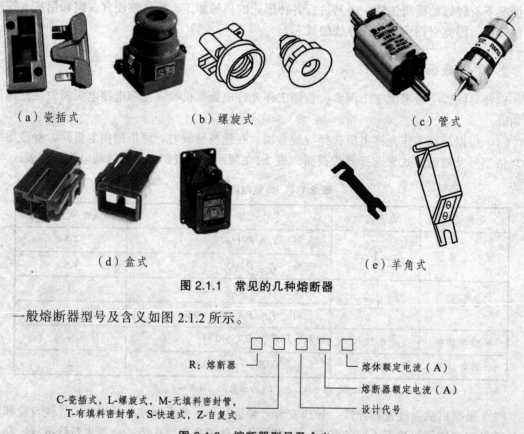

（a）瓷插式   （b）螺旋式   （c）管式

（d）盒式   （e）羊角式

图 2.1.1　常见的几种熔断器

一般熔断器型号及含义如图 2.1.2 所示。

R：熔断器 ——┐　　　　　┌—— 熔体额定电流（A）

　　　　　　　　　　　　　　└—— 熔断器额定电流（A）

C-瓷插式，L-螺旋式，M-无填料密封管，　　　　└—— 设计代号
T-有填料密封管，S-快速式，Z-自复式

图 2.1.2　熔断器型号及含义

如型号 RCIA-15/10 表示：熔断器，瓷插式，设计代号为 IA，熔断器额定电流 15 A，熔体额定电流 10 A。

3. 熔断器的选用

（1）对熔断器的要求。

① 在电气设备正常运行时，熔断器不应熔断；

② 在出现短路时，应立即熔断；

③ 在电流发生正常变动（如电动机启动过程）时，熔断器不应熔断；

④ 在用电设备持续过载时，应延时熔断。

（2）熔断器的选用。

主要包括类型选择、熔体额定电流的确定，选用时要依据如下原则：

① 熔断器的额定电压要大于或等于电路的额定电压。

② 熔断器的额定电流要依据负载情况而选择。

电阻性负载或照明电路一般按负载额定电流的 1～1.1 倍选用熔体的额定电流，进而选定熔断器的额定电流。电动机等感性负载一般选择熔体的额定电流为电动机额定电流的 1.5～2.5 倍。

熔断器只能起到短路保护，不能用作过载保护。过载保护用热继电器实行。

（3）注意事项。

① 熔断器极限分断电流应大于电路可能出现的最大故障电流。

② 熔体的额定电流不得超过熔断器的额定电流。

③ 熔体熔断后，应分析原因，排除故障后，再更换新的熔体。

④ 必须在不带电的条件下更换熔体。

2.2 空气开关

2.2.1 空气开关的作用和特点

1. 空气开关的作用

空气开关又称为空气断路器或自动开关，是低压配电网络和电力拖动系统中非常重要的一种电器，它集控制和多种保护功能于一身，除了能完成接触和分断电路外，还能对电路或电气设备在发生短路、严重过载及欠电压等故障时进行保护，同时也可以用于不频繁地启动电动机。

2. 空气开关的特点

空气开关具有操作安全、使用方便、工作可靠、安装简单、动作后（如短路故障排除后）不需要更换元件（如熔体）等优点，因此，在工业、住宅等方面获得广泛应用。

空气开关具有过载和短路两种保护功能，当电路发生过载、短路、失压等故障时能自动跳闸，正常情况下可用来不频繁的接通和断开电路以及控制电机的启动和停止。

2.2.2　空气开关的分类

空气开关有 DW 系列和 DZ 系列两种。DW 系列又称为框架式和万能式，主要用作配电网络的保护开关及正常工作时不频繁地转换电路用。DZ 系列又称塑料外壳式或装置式，可作为配电网络的保护开关，也可作电机、照明电路的控制开关。

空气开关有多种分类方式，按极数分可分为单极、两极和三极；按保护形式分可分为电磁脱扣器式、热脱扣器式、复合脱扣器式（常用）和无脱扣器式；按全分断时间分可分为一般式和快速式（先于脱扣机构动作，脱扣时间在 0.02 s 以内）；按结构分可分为塑壳式、框架式、限流式、直流快速式、灭磁式和漏电保护式。

2.2.3　空气开关的结构和工作原理

1.结　构

空气开关一般由触头系统、灭弧系统、操作机构、脱扣器、外壳等构成。其外形结构如图 2.2.1 所示，内部结构如图 2.2.2 和图 2.2.3 所示。

（a）单极　　　（b）两极　　　（c）三极

图 2.2.1　空气开关外形结构　　　　图 2.2.2　空气开关内部结构

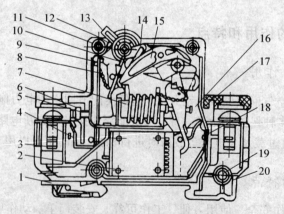

图 2.2.3　空气开关内部结构示意图

1—安装卡子；2—灭弧罩；3—接线端子；4—连接排；5—热脱扣调节螺栓；6—嵌入螺母；7—电磁脱扣器；8—热脱扣器；9—锁扣；10、11—复位弹簧；12—手柄轴；13—手柄；14—U 形连杆；15—脱钩；16—盖；17—防护罩；18—触头；19—铆钉；20—底座

22

2. 工作原理

空气开关由操作机构、触点、保护装置（各种脱扣器）、灭弧系统等组成，其工作原理如图 2.2.4 所示。

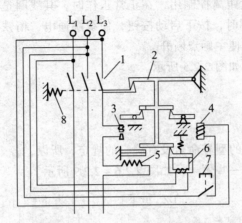

图 2.2.4 空气开关工作原理图

1—主触点；2—自由脱扣机构；3—过电流脱扣器；4—分励脱扣器；5—热脱扣器；
6—欠电压脱扣器；7—停止按钮；8—释放弹簧

空气开关在电路中的作用为接通、分断和承载额定工作电流，并能在线路和电动机发生过载、短路、欠压的情况下进行可靠的保护。断路器的动、静触头及触杆设计成平行状，利用短路产生的电动斥力使动、静触头断开，分断能力高，限流特性强。短路时，静触头周围的芳香族绝缘物汽化，起冷却灭弧作用，飞弧距离为零。断路器的灭弧室采用金属栅片结构，触头系统具有斥力限流机构，因此，断路器具有很高的分断能力和限流能力。

空气开关具有复式脱扣器，其反时限动作是双金属片受热弯曲使脱扣器动作，瞬时动作是铁芯衔铁机构带动脱扣器动作。脱扣方式有热动、电磁和复式脱扣 3 种。

主触点是通过操作机构（手动或电动）闭合的，其触点系统由于装有灭弧装置因而不仅能接通或切断正常的工作电流，还能在发生故障时迅速切断比正常工作电流大好几倍的故障电流，从而能有效地保护电路中的电气设备。

空气开关的脱扣机构是一套连杆装置。当主触点通过操作机构闭合后，就被锁钩锁在合闸的位置。如果电路中发生故障，有关的脱扣器将产生作用使脱扣机构中的锁钩脱开，使主触点在释放弹簧的作用下迅速分断。按照保护作用的不同，脱扣器可以分为过电流脱扣器及失压脱扣器等类型。

在正常情况下，过电流脱扣器的衔铁是释放着的；一旦发生严重过载或短路故障时，与主电路串联的线圈就将产生较强的电磁吸力把衔铁往下吸引而顶开锁钩，使主触点断开。欠压脱扣器的工作恰恰相反，在电压正常时，电磁吸力吸住衔铁，主触点才得以闭合。一旦电压严重下降或断电时，衔铁就被释放而使主触点断开。当电源电压恢复正常时，必须重新合闸后才能工作，实现了失压保护。

当线路发生短路或严重过载电流时，短路电流超过瞬时脱扣整定电流值，过电流脱扣器产生足够大的吸力，将衔铁吸合并撞击杠杆，使搭钩绕转轴座向上转动与锁扣脱开，锁扣在反力弹簧的作用下将三副主触头分断，切断电源。

当线路发生一般性过载时，过载电流虽不能使电磁脱扣器动作，但能使热脱扣器的热元件发热，促使双金属片受热向上弯曲，推动杠杆使搭钩与锁扣脱开，将主触头分断，切断电源。

当电路欠电压时，欠电压脱扣器的衔铁释放，也能使自由脱扣机构动作。

分励脱扣器则作为远距离控制用，在正常工作时，其线圈是断电的，在需要距离控制时，按下启动按钮，使线圈通电，衔铁带动自由脱扣机构动作，使主触点断开。

空气开关的电气符号如图 2.2.5 所示。

图 2.2.5 空气开关符号

2.2.4 空气开关型号

目前，由于空气开关的型号命名没有统一的规定，所以，各个生产厂家生产的空气开头型号有所不同，这里仅举一些例子，如图 2.2.6～2.2.9 所示。

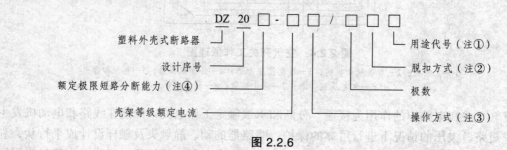

图 2.2.6

注：① 配电用无代号，保护电机用 2 表示；
② 0 为无脱扣器，1 为热脱扣器式，2 为电磁脱扣器式，3 为复式；
③ 手柄直接操作无符号，电动机为 P，转动手柄为 Z；
④ Y 为一般型，G 为最高型，S 为四极型，J 为较高型，C 为经济型。

正泰生产的空气开关型号及性能参数：

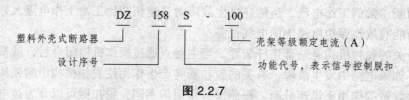

图 2.2.7

德力西生产的空气开关型号及性能参数：

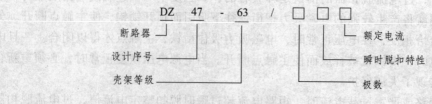

图 2.2.8

施耐德生产的空气开关型号及性能参数：

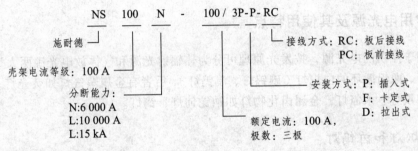

图 2.2.9

2.2.5 选择空气开关的注意事项

（1）根据用途选择空气开关的形式和极数。

（2）根据最大工作电流来选择空气开关的额定电流：对于照明电路，空气开关的额定电流应为电路工作电流的 1.05 ~ 1.1 倍；对于电机电路，空气开关的额定电流应为电路工作电流的 1.5 ~ 2.5 倍。

（3）根据需要选择脱扣器的类型、附件的种类和规格。

（4）要注意上下级开关的保护特性，合理配合，防止超级跳闸。

2.3 照明装置

照明装置由电光源（灯泡等）及灯具两部分组成。电光源把电能转变为光能。灯具的作用是固定电光源，并按使用需要分配光源的光能，防止光源引起的眩光，保护光源不受外力、潮湿及有害气体的影响。普通照明灯电压为 220 V。

2.3.1 照明光源的发展历程

电光源是当今照明的主体，自 1879 年白炽灯问世以来，发展经历了四代：

第一代：热辐射光源。利用钨丝发热而发光。代表产品为白炽灯和 60 年代开发的卤钨灯，其优点为结构简单、光色好、发光柔和稳定、成本低、使用方便；缺点为光效低、耗电大、寿命短，逐步为节能电光源取代。

第二代：荧光灯。1938 年问世，光效比白炽灯高 5 倍，作一般照明。

第三代：气体放电光源。20 世纪 30 年代起开发，较白炽灯发光机理不同（辉光放电），发光效率有质的飞跃。代表产品：低压钠灯，光效高白炽灯十几倍，光色单一（黄光），只能作道路、隧道照明；高压气体放电光源（高压汞灯、大功率氙灯等），功率大、光效高，用作场馆和泛光照明。

第四代：固体电致光源。近年来，出现的代表产品主要有半导体发光二极管（LED），正逐渐替代目前常用的照明产品。

2.3.2　常用电光源及其使用特点

目前用于照明的电光源，按发光原理可分为热辐射光源和气体放电光源两大类。前者如钨丝白炽灯、卤钨循环的白炽灯（碘钨灯、溴钨灯）。后者有金属蒸气灯如荧光灯、钠灯，惰性气体灯如氖灯、汞氙灯，金属卤化物灯如钠铊铟灯、镝灯。

1. 白炽灯和卤钨灯

白炽灯和卤钨灯靠电流加热灯丝至白炽状态而发光。灯丝工作温度越高，发光效率越高，但会使钨的蒸发加快，灯的寿命缩短。卤钨灯利用卤钨循环作用，可使灯丝蒸发的一部分钨重新附在灯丝上。白炽灯和卤钨灯都无须点燃附件，但白炽灯发光效率较低。

使用白炽灯和卤钨灯应注意下列特点：

（1）电源电压不宜高于其额定电压的 2.5%。

（2）钨丝的冷态电阻比热态电阻小得多，故瞬时启动电流最高可达额定电流的 8 倍以上。

（3）管形卤钨灯需水平安装，倾角不得大于 ±40°，否则会严重影响灯的寿命。

（4）灯泡温度较高，100 W 白炽灯泡表面为 170 ~ 216 ℃，卤钨灯管壁温度为 600 ℃ 左右且不允许人工冷却，否则卤钨灯不能保证正常的卤钨循环。这类灯不能接近易燃物，接触处应紧密，卤钨灯灯脚引入线须采用耐高温的导线。

（5）耐振性差，不能用于有振动的场合，卤钨灯不宜作移动式局部照明。

2. 荧光灯（日光灯）

（1）工作线路。

预热式荧光灯（日光灯）工作电路如图 2.3.1 所示。

图 2.3.1（a）所示为采用一般镇流器的荧光灯。启辉器的作用是自动控制灯丝的预热时间。通电后，启辉器起合触点辉光放电接通灯丝电路，触点热元件在辉光放电加热下膨胀使触点闭合，冷却后又分开切断灯丝电路。镇流器线圈 L 在灯丝预热中起限流作用，在启辉器切断灯丝电路的瞬间，由自感作用产生脉冲高压，将灯管中的汞气击穿。管壁的荧光剂把汞蒸气放电时辐射的紫外线转变为可见光。运行中镇流器主要起稳流作用。

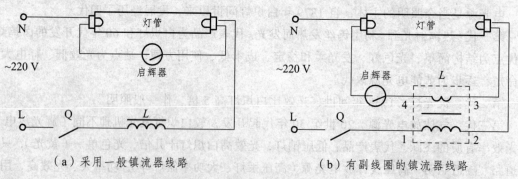

（a）采用一般镇流器线路　　　　　　　（b）有副线圈的镇流器线路

图 2.3.1　预热式荧光灯工作电路

图 2.3.1（b）所示为采用有副线圈镇流器的荧光灯。此种镇流器主线圈匝数比一般镇流器多，因而启动、稳流性能较好，使灯光受电压变化的影响减小。由于副线圈匝数较少，若

误接入主电路将烧毁，且线圈极性也不能接错。荧光灯光色较好，光效是白炽灯的 3 倍，使用寿命也较长，但附件较多，功率因数也仅为 0.5，流过送电线路的无功电流将使线损增大。

（2）使用注意事项。

电源电压的变化不宜超过 ±5%。最适宜的使用环境温度为 18~25 ℃，过高或过低都会造成启动困难和光效下降。频繁启动会缩短使用寿命。旧灯管尽量不要破碎，应集中密封深埋，以避免汞害。

3. 高压汞灯（高压水银灯）

高压汞灯工作时灯泡内汞气压力超过 9.81×10^4 Pa，故称为"高压"。常用的有荧光高压汞灯、反射型荧光灯和自镇流高压荧光汞灯三种。灯泡内的灯管由高强度石英玻璃制成。

（1）工作线路。

高压汞灯的电路如图 2.3.2 所示。接通电源后，先在引燃电极 E_3 和主电极 E_1 间产生辉光放电，然后过渡到主电极 E_1、E_2 间的弧光放电。高压汞灯在点燃的初始阶段电流较大，4~8 min 后放电趋于稳定。电阻 R 的作用是限制辉光放电电流。

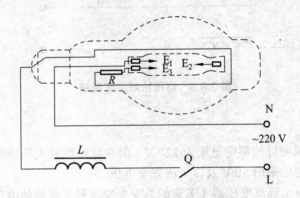

图 2.3.2　荧光高压汞灯工作线路

高压汞灯遇电源突然中断而使灯熄灭后，灯内汞气压力较高，相应的点燃电压也升高。因此，重新点燃需 5~10 min，待灯管冷却，灯内汞气凝结后才能再启动。

（2）使用注意事项。

① 电源电压若突然降低 5% 以上，可能造成灯自熄，且自启动时间较长，故不能用于电源电压波动大又要求迅速点亮的场所。

② 灯管必须与相应规格的镇流器配套使用，否则造成启动困难并影响使用寿命。

③ 高压汞灯水平位置点燃时，输出光通量会减少 7%，且容易自熄，故不宜在水平位置安装，而且其外壳温度较高，配用的灯具应具有良好的散热条件。

4. 高压钠灯

高压钠灯利用高压钠蒸气放电工作，其照射范围广，光效为高压汞灯的两倍以上，使用寿命长，紫外辐射少，透雾性好；其缺点是显色性较差，启动影响较大，受电源电压波动较大。

（1）工作线路。

早期高压钠灯产品的电路如图 2.3.3 所示。接通电源后，电流经双金属片和加热线圈，使双金属片受热由闭合而断开，镇流器 L 两端产生脉冲高压点燃灯管。灯点燃后，放电的热量使双金属片保持断开。高压钠灯由点亮至稳定工作需 4～8 min，再启动时间为 10～20 min。目前出品的高压钠灯改为外部触发点燃，即配有专用的镇流器及电子式触发器，镇流器与灯泡串联，触发器与灯泡并联。

（2）使用注意事项。

① 电源电压变化不宜超过 ±5%。若电压过高，管压降增大，易自熄；若电压过低，光色变差，也可能自熄或不能启动。

② 灯具散热要好，其反射光不宜通过放电管，以免放电管吸热而破坏封装。

③ 镇流器、触发器与灯泡要匹配。

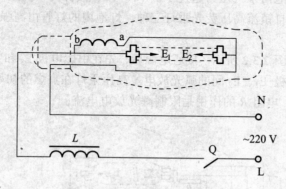

图 2.3.3　高压钠灯工作线路

5. 低压安全灯

在正常环境中，照明灯的额定电压为 220 V，但在危险性较大场所使用的照明灯及手提式行灯，则按规程规定应采用 50 V 及以下的安全电压。

安全电压系指由安全隔离变压器（老式的为安全变压器）供给的电压，严禁用自耦变压器代替安全隔离变压器。安全电压分为 6 V、12 V、24 V、36 V、42 V 五级。在不同的场合，要按规程规定选用不同的安全电压等级，例如，一般场所的移动式局部照明和手提式行灯电压不得超过 36 V，而特别潮湿场所的灯具电压不得超过 12 V。在使用 24 V 以上的安全电压时，要采取防止接触安全电压的措施。

完全隔离变压器（或安全变压器）的电源侧，应装设有明显断开点的开关和过电流保护用熔断器，二次侧也要装熔断器。其熔体额定电流按变压器额定电流选配。老式安全变压器采用一般性绝缘结构，为防止绝缘损坏后一次电压（380 V/220 V）窜到二次回路造成人身触电事故，二次绕组的一端与变压器金属外壳应一起接地保护。

安全隔离变压器在一、二次间加强了绝缘隔离，一次电压窜到二次回路的可能性已不大，因此二次线端不必作接地保护。为避免接地故障造成危险，二次侧的线端、线接线及受电设备外露导电部分，均严禁与其他接地回路及大地有任何连接。

安全行灯手柄应绝缘良好、坚固、耐热和防潮，灯头不得装设开关，灯泡外面应有防护网。

6. 固体电致光源

固体电致光源，通常指半导体（LED）光源。LED 自 20 世纪 60 年代问世以来，经历了指示应用阶段和信号显示阶段。随着白光 LED 的诞生及其迅速发展，LED 开始进入普通照明阶段。LED 是一种固态冷光源，是继白炽灯、荧光灯和高强度放电灯（HID）之后出现的第四代电光源。LED 点燃了绿色照明的新光辉，将引领 21 世纪照明领域的新潮流。高亮度 LED 的出现具有划时代意义，它将是人类继爱迪生发明白炽灯泡之后最伟大的发明之一。半导体技术在引发微电子革命之后，正在孕育一场新的产业革命——照明革命。

LED 具有长寿命、稳定、节能、绿色环保等显著优点，由于其能够被广泛应用于与人类生活最为密切的日常照明、汽车、城市景观等领域，被誉为 21 世纪最引人瞩目的高新技术之一。目前，LED 的应用范围正不断扩大，除照明、汽车灯、城市景观等领域外，LED 技术还在背光源、显示器、电子设备、交通信号等领域获得了长足的发展，并表现出了优异的发展潜力。

图 2.3.4　常见的 LED 照明灯外形

常见的 LED 照明灯的外形如图 2.3.4 所示。

2.3.3　常用照明附件

常用照明附件包括灯座、开关、插座、挂线盒及木台等。

1. 灯　座

按固定灯泡（灯管）的方式一般可分为插口式和螺旋式。其外壳材料一般有瓷、胶木、金属材料三种。根据不同的应用场合又可将其分为平灯座、吊灯座、防水灯座、荧光灯座等，常用灯座如图 2.3.5 所示。

（a）插口吊灯座　　　（b）插口平灯座　　　（c）螺口吊灯座　　　（d）螺口平灯座

（e）防水螺口吊灯座　　　（f）防水螺口平灯座　　　（g）安全荧光灯灯座

图 2.3.5　常用灯座

2. 开　关

开关的作用是在照明电路中接通或断开照明灯具，按安装形式可分为明装、暗装两种。按结构可分为单联开关、双联开关、旋转开关等，常用开关如图 2.3.6 所示。

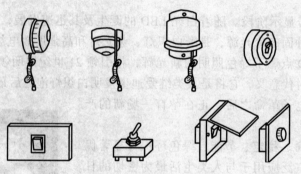

图 2.3.6　常用开关

3. 插　座

插座的作用是为各种可移动用电器提供电源，按安装形式可分为明装、暗装两种。按结构可分为单相双极插座、单相带接地线的三极插座、带接地线的三相四极插座等。常用插座如图 2.3.7 所示。

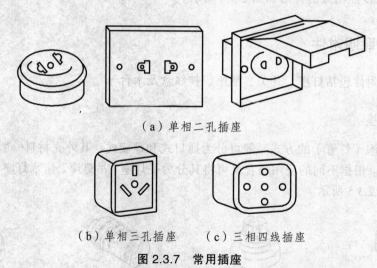

（a）单相二孔插座

（b）单相三孔插座　　（c）三相四线插座

图 2.3.7　常用插座

4. 挂线盒和木台

挂线盒俗称"先令"，用于悬挂吊灯并起接线盒的作用，制作材料可分为磁质和塑料。木台用来固定接线盒、开关、插座等，形状有圆形和方形，材料有木质和塑料。

2.4　照明电路施工图

2.4.1　识图基本知识

工程图纸是一种工程技术的通用语言，它用图形表明工程的任务、技术要求和施工方法等，这是普通语言、文字不容易做到的。图纸的画法主要分为形象制图及符号制图两类。机械图要求准确地表达出物体形状及其尺寸，而电气图主要表现电流的来龙去脉，所以电气图中用图形符号、设备及文字符号表示电气设备，用线条表示导线将设备符号连接起来形成电路，即电气图使用符号制图。

1. 机械图

工程图纸主要是由图（机械图、土木建筑图、电路图）、技术说明及标题栏三部分组成，图纸幅面有不同规格的尺寸，四周留有周边，图画在图框线之内。

物体在光线作用下留下的影子称为投影。人眼观看物体，是一种透视投影，即物体各部分向视平线靠拢，最后成为一个焦点，显然，透视投影（如照片）很难正确地反映出物体各部分的尺寸大小。"正投影"是假设物体各部分与视线都是平行的，且视线与投影面垂直。正投影最多可以从六个面以及剖面观看物体，简便而又准确地量度各个面的尺寸。大多物体只要从正面、顶面、左侧面正投影到三个互相垂直的平面上，成为正视图、俯视图、左侧视图，然后将三个面铺展成一个平面，即将三面视图画在同一张图纸上，就可以把该物体的形状及尺寸按一定比例反映出来。

用正投影方法画出的机械图，简称"视图"。机械图图纸主要有零件图及装配图等。

2. 土建工程图

土建工程图是土木建筑（如房屋）的视图。土建图纸主要有首页图、平面图、立面图、剖面图、建筑详图、屋顶平面图、预留孔洞图及门窗订货图等。与建筑电气施工最为密切的是平面图和立面图等。

（1）平面图，是从房屋窗门中间水平剖切后的俯视图。以墙、柱为基准，用细点划线画出定位轴线，垂直轴线从左至右以阿拉伯数字编号，水平轴线从下至上地用拉丁字母编号。轴线编号圆圈用细实线画，当两个轴线之间有隔增等附加轴线时，编号用分数形式表示，例如，3/C 表示 C 号轴线以后的第 3 根附加轴线。

尺寸线用细实线画，其起始位置用 45° 短实斜线画，各类图纸的尺寸单位，除表示高度的"标高"用 m 外，其余均用 mm。

（2）立面图，是房屋的正立投影，反映出建筑的外形外貌。所谓标高，是以图纸上的设计零平面（一般指平整后场地的平面）为基准点的高度。至于设计零平面的绝对高度，需以距施工场地较近的国家所设的标准高度碑为基准，用经纬仪实测而得。

3. 电气图

（1）电气图纸的构成。

① 电路图。其用电气符号、带注释的围框或简化了的设备外形表示出电气装置各组成元器件的相互关系及其连接情况，是一种简图。

② 技术说明。其包括文字说明及元器件明细表。文字说明包括电路的某些要点及安装要求等，通常写于图纸左上角或其他适当的空隙处。元件明细表列出电路元器件的名称、符号、规格及数量等，以表格形式写在标题栏的上方，其元器件序号自下而上地编排。

③ 标题栏。标题栏规定画在图纸的右下角，其中标注有工程名称、图名、图号、比例，还有设计、制图、审核、审批人员的签名和日期等。

（2）电气图纸种类。

① 一次系统图纸。主要有一次系统接线图、配电系统图、防雷保护图、接地装置图、变配电站平面图、剖面图、线路路径与杆塔图等。

② 二次系统图纸。主要有原理接线图、展开接线图及安装接线图（包括屏面布置图、屏背接线图及端子排图）等。

③ 用电装置图纸。主要指动力、照明图纸、电动机控制电路图以及电气消防、广播通信、电缆电视的有关图纸等。

4. 识图步骤

（1）概括了解图示装置的作用原理和结构。

（2）在熟悉有关符号及制图规则的基础上，分析视图和简图。

（3）按顺序阅识相关图纸，以详细了解图示工作原理、接线方法及安装方法。

（4）综合归纳，既要达到有充分的理性认识，又要形成一个清晰的感性认识；既要明了图纸的意图，又要明了图纸的不足，为筹备器材和施工安装打下基础。

5. 电气符号

（1）图形符号。

图形符号是表达设备或概念的图形、标记或字符，是由一般符号、符号要素和限定符号组成。一般符号的图形较简单，只表明设备的类别，而加上反映某个设备具体特点的符号要素或限定符号，才能构成某个设备的完整的图形符号。

图形符号均按无电压、无外力作用时的正常状态示出。符号无尺寸规定，可根据需要放大或缩小，但同一张图纸上大小应统一。除有指示方向的触点、开关符号外，一般根据需要可作45°、90°或180°转动后布置。符号中的文字及指示方向的符号不可倒置，而且使触点动作的外力方向是：图形垂直时从左向右，图形水平时从上向下。

（2）文字符号。

文字符号用拉丁字母表示元器件、装置、设备的类别、名称及功能、状态、特征等。新标准（国际通用）以上述有关名词的英文名首位字母或缩写字的字母为基础编制而成。设备文字符号中，前边1~2个字母反映设备类别及名称，称为基本文字符号；其后的字母反映设备的特征等，称为辅助文字符号。例如，继电器、接触器的类别符号均为K，交流接触器的具体符号为KM，时间继电器的符号为KT。

我国旧标准文字符号，是以汉语拼音的首位字母或缩写字母为基础编制的。例如，接触器的符号为CJ，时间继电器的符号为SJ。旧标准文字符号现已废止。

在实用中，文字符号可化简，只要不致引起混淆，只写类别符号也可以。

（3）回路标号。

电路图中的回路，都标有设备文字符号和数字标号，统称为回路标号。主要目的是区分各回路的种类、特征，便于查找线路。标注时按等电位原则进行，即回路中连接在同一点上的所有导线标号相同，通过一个元器件后应另外标号，每根电线的两端，采用相对编号法编号，即分别写上对方端所在端子排的端子号。

电气图常用符号如表2.4.1所示。在施工图上，当标准符号不足以反映具体元件之间的区别时，设计人员可根据组图的法则派生图形符号。施工中应对照图纸中的"图例"所列符号来阅图。另外，目前现场施工图中，仍有一些旧文字符号，可按表2.4.1查对。

表2.4.1 电气图常用符号

图形符号	名称及说明	设备文字符号	图形符号	名称及说明	设备文字符号
	交流发电机	G		热继电器驱动器件	FR
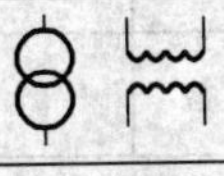	双绕组变压器电压互感器	T TV		热继电器动断触点	
	三相鼠笼型异步发电机	M	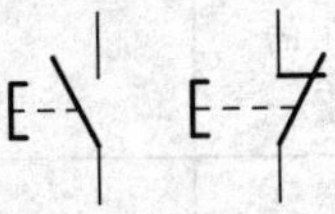	按钮开关	SB
	避雷器	F	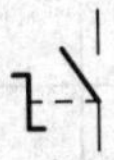	旋钮开关	S
	跌开式熔断器	QFU	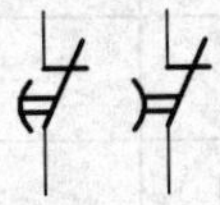	延时断开动断触点	
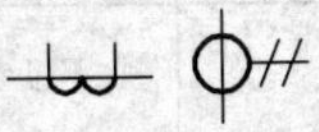	电流互感器	TA		位置开关和限制开关触点	
	隔离开关	QS		带铁芯的电感线圈	L
	负荷开关	QL	 Wh	电能表	PJ
	断路器	QF	 V A	电压表和电流表	PV, PA
	接触器动合触点	KM	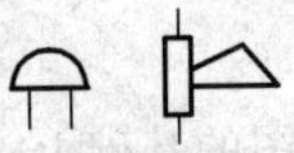	电铃和电喇叭	
	电动机启动器	AS		照明配电箱	
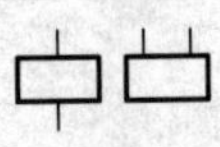	操作器件（线圈）	K		动力或动力照明配电箱	
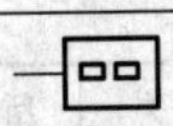	风扇			壁灯	
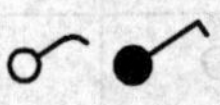	单极灯开关	S		安全灯	
	双极灯开关			弯灯	
	三极灯开关			防水防尘灯	
	拉线开关			隔爆灯	

33

图形符号	名称及说明	设备文字符号	图形符号	名称及说明	设备文字符号
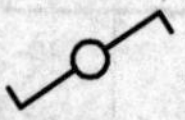	双控开关 （单极三线）			高建筑物指示灯	
	单极限时开关			投光灯	
	单相插座	X		向上配线	
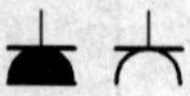	单相三孔插座			连接盒或接线盒	
	带接地插孔的 三相插座			向下配线	
	灯的一般符号	H	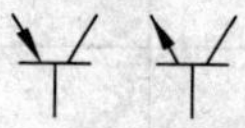	三极管 PNP 型； NPN 型	V
	单管荧光灯			半导体二极管	V
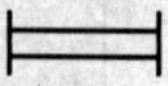	双管荧光灯			按钮盒	
	天棚灯（吸顶灯）			插头或插座	
	电磁制动器			熔断器	FU
	垂直通过导线		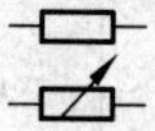	普通电阻 可调电阻	R
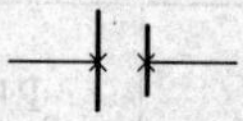	导线从墙上引， 向左；向右			电容	C
	导线从天花板上引		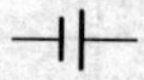	电池	GB

2.4.2 照明平面图

照明平面图是在土建平面图的基础上，表明各个配电箱、照明装置、开关、插座的实际安装位置，以及包括线路导线、接线盒等附件在内的所用器材的型号、规格及安装方法等。照明工程图中常用的标注符号如表 2.4.2 ~ 2.4.4 所示。

表 2.4.2 灯具安装方式的标注符号

名 称	旧符号	新符号	名 称	旧符号	新符号
线吊式	X	CP	吸顶式或直附式	D	S
自在器线吊式	X	CP	嵌入式（嵌入不可进入的顶棚）	R	R
固定线吊式	X1	CP1	顶棚内安装（嵌入可进入的顶棚）	DR	CR

名　称	旧符号	新符号	名　称	旧符号	新符号
防水线吊式	X2	CP2	墙壁内安装	BR	WR
吊线器式	X3	CP3	台上安装	T	T
链吊式	L	Ch	支架上安装	J	SP
管吊式	G	P	柱上安装	Z	CL
壁装式	B	W	座装	ZH	HM

表 2.4.3　导线敷设部位的标注符号

名　称	旧符号	新符号	名　称	旧符号	新符号
沿钢索敷设	S	SR	暗敷设在梁内	LA	BC
沿尾架或跨屋架敷设	LM	BE	暗敷设在柱内	ZA	CLC
沿柱或跨柱敷设	ZM	CLE	暗敷设在墙内	QA	WC
沿墙面敷设	QM	WE	暗敷设在地面或地板内	DA	FC
沿天棚面或顶板面敷设	PM	CE	暗敷设在屋面或顶板内	PA	CC
在能进入的吊顶内敷设	PNM	ACE	暗敷设在不能进入的吊顶内	PNA	ACC

表 2.4.4　导线敷设方式的标注符号

名　称	旧符号	新符号	名　称	旧符号	新符号
导线或电缆穿焊接钢管敷设	G	SC	用钢线槽敷设	GC	SR
穿电线管敷设	DG	TC	用电缆桥架敷设		CT
穿硬聚氯乙烯管敷设	VG	PC	用瓷夹板敷设	CJ	PL
穿阻燃半硬聚氯乙烯管敷设	ZVG	FPC	用塑料夹敷设	VJ	PCL
用绝缘子或瓷柱敷设	CP	K	穿蛇皮管敷设	SPG	CP
用塑料线槽敷设	XC	PR			

某住宅照明平面图如图 2.4.1 所示。

有些照明平面图上还标注照度，照度表示被照面光通量的面密度，单位为 lx（1 lx = 1 lm/m²）。所谓光通量，是指发光体在单位时间内辐射光能的总数量，单位为 1 m。

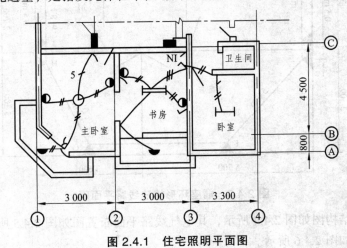

图 2.4.1　住宅照明平面图

照明剖面图与照明平面图对照，如图 2.4.2 所示。剖面图具体反映出导线、开关及灯具之间的连接情况；平面图则以单线图表示，使图面简洁清楚。

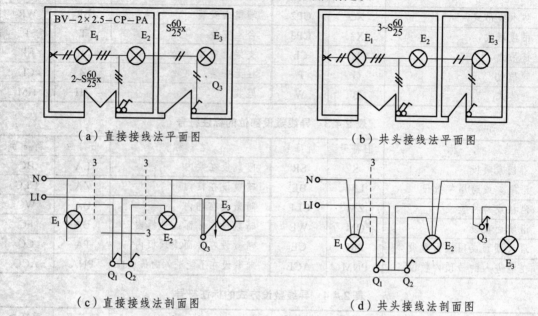

（a）直接接线法平面图　　　　　　　　　　　（b）共头接线法平面图

（c）直接接线法剖面图　　　　　　　　　　　（d）共头接线法剖面图

图 2.4.2　照明平面图与照明剖面图对照

图 2.4.3 所示为某一插座环形接法线路的平面图，图中由照明配电箱引出 A，A′ 两条线路环接，插座由 B 至 M 共 11 只。若按插座负荷均分 1.5 kW 电阻负荷计算，则根据负荷分布功率平衡的原理，环形接线比单条放射式线路可增加容量 20% ~ 100%。负荷在整个环形线路中分布越均匀，增加的幅度越大。

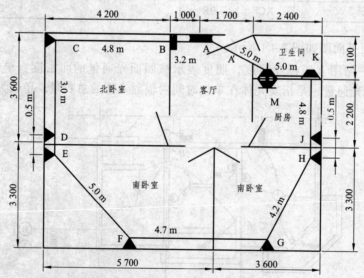

图 2.4.3　插座环形接法线路平面图

某模拟住宅结构图如图 2.4.4 所示，其电气线路平面布置图如图 2.4.5 所示，其配电箱内部布置及接线图如图 2.4.6 所示。

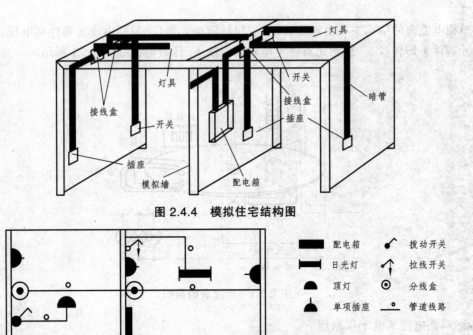

图 2.4.4　模拟住宅结构图

图 2.4.5　模拟住宅电气线路平面布置图

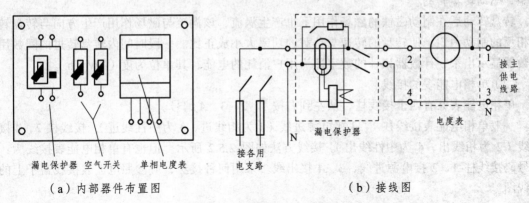

（a）内部器件布置图　　　　　　　　（b）接线图

图 2.4.6　模拟住宅配电箱内部布置及接线图

2.5　配电板的安装

2.5.1　电能表

1. 单相电能表

单相电能表用于测量单相交流电用户的电量，是测量电能的仪表。

（1）结构和工作原理。

① 电能表的结构。

单相电能表的结构主要由四部分组成,包括驱动元器件(包括电流元器件和电压元器件)、转动元器件（即转盘）、制动元器件（即制动磁铁）、计数器，如图 2.5.1 所示。

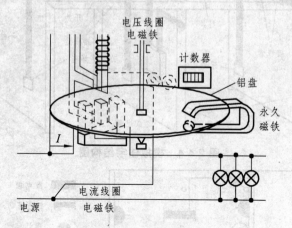

图 2.5.1　电度表的结构

② 单相电能表的工作原理。

电能表接入交流电源，并接通负载后，电压线圈接在交流电源两端，电流线圈流入交流电流，这两个线圈产生的交变磁场，穿过转盘在转盘上产生涡流，涡流和交变磁场作用产生转矩，驱动转盘转动。

转盘转动后在制动磁铁的磁场作用下也产生涡流，该涡流与磁场作用产生方向与转盘转向相反的制动力矩，使转盘的转速与负载的功率大小成正比。一段时间内转盘转过的圈数用计数器显示出来，计数器累计的数字即为用户消耗的电能，其单位为度（kW·h）。

（2）单相电能表的接线。

单相电能表共有四个接线柱，从左到右按 1、2、3、4 编号。

一般单相电能表接线柱 1、3 接电源进线（1 为相线进，3 为中性线进），接线柱 2、4 接出线（2 为相线出，4 为中性线出）。接线方法如图 2.5.2 所示。但也有单相电能表接线为：按号码接线柱 1、2 接电源进线，3、4 接出线。采用何种接法，应参照电能表接线盖子上的接线图。

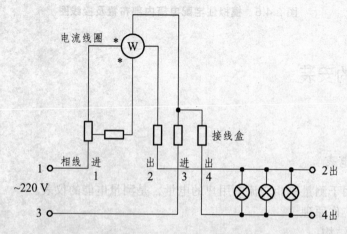

图 2.5.2　电度表的接线

38

2. 新型电能表

在科技迅猛发展的今天，新型电能表也正在快步走进千家万户。

（1）长寿式机械电能表。

长寿式机械电能表是在充分吸收国内外电能表设计、选材和制造经验的基础上开发的新型电能表，具有宽负载、长寿命、低功耗、高精度等优点。与普通电能表相比，在结构上具有以下特点：

① 表壳采用高强度透明聚碳酸酯注塑成型，在 60～110 ℃内不变形，能达到密封防尘、抗腐蚀老化及阻燃的要求。

② 底壳与端钮盒连体，采用高强度、高绝缘、高精度的热固性材料注塑成型。

③ 轴承支撑点采用高质量石墨衬套及高强度不锈针组成。

④ 阻尼磁钢由铝、镍、钴等双极强磁材料，经过高、低温老化处理，性能稳定。

⑤ 计数器支架采用高强度铝合金压铸，字轮、标牌均能防止紫外线辐射，不褪色，齿轮接触可靠。

⑥ 电压线路功耗小于 1.8 W，损耗小，节能。

⑦ 电流量程一般为 5～15 A 或 20～30 A。

（2）静止式电能表。

静止式电能表是借助于电子电能计量先进的机理，继承传统感应式电能表的优点，采用全屏蔽、全密封的结构，具有良好的抗电磁干扰性能，集节电、可靠、轻巧、高精度、高过载、防窃电等为一体的新型电能表。

静止式电能表的工作原理为：由分流器取得电流采样信号，分压器取得电压采样信号，经过乘法器得到电压、电流乘积信号，再经过频率变换器产生一个频率与电压、电流乘积成正比的计数脉冲，通过处理器分频，驱动计数器计量，如图 2.5.3 所示。

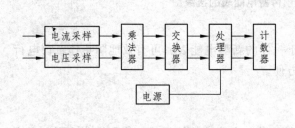

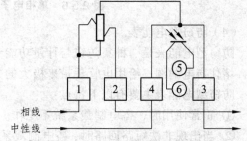

图 2.5.3　静止式电能表工作原理方框图　　　　图 2.5.4　静止式电能表接线图

静止式电能表按电压等级分为单相电子式、三相电子式和三相四线电子式等，按用途可分为单一式和多功能式。

静止式电能表的安装使用要求，与一般机械式电能表大致相同，但接线宜粗，避免因接触不良而发热烧毁。静止式电能表安装接线如图 2.5.4 所示。

（3）电子预付费电能表（机电一体化预付费电能表）。

电子预付费电能表又称 IC 卡表或磁卡表。其不仅具有电子式电能表的各种优点，而且电能计量采用先进的微电子技术进行数据采集、处理和保存，实现先付费后用电的管理功能。

电子预付费电能表由电能计量和微处理器两个主要功能块组成，电能计量功能块使用分流—倍增电路，产生表示用电多少的脉冲序列，送至微处理器进行电能计量；微处理器则通过电卡接头与电能卡（IC 卡）传递数据，实现各种控制功能，其工作原理如图 2.5.5 所示。

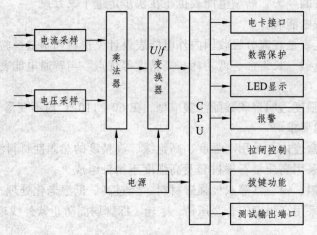

图 2.5.5 电子预付费电能表工作原理方框图

电子预付费电能表也有单相和三相之分，单相电子预付费电能表的接线如图 2.5.6 所示。

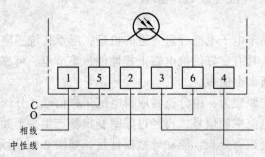

图 2.5.6 单相电子预付费电能表的接线图

（4）防窃型电能表。

防窃型电能表是一种集防窃与计量功能于一体的新型电能表，可有效地防止违章窃电行为，堵住窃电漏洞，给用电管理带来极大的方便。

防窃型电能表主要有以下特点：

① 正常使用时，盗电制裁系统不工作。

② 当出现非法短路回路时，盗电制裁系统工作，电能表加快运转，并警告非法用电户停止窃电行为。如电能表反转时，此表采用了双向计数器装置，使倒转照样计数。

2.5.2 负荷开关

负荷开关是手动控制器中最简单而使用较广泛的一种低压电器。在电路中的作用为隔离电源、分断负载。其主要包括 HK 系列开启式负荷开关和 HH 系列封闭式负荷开关。

1. HK 系列开启式负荷开关（闸刀开关）

HK 系列负荷开关主要由瓷底板、瓷手柄、熔丝、胶盖及刀片、刀夹等组成，如图 2.5.7

所示。按闸刀极数分双极和三极两种，额定电流有 10 A、15 A、30 A、60 A 四种，额定电压有 220 V 和 380 V 两种。一般只能直接控制 5.5 kW 以下的三相电动机或一般的照明电路。

闸刀开关的使用应注意以下几点：

（1）闸刀开关的额定电压必须与电路电压相适应。

（2）对于电阻负载或照明负载，闸刀开关的额定电流必须大于负载的额定电流；对于电动机负载，闸刀开关的额定电流应大于负载额定电流的 3 倍。

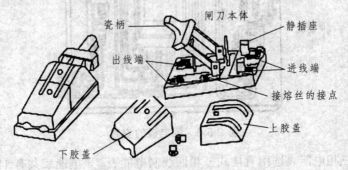

图 2.5.7　开启式负荷开关

（3）闸刀开关内所配熔体的额定电流不得大于该开关的额定电流。

（4）闸刀开关必须垂直安装，合闸时手柄向上。电源线应接在开关的静触点上，负载应接在动触点的出线端。

（5）更换熔丝时必须切断电源。

（6）分、合闸时动作要果断、迅速。

2. HH 系列封闭式负荷开关（又称铁壳开关）

铁壳开关主要由闸刀、熔断器、操作机构和钢板外壳等组成。铁壳开关内有速断弹簧和凸轮机构，使拉闸、合闸迅速。开关内还带有简单的灭弧装置，断流能力较强。铁盖上有机械连锁装置，能保证合闸时打不开盖，而打开盖时合不上闸，使得铁壳开关在使用中比较安全。

铁壳开关的额定电流在 15～200 A。

铁壳开关的安装使用与闸刀开关类同，但其金属外壳应可靠接地。

2.5.3　配电板的安装

1. 配电板的安装

室外交流电源线通过进户装置进入室内，再通过量电和配电装置才能将电能送至用电设备。

量电装置通常由进户总熔丝盒、电能表等组成。

配电装置一般由控制开关、过载及短路保护装置等组成，容量较大的还装有隔离开关。

一般将总熔丝盒装在进户管的墙上，用于防止下级电力电路的故障影响到前级配电板干线而造成更大区域的停电。电能表、控制开关、过载和短路保护装置均安装在同一块配电板上，如图 2.5.8 所示，该配电板左边为照明部分，右边为动力部分。

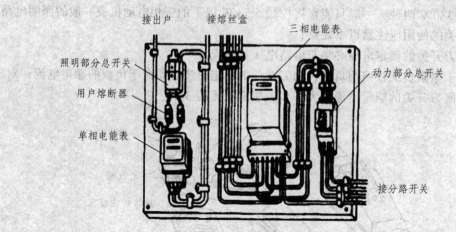

图 2.5.8　配电板的安装

动力部分的三相电能表选用直接式三相四线制电能表。该电能表共有 11 个接线柱，从左到右按 1、2、3～11 编号，其中 1、4、7 是电源相线的进线柱；3、6、9 是相线的出线柱，分别去接总开关的三个进线柱；10、11 是电源中线的进线柱和出线柱；2、5、8 三个接线柱可空置，如图 2.5.9 所示。

2. 安装配电板注意事项

（1）正确选用电能表的容量。电能表的额定电压与用电器的额定电压相一致，负载的最大工作电流不得超过电能表的额定电流。

（2）电能表总线必须采用铜芯塑料硬线，其最小截面面积不应小于 1.5 mm²，中间不准有接头，总熔丝盒到电能表之间沿线敷设长度不宜超过 10 m。

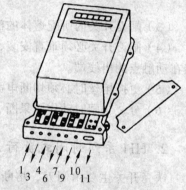

图 2.5.9　直接式三相四线式
电能表的接线

（3）电能表总线必须明线敷设或线管明敷，进入电能表时，一般以"左进右出"原则接线。

（4）电能表的安装必须垂直于地面。

（5）配电板应避免安装在易燃、高温、潮湿、振动或有灰尘的场所。配电板应安装牢固。

2.6　室内电路配线

室内电路配线可分为明敷和暗敷两种。明敷为导线沿墙壁、天花板表面、横梁、屋柱等处敷设；暗敷为导线穿管埋设在墙内、地坪内或顶棚里。

一般来说，明配线安装施工和检查维修较方便，但室内美观受影响，人能触摸到的地方不安全；暗配线安装施工要求高，检查和维护较困难。

配线方式一般分：瓷（塑料）夹板配线、绝缘子配线、槽板配线、塑料护套配线和线管配线等。

室内电气安装和配线施工，应做到电能传送安全可靠、电路布置合理美观、电路安装牢固。

2.6.1　绝缘子配线

绝缘子配线也称瓷瓶配线，是利用绝缘子支持导线的一种配线，用于明配线。

绝缘子较高，机械强度大，适用于用电量较大而又较潮湿的场合。

绝缘子一般有鼓形、蝶形、针式和悬式等4种，鼓形绝缘子常用于截面较细的导线配线，蝶形、针式和悬式绝缘子常用于截面较粗的导线配线。

1．绝缘子配线方法

（1）定位。定位工作在土建未抹灰之前进行。根据施工图确定用电器的安装地点、导线的敷设位置和绝缘子的安装位置。

（2）画线。在需固定绝缘子处画一个"×"号，固定点间距主要考虑绝缘子的承载能力和两个固定点之间导线下垂的情况。

（3）凿眼。按画线定位进行凿眼。

（4）安装木榫或埋设缠有铁丝的木螺钉。

（5）埋设穿墙瓷管或过楼板钢管。此项工作最好在土建时预埋。

（6）固定绝缘子。

（7）敷设导线及导线的绑扎。

① 终端导线的绑扎。

用回头线绑扎，如图 2.6.1 所示。绑扎线应用绝缘线，绑扎线的线径和绑扎圈数如表 2.6.1 所示。

图 2.6.1　终端导线的绑扎

表 2.6.1　绑扎线的线径和绑扎圈数

导线截面/mm²	绑扎线直径/mm		绑线圈数	
	铜芯线	铝芯线	公圈数	单圈数
1.5 ~ 10	1.0	2.0	10	5
10 ~ 35	1.4	2.0	12	5
50 ~ 70	2.0	2.6	16	5
95 ~ 120	2.6	3.0	20	5

② 直线段导线的绑扎。

一般采用单绑法和双绑法两种，截面面积在 6 mm² 及以下的导线可采用单绑法，截面面积在 10 mm² 及以上的导线可采用双绑法，如图 2.6.2（a）、（b）所示。

（a）单绑法 （b）双绑法

图 2.6.2　直线段导线的绑扎

2. 绝缘子配线注意事项

（1）平行的两根导线，应在两个绝缘子的同一侧或者在两绝缘子的外侧。严禁将导线置于两绝缘子的内侧。

（2）导线在同一平面内，如遇弯曲时，绝缘子须装设在导线的曲折角内侧。

（3）导线不在同一平面上曲折时，在凸角的两个面上，应设两个绝缘子。

（4）在建筑物的侧面或斜面配线时，必须将导线绑在绝缘子的上方。

（5）导线分支时，在分支处要设置绝缘子，以支持导线。

（6）导线相互交叉时，应在距建筑物近的导线上套绝缘保护管。

（7）绝缘子沿墙垂直排列敷设时，导线弧度不得大于 5 mm；沿水平支架敷设时，导线弧度不得大于 10 mm。

2.6.2　塑料护套线配线

塑料护套线是具有塑料保护层的双芯或多芯绝缘导线，具有防潮性能良好、安装可靠、安装方便等优点。塑料护套线可以直接敷设在墙体表面，用铝片线卡（俗称钢精扎头）作为导线的支持物，其在小容量电路中被广泛采用。

1. 塑料护套线的配线方法

（1）画线定位。先确定电器的安装位置和电路走向，每隔 150～300 mm 画出铝片线卡的位置，距开关、插座、灯具、木台 50 mm 处要设置线卡的固定点。

（2）固定铝片线卡。

（3）敷设导线。护套线应横平竖直地敷设，不松弛、不扭曲、不可损坏护套层。将护套线依次夹入铝片线夹。

（4）铝片线卡的夹持。如图 2.6.3 所示将铝片线卡收紧夹持护套线。

图 2.6.3　铝片线卡的夹持

2. 塑料护套线配线的注意事项

（1）塑料护套线不得直接埋入抹灰层内暗配敷设。

44

（2）室内使用塑料护套线配线，规定其铜芯截面面积不得小于 0.5 mm²，铝芯截面面积不得小于 1.5 mm²。室外使用时，其铜芯截面面积不得小于 1.0 mm²，铝芯截面面积不得小于 2.5 mm²。

（3）塑料护套线不能在电路上直接剖开连接，应通过接线盒或瓷接头，或借用插座、开关的接线桩来连接线头。

（4）护套线转弯时，转弯前后各用一个铝片线卡夹住，转弯角度要大，如图 2.6.4（a）所示。

（5）两根护套线相互交叉时，交叉处要用四个铝片线卡夹住，如图 2.6.4（b）所示。护套线尽量避免交叉。

（6）护套线穿越墙或楼板，及离地面距离小于 0.15 m 的一般护套线，应加电线管保护，如图 2.6.4（c）所示。

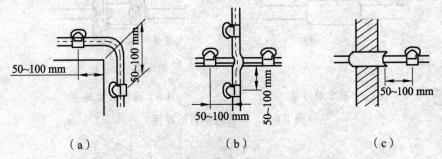

（a）　　　　　　　　（b）　　　　　　　　（c）

图 2.6.4　塑料护套线配线的注意事项

2.6.3　线管配线

把绝缘导线穿在管内的配线称为线管配线。

线管配线有耐潮耐腐蚀、导线不易受到机械损坏等优点，但安装、维修不方便，适用于室内外照明和动力电路的配线。

1．线管配线方法

（1）线管的选择。

① 根据使用场所选择线管的类型。

- 潮湿和有腐蚀气体的场所：选择管壁较厚的白铁管；
- 干燥场所：管壁较薄的电线管；
- 腐蚀性较大的场所：一般选用硬塑料管。

② 根据穿管导线的截面和根数来选择线管的直径。

一般要求穿管导线的总截面（包括绝缘层）不应超过线管内径截面的 40%。

（2）线管的敷设。

根据用电设备位置设计好线路的走向，尽量减少弯头。用弯管机制作弯头时，管子弯曲角度一般不应小于 90°，要有明显的圆弧，不能弯瘪线管，这样便于导线穿越。硬塑料管弯

曲时，先将硬塑料管用电炉或喷灯加热直到塑料管变软，然
后放到木坯具上弯曲，用湿布冷却后成形，如图 2.6.5 所示。

图 2.6.5　硬塑料管的弯曲

线管的连接：对于钢管与钢管的连接采用管箍连接，如
图 2.6.6（a）所示，管子的丝扣部分应顺螺纹方向缠上生胶
带（或麻丝）后用管子钳拧紧；钢管与接线盒的连接用锁紧
螺母夹紧，如图 2.6.6（b）所示；塑料硬管之间的连接采用
插入法和套接法连接，如图 2.6.7（a）、（b）所示，在连接处
需涂上黏结剂。

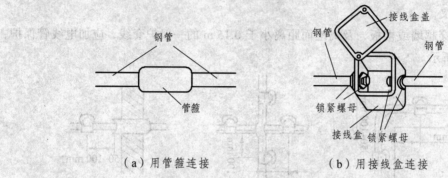

（a）用管箍连接　　　（b）用接线盒连接

图 2.6.6　钢管与钢管的连接

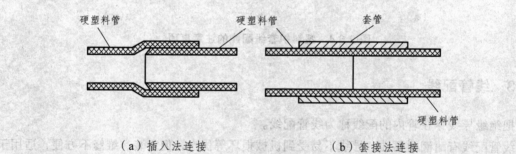

（a）插入法连接　　　　　　（b）套接法连接

图 2.6.7　塑料硬管之间的连接

（3）线管的固定。

线管明敷设时，采用管卡支持；当线管进入开关、灯头、插座、接线盒前 300 mm 处以
及线管弯头两边需用管卡固定。线管暗线敷设时，用铁丝将管子绑扎在钢筋上或用钉子钉在
模板上，将管子用垫块垫高、使管子与模板之间保持一定距离。

（4）线管的接地。线管配线的钢管必须可靠接地。

（5）线管穿线。

① 先将管内杂物和水分清除。

② 选用 $\phi 1.2$ mm 的钢丝做引线，钢丝一头弯成小圆圈，送入线管的一端，由线管另一
端穿出。在管口两端加护圈保护并防止杂物进入管内。

③ 接线管长度加上两端连接所需长度余量截取导线，削去导线绝缘层，将所有穿管导线
的线头与钢丝引线缠绕，同一根导线的两头做上记号。穿线时由一人将导线理成平行束向线
管内送，另一人在线管的另一端慢慢抽拉钢丝，将导线穿入线管。

2. 线管配线的注意事项

（1）穿管导线的绝缘强度不低于 500 V，导线最小截面面积规定铜芯线 1 mm²，铝芯线 2.5 mm²。

（2）线管内导线不准有接头，也不能有绝缘破损的导线。

（3）交流回路中不许将单根导线单独穿于钢管，以免产生涡流发热。同一交流回路中的导线，必须穿于同一钢管。

（4）线管电路应尽可能减少转角或弯曲。管口、管子连接处均应做密封处理，防止灰尘和水汽进入管内，明管管口应装防水弯头。

（5）管内导线一般不得超过 10 根，不同电压或不同电能表的导线不得穿在一根线管内。但一台电动机包括控制和信号回路的所有导线，及同一台设备的多台电动机的线路，允许穿在同一根线管内。

2.7 电气照明的安装与检修

利用电来发光而作为光源的，称为电气照明。

电气照明广泛应用于生产和日常生活中，对电气照明的要求是保证照明设备安全运行，防止人身伤害或火灾事故的发生，提高照明质量，节约用电。

电气照明按发光的方法分，有热辐射（如白炽灯）、气体（如荧光灯）和半导体（LED）照明三类；按照明方式分，有一般照明、局部照明和混合照明三类；按使用的性质分，有正常照明、事故照明、值班照明、警卫照明、障碍照明、装饰性照明（如射灯，闪灯）和广告性照明（如霓虹灯）等。

本节主要介绍一般工厂和民用的常用电光源、照明器具的安装方法。

2.7.1 灯具选择与照明装置分类

1. 灯具选择

灯具应根据使用环境条件、房间用途、光线分布要求和限制眩光要求等条件选择，在满足以上条件的前提下，尽量选用效率高、维护方便的灯具。在正常环境及高温场所宜用开启式灯具；其他场所则应按环境特点相应的采用防水、防尘、防爆、防震等灯具，灯具的造型和色彩，要与建筑物相协调。

选择照明装置及其开关等附件时，还应遵循节约用电、减少对环境污染的绿色照明工作原则，尽量选用较为成熟的节能型产品。例如，目前白炽灯由于其发光效率低而逐渐少用，尽量改用荧光灯，而普通型荧光灯又不如节能型荧光灯节能效果好。

2. 照明装置分类

（1）一般照明，使照射场所有区域都有同样的均匀明晰视觉的照明。

（2）局部照明，又称集中照明，是使工作场所或受光面的局部有明显视觉的照明。这种照明又分为固定式和移动式两种。

（3）混合照明，是指一般照明与局部照明共同配合使用的照明，两种光源合用的一般照明。

（4）事故照明，是指工厂、车间和公共场所为了预防发生火灾、电源中断或有害气体爆炸等事故而准备作为持续工作或便于人员疏散的照明。

2.7.2　照明装置安装规定

1. 照明装置安装规定

（1）对于潮湿、有腐蚀性气体、易燃、易爆的场所，应分别采用合适的防潮、防爆、防雨的开关、灯具。

（2）吊灯应装有挂线盒，一般每只挂线盒只能装一盏灯。吊灯应安装牢固，超过 1 kg 的灯具必须用金属链条或其他方法吊装，使吊灯导线不承受重力。

（3）使用螺口灯头时，相线必须接于螺口灯头座的中心铜片上，灯头的绝缘外壳不应有损伤，螺口白炽灯泡金属部分不能外露。

（4）吊灯离地面距离不应低于 2 m，潮湿、危险场所应不低于 2.5 m。

（5）照明开关必须串接于电源相线上。

（6）开关、插座离地面高度一般不低于 1.3 m，特殊情况插座可以装低，但离地面不应低于 150 mm，幼儿园、托儿所等处不应装设低位插座。

2. 照明装置安装与维护的注意事项

照明装置的安装，应做到正规、合理、牢固、整齐，即应按规程规定进行安装，合理选用器材，做到经济、适用、可靠。安装位置符合实际需要，使用方便。安装必须牢固，以利于使用安全，做到横平竖直、整齐统一、形色协调。

安装与维护必须注意以下几点：

（1）灯装在灯座上使用。

灯座按安装方式分为平灯座、悬吊式和管子灯座等，按材质分有胶木、瓷质和金属三种，按接触方式分为插口及螺口两种。通常功率为 100 W 及以下的灯用胶木插口灯座，100 W 以上的灯用瓷质螺口灯座，室外路灯则用外加金属护罩的瓷灯座，高压灯有专用的灯具。用螺口灯座时，相线（俗称火线）经开关后接在灯座中心的弹片上，中性线（俗称地线或零线）接在螺纹圈上。日光灯装在灯架上，严禁用电线直接与灯脚相连。

（2）安装要牢固。

吊灯装有吊线盒，盒内导线应打结扣以承受灯具重力，普通灯线承重不允许超过 9.8 N。由强度较大的软线软缆悬吊时，承重不允许超过 29.4 N，否则应预埋悬挂灯具的铁件。预埋铁件应镀锌防锈，悬挂日光灯可使用晶链。

吊灯、壁灯、吸顶灯灯具与安装面的连接要牢固，其连接部件应能承受 4 倍灯具的重力。

（3）灯线要合格。

吊灯、壁灯、吸顶灯灯线采用橡胶绝缘编织双绞铜芯软导线，吊灯线悬挂部分不应有接头，落地灯、行灯灯线采用有护套的铜芯软电缆。相、地线要有明显标志，一般花色线为火线、单色线为地线。户外灯的引接线用耐气候型的绝缘电线。

（4）要有防火措施。

灯应远离易燃物，使其没有与可燃物接触的可能。日光灯不得紧贴装在可燃性的建筑材料上：一般不吸顶安装，若吸顶安装，则应确保镇流器通风良好，以免过热。

（5）有足够的安全距离。

灯至地面的安全距离，普通室内一般不低于 2 m，潮湿、危险场院及室外不低于 2.5 m，农村场所不低于 5 m，普通街道不低于 6 m。

2.7.3 开关、插头及插座的安装

1. 开关、插座及线路

灯开关主要用于控制电灯，对居民住房，应做到一灯一开关以节约用电。插座主要用于家用电器及移动式电器具接电。开关、插座分为明装、暗装两类。开关有手拨单极开关、双极开关、三极开关、拉线开关、双控开关及节能定时开关等；插座有单相两孔、单相三孔及三相四孔等。采用开关插座的线路有以下几种接线供电方式。

（1）树干式接线供电。

树干式接线供电方式，照明与插座混合连接，安装省工省料，只适用于用电器具不多的场合。

（2）放射式接线供电。

放射式接线供电，照明、插座线路分开，照明线路顶部布线，插座线路为中部沿墙或地中预埋布线。由于照明灯对地已有安全距离，属 0 类电器，不用接地保护，故以单相两线制供电；插座线路以单相两线制供电有接地保护系统，且装漏电末级保护（弱电设备及Ⅱ类电器的插座则用单相两孔式，不接保护线）。为便于控制、保护和合理选择导线截面，每条线路装接灯头、插座数及最大负荷电流均不得超过规程规定值。一般照明每一支路的最大负荷电流不应超过 15 A；电热每一支路的最大负荷电流不应超过 30 A。放射式接线的缺点是主干线负荷过大，且由于线路数较多，用工用料均较多。

（3）环形接线供电。

对家用电器较多且功率较大的场所，宜采用环形接线供电。即从配电箱母线接出两条放射式线路，他们的末端相连接成一环路，诸插座均接于环形线路上。环形接线的插座有两条线路供电，可使相同截面线路的允许载流量有较大的增加，且能满足多个较大功率家电在各个方位灵活用电。

为防止因线路断线开环运行时线路过负荷发热，可在配电箱两线路出口处各装设一组过负荷保护，其动作值设定为线路安全载流量。

2. 开关、插头及插座的安装

（1）开关、插头、插座的额定电压应大于或等于电源额定电压，额定电流应不小于被控电器的额定电流。圆孔插座已经是淘汰品，应选用扁孔插座。

（2）每一台（组）家电应有专用的插头插座。若一台设备需多个电源插座时，可用插座

转换器转换，转换器插座数不得超过 4 个。

（3）功率超过 0.5 kW 的电动机和 2 kW 以上的电热设备，不得用插头直接启闭，应在插座前装设负荷开关和熔断器，用负荷开关操作。

（4）插座、双控开关的接线方法，如图 2.7.1 所示。该图为面对插座的正视图，插孔上的"⊥"极，应根据所在低压电网的接线方式接"保护接地"线或"保护接零"线。对三相四孔插座，还应查明所接家用电器插头的接线（如空调机附件插头的具体接线），若插头的上部端子不是接绿、黄双色线的保护线，而是接中性线，则插座上部相应插孔也接中性线，至于配电网的接地保护线则直接与空调机的绿、黄双色保护线相连接。

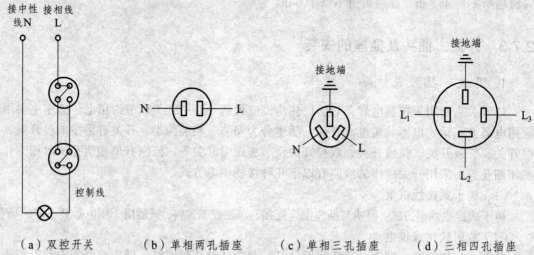

（a）双控开关　　　（b）单相两孔插座　　　（c）单相三孔插座　　　（d）三相四孔插座

图 2.7.1　开关、插座安装接线图

（5）不同电压的插座安装于同一场所时，应有明显的区别，且插头不能互相换接。同一电压等级的线路用同一类的插座。

（6）开关的安装位置应便于操作。同一场所的开关安装高度和切合位置应一致，且均应控制相（火）线。

（7）开关、插座的安装高度，应符合规程要求和施工图规定，一般拉线开关安装高度不低于 1.8 m，其他灯开关不低于 1.4 m；插座安装高度一般与灯开关平齐。非居民及儿童活动场所的插座也可距地面 0.15 ~ 0.3 m 安装。

2.7.4　白炽灯照明电路的安装

1. 白炽灯的构造和种类

白炽灯具有结构简单、安装方便、使用可靠、成本低、光色柔和等特点。一般灯泡为无色透明灯泡，也可根据需要制成磨砂灯泡、乳白灯泡及彩色灯泡。

2. 白炽灯的构造

白炽灯由灯丝、玻璃壳、玻璃支架、引线、灯头等组成。灯丝一般用钨丝制成，当电流通过灯丝时，由于电流的热效应使灯丝温度上升至白炽程度而发光。

功率在 40 W 以下的灯泡，制作时将玻璃壳内抽成真空；功率在 40 W 及以上的灯泡，则在玻璃壳内充有氩气或氮气等惰性气体，使钨丝在高温时不易挥发。

3. 白炽灯的种类

白炽灯的种类很多，按其灯头结构分为插口式和螺口式两种；按其额定电压分有 6 V、12 V、24 V、36 V、110 V 和 220 V 共 6 种；按其用途分为普通照明白炽灯、投光型白炽灯、低压安全灯、红外线灯及各类信号指示灯等。

各种不同额定电压的灯泡外形很相似，所以在安装使用灯泡时应注意灯泡的额定电压必须与电路电压一致。

4. 白炽灯照明电路

（1）用单联开关控制白炽灯。

一只单联开关控制一盏白炽灯的接线原理图，如图 2.7.2 所示。

（2）用双联开关控制白炽灯。

两只双联开关控制一盏白炽灯的接线原理图，如图 2.7.3 所示。

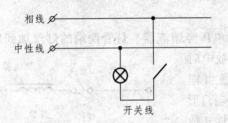

图 2.7.2　单联开关控制白炽灯的接线原理图　　　图 2.7.3　双联开关控制白炽灯的接线原理图

2.7.5　荧光灯照明电路的安装

荧光灯又叫日光灯，其照明电路与白炽灯照明电路同样具有结构简单、使用方便等特点，而且荧光灯还有发光效率高的优点，因此荧光灯也是应用较普遍的一种照明灯具。

1. 荧光灯照明电路

（1）荧光灯及其附件的结构。

荧光灯照明电路主要由灯管、启辉器、启辉器座、镇流器、灯座、灯架等组成。

① 灯管。由玻璃管、灯丝、灯头、灯脚等组成，其外形结构如图 2.7.4（a）所示。玻璃管内抽成真空后充入少量汞（水银）和氩等惰性气体，管壁涂有荧光粉，在灯丝上涂有电子粉。

灯管常用规格有 6 W、8 W、12 W、15 W、20 W、30 W 及 40 W 等。外形除有直线形外，也有制成环形或∪形等。

② 启辉器。由氖泡、纸介质电容器、出线脚、外壳等组成，氖泡内有∩形动触片和静触片，如图 2.7.4（b）所示。常用规格有 4～8 W、15～20 W、30～40 W，还有通用型 4～40 W 等。

51

③ 启辉器座。常用塑料或胶木制成，用于放置启辉器。

④ 镇流器。主要由铁芯和线圈等组成，如图 2.7.4（c）所示。使用时镇流器的功率必须与灯管的功率及启辉器的规格相符。

⑤ 灯座。有开启式和弹簧式两种。规格有大型的，适用于 15 W 及以上的灯管；小型的，适用于 6 ~ 12 W 灯管。

⑥ 灯架。有木制和铁制两种，规格应与灯管相匹配。

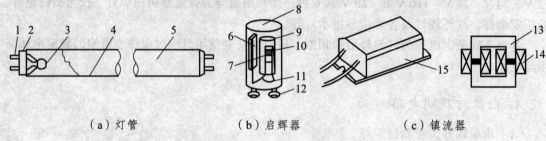

（a）灯管   （b）启辉器   （c）镇流器

图 2.7.4　荧光灯及其附件的结构

1—灯脚；2—灯头；3—灯丝；4—荧光丝或荧光粉；5—玻璃管；6—电容器；7—静触片；8—外壳；
9—氖泡；10—动触片；11—绝缘底座；12—出线脚；13—铁芯；14—线圈；15—金属外壳

（2）荧光灯的工作原理

如图 2.7.5 所示，闭合开关接通电源后，电源电压经镇流器、灯管两端的灯丝加到启辉器的∩形动触片和静触片之间，引起启辉光放电。放电时产生的热量使得用双金属片制成的∩形动触片膨胀并向外伸展，与静触片接触，使灯丝预热并发射电子。当∩形动触片与静触片接触时，二者间电压为零而停止辉光放电，∩形动触片冷却收缩并复原而与静触片分离。动、静触片断开的瞬间，在镇流器两端产生一个比电源电压高得多的感应电动势，感应电动势与电源电压串联后加在灯管两端，使灯管内惰性气体被电离而引起弧光放电。

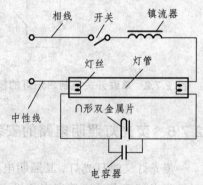

图 2.7.5　荧光灯的工作原理

随着灯管内温度升高，液态汞汽化游离，引起汞蒸气弧光放电而发出肉眼看不见的紫外线，紫外线激发灯管内壁的荧光粉后，发出近似日光的可见光。

（3）镇流器的作用。

镇流器除了在电路中产生感应电动势外，还有两个作用：

① 在灯丝预热时限制灯丝的预热电流，防止预热电流过大而烧坏灯丝，保证灯丝电子的发射能力。

② 在灯管启辉后，维持灯管的工作电压并限制灯管的工作电流在额定值，以保证灯管稳定工作。

（4）启辉器内电容器的作用。

① 与镇流器线圈形成 LC 振荡电路，延长灯丝的预热时间和维持感应电动势。

② 吸收干扰收音机和电视机的交流杂音。

2. 荧光灯照明电路的安装

荧光灯照明电路中导线的敷设以及木台、接线盒、开关等照明附件的安装方法和要求与白炽灯照明电路基本相同。荧光灯的接线装配方法如图 2.7.6 所示。

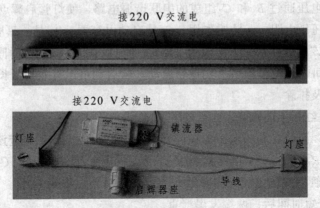

图 2.7.6　荧光灯电路的装配

（1）用导线把启辉器座上的两个接线柱分别与两个灯座中的一个接线柱连接。

（2）把一个灯座中余下的一个接线柱与电源中性线连接，另一个灯座中余下的一个接线柱与镇流器的一个线头相连。

（3）镇流器的另一个线头与开关的一个接线柱连接。

（4）开关的另一个接线柱接电源相线。

接线完毕后，把灯架安装好，旋上启辉器，插入灯管。

3. 电子镇流器简介

随着电子技术的发展，出现用电子镇流器代替普通电感式镇流器和启辉器的节能型荧光灯。它具有功率因数高、低压启动性能好、噪声小等优点。其内部结构及接线如图 2.7.7 所示。

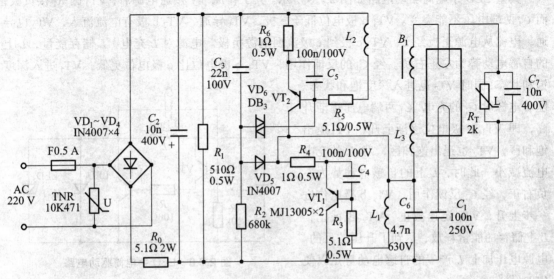

图 2.7.7　电子镇流器电路

（1）电路原理。

图中 C_3、R_2 和 D_5 组成锯齿波发生电路，R_3、C_4、L_1 和 R_5、C_5、L_2 等元器件组成自激振荡电路，双向触发二极管 VD_6 为触发起振用。由于开关管 VT_1 和 VT_2 交替导通或截止，形成高频交变电压，该电压通过 B_1 和 C_7 组成的串联谐振电路，使灯管启辉点亮。TNR 是一只标称电压为 470 V 的压敏电阻，起防雷作用；C_7 是启动电容器；R_T 是一只居里点 85 ℃ 的正温度系数热敏电阻，该电阻在常温下阻值为 2 kΩ，通电后在 0.4 ~ 1.5 s 时间内，阻值迅速升至 10 MΩ，在这段时间内灯丝被预热，实现软启动。软启动可以有效地延长灯管寿命。

（2）典型故障及排除。

① 灯管两端发红，不能点亮。

灯管两端发红，说明有高频电压加在灯管两端，B_1 前的电路工作应该是正常的，故障部位应在启动元器件 R_T 和 C_7 上，电路检测 R_T 正常，拆下 C_7 检查，发现 C_7 已严重漏电。因为 C_7 漏电，使加在灯管两端的电压大为降低，导致无法启动。更换 C_7 后，启动正常。

② 灯管使用较短时间后，两端发黑严重。

因为灯管能正常点亮，引起灯管寿命短的原因应是冷启动。拆下 R_T 热敏电阻检查，冷态电阻达数兆欧（MΩ），已起不到预热启动的作用。将其更换后，新换的灯管使用较长时间后两端都不会出现发黑现象。

2.7.6　LED 照明电路的安装

1. LED 手电筒照明电路

市场上现在出现了一种廉价的 LED 手电筒，其前端为 5 ~ 8 个高亮度 LED 发光二极管，使用 1 ~ 2 节电池。由于使用超高亮度发光二极管，发光效率很高，工作电流比较小，非常省电。如果使用大容量的充电电池，可以连续使用十几个小时。

典型 LED 手电筒驱动电路如图 2.7.8 所示。其工作原理：接通电源后，VT_1 因 R_1 接负极，而 C_1 两端电压不能突变。VT_1 b 极电位低于 e 极，VT_1 导通，VT_2 b 极有电流流入，VT_2 也导通，电流从电源正极经 L、VT_2 c 极到 e 极流回电源负极。电源对 L 充电，L 储存能量，L 上的自感电动势为左正右负。经 C_1 的反馈作用，VT_1 b 极电位比 e 极电位更低，VT_1 进入深度饱和状态，同时 VT_2 也进入深度饱和状态。

随着电源对 C_1 的充电，C_1 两端电压逐渐升高，即 VT_1 b 极电位逐渐上升，VT_1 退出饱和区，VT_2 也退出饱和区，对 L 的充电电流减小。此时，L 上的自感电动势为左负右正，经 C_1 反馈作用，VT_1 b 极电位进一步上升，VT_1 迅速截止，VT_2 也截止，L 上储存的能量释放，达到了升压的目的。电源电压加上 L 产生的自感电动势足以使 LED 发光。

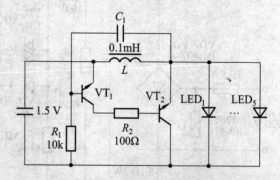

图 2.7.8　LED 手电筒驱动电路

2. 3 W LED 照明灯电路

一种 3 W LED 照明灯电路如图 2.7.9 所示。其工作原理：220 V 的电压经电容 C_1 的降压后，经过 $VD_1 \sim VD_4$ 全波整流，再经 C_2 滤波和稳压管 VD_5 稳压后，产生 10.5 V 的稳定电压作为 LED 发光管的电源。

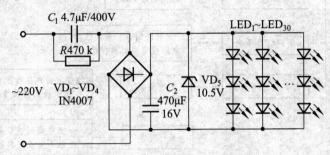

图 2.7.9　3 W LED 照明灯电路

$LED_1 \sim LED_{30}$ 是白色发光管，把每 3 只串联成一组，这样 30 只就可以构成 10 组，并把 10 组并联后接到 10.5 V 的电源上。由于每只发光管的工作电压为 3.5 V，3 只串联为 10.5 V 已满足要求。每只发光管的工作电流在 20 ~ 30 nA，这样就使得每只发光管都能正常发光。电容 C_1 选用 4.7 μF/400 V 的涤纶电容。白色发光管 $LED_1 \sim LED_{30}$ 用 5 mm 的印制电路板安装。

2.7.7　电气照明电路的检修

1. 灯具线路故障检修

电气照明电路在使用过程中，灯具或灯具线路难免会发生故障。如果发生故障，可按图 2.7.10 和图 2.7.11 查找故障，并及时排除。

2. 荧光灯照明电路常见故障分析

（1）接通电源后，荧光灯不亮。

① 故障原因。

- 灯脚与灯座、启辉器与启辉器座接触不良；
- 灯丝断；
- 镇流器线圈断路或短路；
- 新装荧光灯接线错误。

② 检修方法。

- 转动灯管或启辉器，找出接触不良处并修复；
- 用万用表电阻挡检查灯管两端的灯丝是否断掉，可换新灯管；
- 修理或调换镇流器；
- 找出接线错误。

（2）荧光灯闪动或只有两头发光。

① 故障原因。

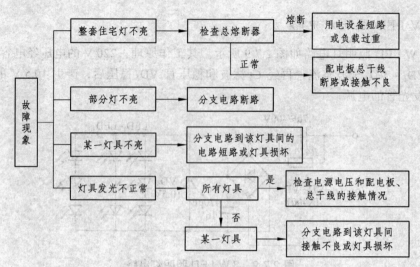

图 2.7.10　灯具线路故障寻迹图

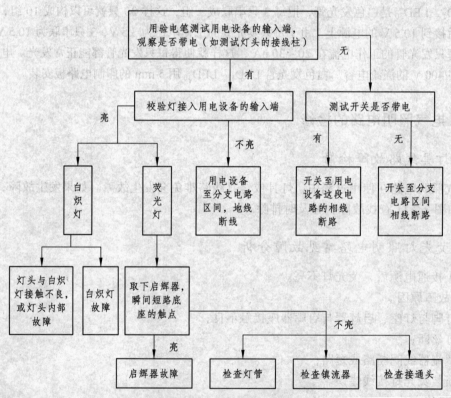

图 2.7.11　灯具故障寻迹图

- 启辉器氖泡内的动、静触片不能分开或电容器被击穿短路；
- 镇流器配用规格不合适；
- 电源电压太低。

② 检修方法。

- 更换启辉器；
- 调换与荧光灯功率适配的镇流器；

- 如有条件采取稳压措施。

（3）光在灯管内滚动或灯光闪烁。

① 故障原因。

- 灯管质量不好；
- 镇流器配用规格不合适或接线松动；
- 启辉器接触不良或损坏。

② 检修方法。

- 多开几次可消除故障现象或更换灯管；
- 调换合适的镇流器或加固接线；
- 修复接触不良处或调换启辉器。

（4）镇流器过热或冒烟。

① 故障原因。

- 镇流器内部线圈短路；
- 电源电压过高；
- 灯管闪烁时间过长。

② 检修方法。

- 调换镇流器；
- 检查电源；
- 按故障 3 检查闪烁原因并排除。

实训　配电板及室内照明电路安装

一、实训目的

（1）掌握配电板的安装；
（2）掌握室内照明电路（荧光灯与白炽灯）的安装；
（3）熟悉安全用电常识。

二、实训器材

本实训所用器材见表1。

表 1　实训器材

序号	器材名称	规格、型号	数量	单位
1	木制配电板	500 mm×350 mm×25 mm	1	块
2	木制配电板	700 mm×600 mm×25 mm	1	块
3	单相电能表	2 A	1	只
4	闸刀开关	HK2-15/2（15 A）	1	只
5	熔断器	RC1A15/10	2	只
6	保险丝	5 A（100 m/卷）	20	cm
7	塑料铜芯线	1.5 mm² （鸽牌或川东）	2	m
8	线卡		15	颗
9	木螺钉	长 20 mm	10	颗
10	插头	单相 10 A/220 V	1	只
11	单联开关	5 A/220 V	1	只
12	平灯座	螺口	1	只
13	螺口灯泡	25 W/220 V	1	只
14	荧光灯具	荧光灯管、灯座、启辉器、镇流器等	1	套
15	平口螺丝刀	中号	1	把
16	梅花螺丝刀	中号	1	把
17	尖嘴钳	中号	1	把
18	绝缘胶带		若干	

三、实训内容

1. 配电板安装

（1）步骤。

在配电板上安装电能表、闸刀开关、熔断器，连接好电路，如图1所示。

（2）要求。

① 护套线的敷设要平直，转角要圆；

② 电能表、闸刀开关、熔断器安装不能松动。

2. 室内照明电路安装

（1）安装原理图，如图2所示。

（2）步骤。

① 定位及画线；

② 线卡；

③ 敷设塑料护套线；

④ 安装荧光灯。

根据荧光灯管长度固定荧光灯座，再固定镇流器和启辉器座，然后用塑料软线连接荧光灯电路，最后插入灯管和启辉器。

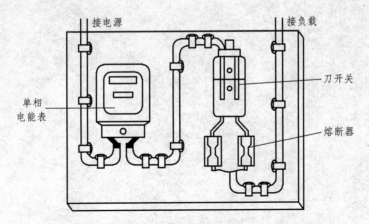

图1　配电板的安装

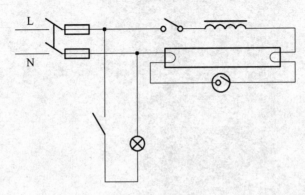

图2　室内照明电路安装原理图

（3）要求。

① 一只开关控制白炽灯，另一只开关控制荧光灯，插座不受开关控制；

② 各照明附件必须安装牢固，布线整齐美观。

四、注意事项

（1）注意安全用电，严禁带电安装及检修。

（2）安装完毕，经指导老师安全检查后，才能通电试验。

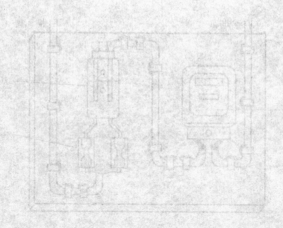

第3章 焊接技术

电子电路的焊接、组装与调试在电子工程技术中占有重要地位。任何一个电子产品都是经过设计→焊接→组装→调试形成的，而焊接是保证电子产品质量和可靠性的最基本环节，调试则是保证电子产品正常工作的关键环节。本章主要介绍焊接常用工具及材料、手工焊接工艺以及手工焊接质量，最后介绍电子工业生产中的焊接。

3.1 常用工具及材料

3.1.1 装接工具

1. 钳 子

钳子是一种用于夹持、固定加工工件或者扭转、弯曲、剪断金属丝线的手工工具。钳子的外形呈 V 形，通常包括手柄、钳腮和钳嘴三个部分。

钳子一般用碳素结构钢制造，先锻压轧制成钳胚形状，然后经过磨铣、抛光等金属切削加工，最后进行热处理。钳子的手柄依握持形式而设计成直柄、弯柄和弓柄三种式样。使用时钳子常与电线之类的带电导体接触，故其手柄上一般都套有以聚氯乙烯等绝缘材料制成的护管，以确保操作者的安全。

钳嘴的形式很多，常见的有尖嘴、平嘴、扁嘴、圆嘴、弯嘴等样式，可适应对不同形状工件的作业需要。在电子装接中用得最多的主要有尖嘴钳、斜嘴（或偏口）钳、平口（或钢丝）钳、剥线钳、止血钳等几种。

（1）尖嘴钳。

尖嘴钳头部较细，外形如图 3.1.1（a）所示，主要用于夹小型金属零件或弯曲元器件引线，不宜用于敲打物体或夹持螺母。

（2）斜嘴钳。

用于剪切细小的导线及焊后的线头，也可与尖嘴钳合用剥导线的绝缘皮，外形如图 3.1.1（b）所示。

（3）平口钳。

其头部较平宽，适用于重型作业，如螺母、紧固件的装配操作，夹持和折断金属薄板及金属丝，外形如图 3.1.1（c）所示。

（4）剥线钳。

专用于剥有绝缘皮的导线。使用时注意将需剥皮的导线放入合适的槽口，剥皮时不能剪断导线。剪口的槽并拢后应为圆形。几种常用剥线钳的外形如图 3.1.2 所示。

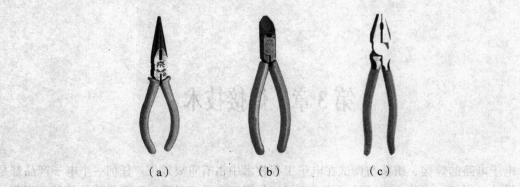

（a）　　　　　　　　（b）　　　　　　　　（c）

图 3.1.1　常用钳子外形

（5）止血钳。

主要用来夹持物体，尤其在焊接不宜固定的元器件和拆卸电路板上的元器件时更能显示出其突出的优越性。常用止血钳的外形如图 3.1.3 所示。

图 3.1.2　常用剥线钳外形

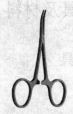

图 3.1.3　常用止血钳外形

2. 镊子

有尖嘴镊子和圆嘴镊子两种。尖嘴镊子用于夹持较细的导线，以便于装配焊接。圆嘴镊子用于弯曲元器件引线和夹持元器件焊接等，用镊子夹持元器件焊接还起散热作用，外形如图 3.1.4 所示。

3. 螺丝刀

又称起子、改锥，有"一"字（或平口）式和"十"字（或梅花）式两种，专用于拧螺钉。根据螺钉大小可选用不同规格的螺丝刀。在拧动时，不要用力太猛，以免螺钉滑口。"一"字和"十"字式螺丝刀的外形如图 3.1.5 所示。另外，常见的还有六角螺丝刀，包括内六角和外六角两种。

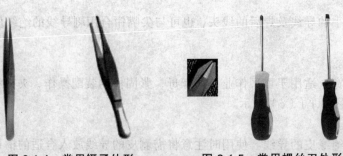

图 3.1.4　常用镊子外形　　　图 3.1.5　常用螺丝刀外形

3.1.2 焊接工具

常用的手工焊接工具是电烙铁，其作用是加热焊料和被焊金属，使熔融的焊料润湿被焊金属表面并生成合金。

1. 电烙铁的结构和种类

常见的电烙铁有直热式、感应式、恒温式、吸锡式。

（1）直热式电烙铁。

直热式电烙铁又可以分为内热式和外热式两种。其主要由烙铁头、加热元件、外壳、手柄、卡箍等几部分组成。其结构如图 3.1.6 所示，外形如图 3.1.7 所示。

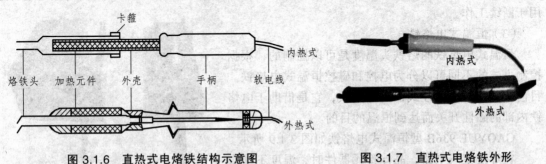

图 3.1.6 直热式电烙铁结构示意图   图 3.1.7 直热式电烙铁外形

① 发热元件：俗称烙铁芯。它是将镍铬发热电阻丝缠在云母、陶瓷等耐热、绝缘材料上构成的。

内热式与外热式的主要区别在于外热式发热元件在传热体的外部，而内热式的发热元件在传热体的内部。

② 烙铁头：一般用紫铜材料制成，作用是存储和传递热量。

烙铁头的温度必须比被焊件的温度高很多，温度与烙铁头的体积、形状、长短等都有一定的关系。当烙铁头的体积较大时，保持温度的时间就长些。另外，为适应不同焊件的要求，烙铁头的形状有所不同，常见的有锥形、凿形、圆斜面形等，具体形状如图 3.1.8 所示。

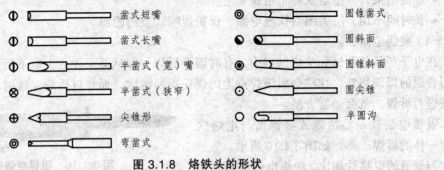

图 3.1.8 烙铁头的形状

③ 手柄：一般用实木或胶木制成，手柄设计要合理，否则会因温升过高而影响操作。

④ 接线柱：是发热元件同电源线的连接处。必须注意：一般烙铁有三个接线柱，其中一个是接金属外壳的，接线时应用三芯线将外壳接保护零线。

外热式电烙铁一般有 20 W、25 W、45 W、75 W、100 W、150 W、300 W 等多种规格，

功率越大，烙铁的热量越大，烙铁头的温度就越高。而内热式电烙铁的常用规格为 20 W、30 W、50 W 等几种。

外热式电烙铁的特点是构造简单、价格便宜、体积大、功率范围大，但热效率低，升温慢。而内热式电烙铁的热效率高，20 W 内热式电烙铁就相当于 25～40 W 的外热式电烙铁。内热式电烙铁比较适用于晶体管等小型元器件和印制电路板的焊接。

（2）感应式电烙铁。

感应式电烙铁也叫速热烙铁，俗称焊枪。它里面实际上是一个变压器，这个变压器的初级一般只有一匝。当变压器初级通电时，次级感应出大电流通过加热体，使同它连接的烙铁头迅速达到焊接所需要的温度。

这种烙铁的特点是加热速度快，一般通电几秒钟，即可达到温度，不需要持续通电，适用于断续工作。

（3）恒温式电烙铁。

恒温式电烙铁的烙铁头温度是可以控制的，根据控制方式的不同可以分为电控和磁控恒温式电烙铁。目前多采用的是磁控式恒温电烙铁，它是借助于电烙铁内部的磁性开关而达到恒温的目的。

GAOYUE 936B 型恒温式电烙铁如图 3.1.9 所示。

在焊接集成电路、晶体管元器件时，温度不能太高，焊接时间不能过长，否则，会因温度过高造成元器件的损坏，因而对电烙铁的温度要给以限制。而恒温式电烙铁正好可以满足这一要求。

图 3.1.9　恒温式电烙铁

使用方法：

- 先打开烙铁座电源开关，使温度调节不超过 330 ℃。
- 使用烙铁前务必保证清洁海绵的湿润及洁净。
- 焊接动作前后焊嘴应于清洁海绵上揩擦干净非焊料杂质，以利传热。
- 焊接过程中不得用力按压电烙铁，以免烙铁及焊嘴弯折。
- 焊接结束，应把烙铁置于烙铁架上。
- 长时间不用，应关闭烙铁座电源，保护焊嘴，节约能源。

（4）吸锡电烙铁。

在电子产品的调试和维修过程中，有时需要拆焊，即从某个焊点上取下所焊元器件。若采用普通的焊锡烙铁，往往会因该焊点上的锡砣不易清除，而难以拆焊。这时，若用吸锡电烙铁进行拆焊，就会非常方便。

吸锡电烙铁是将活塞式吸锡器与电烙铁熔为一体的拆焊工具，如图 3.1.10 所示。

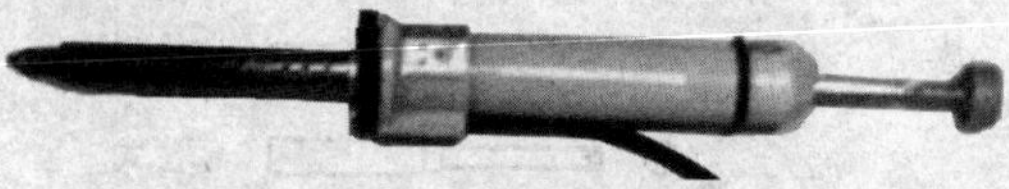

与普通的电烙铁相比，吸锡电烙铁的烙铁

图 3.1.10　吸锡电烙铁

头是空心的，而且多了一个吸锡装置，具有使用方便、灵活、适用范围广等优点。不足之处是每次只能对一个焊点进行拆焊。

在每次使用吸锡电烙铁完毕后，要推动活塞三、四次，以清除吸管内残留的焊锡，使吸头与吸管畅通，以便下次使用。

（5）吸锡器。

吸锡器，是一种修理电器用的专用工具，用来收集在拆卸焊盘电子元件时融化的焊锡。吸锡器有手动、电动两种。

在维修、焊接错误或调试时，都需要对某个元器件进行更换（尤其是在大规模的集成电路板上），而在更换元器件时就需要拆焊，此时就需要用到吸锡器。但是若拆焊方法不当，往往会造成电器元件的损坏、印制导线的断裂，甚至整个焊盘的脱落，尤其是更换集成电路块的时候，就会更加的困难。因此使用吸锡器拆卸集成块，就成为一种常用的专业方法。常用的手动吸锡器如图 3.1.11 所示。

使用方法：

- 先把吸锡器活塞向下压至卡住。
- 用电烙铁加热焊点至焊料熔化。
- 移开电烙铁的同时，迅速把吸锡器嘴贴上焊点，并按动吸锡器按钮。
- 一次吸不干净，可重复操作多次。

图 3.1.11 吸锡器

（6）热风拆焊台（热风枪）。

热风拆焊台适合多种元器件的拆焊，如直插元器件的拆焊，贴片元器件的焊装和拆焊。特别适用于手机排线及排线座的拆焊。还可用于热收缩、烘干、除漆、除黏、解冻、预热、胶焊接等。常用的热风拆焊台如图 3.1.12 所示。

（a）GAOYUE 858D 型　　　　　　（b）TORCH 850 型

图 3.1.12　热风拆焊台

使用方法：（以 GAOYUE 858D 型为例）

- 打开拆焊台电源，待温度显示稳定后（约 400 ℃），方可使用。
- 根据待拆焊元件大小调节气流量（AIR 旋钮）和气流温度（SET TEMP 旋钮）。
- 左手用镊子夹住元件体，向上轻提，右手持喷气枪（注意别烫伤自己或别人），将喷嘴靠近并对准待拆元件引脚来回加热，直至把元件取下。
- 把喷枪放回喷枪架上。
- 关闭拆焊台电源，待温度显示熄灭，才可拔掉电源插头。

2. 电烙铁的选用

选择电烙铁的功率和类型，一般是根据焊件大小与性质而定，如表 3.1.1 所示。

表 3.1.1 电烙铁的选用

焊件及工作性质	选用烙铁	烙铁头温度 （室温、220 V 电压）/℃
一般印制电路板，安装导线	20 W 内热式、30 W 外热式、恒温式	300～400
集成电路	20 W 内热式、恒温式、储能式	
焊片，电位器，额定功率 2～8 W 电阻，大电解电容	35～50 W 内热式、恒温式、50～75 W 外热式	350～450
额定功率 8 W 以上大电阻，$\phi 2$ mm 以上导线等较大元器件	100 W 内热式、150～200 W 外热式	400～550
汇流排、金属板等	300 W 外热式	500～630
维修、调试一般电子产品	20 W 内热式、恒温式、感应式、储能式、两用式	

选用电烙铁时，可从以下几个方面进行考虑：

① 焊接集成电路、晶体管及易损元器件时，应选用 20 W 内热式、25 W 外热式电烙铁或恒温电烙铁。

② 焊接导线及同轴电缆时，应选用 45～75 W 外热式或 50 W 内热式电烙铁。

③ 焊接较大的元器件时，如输出变压器的引线脚、大电解电容器的引线脚、金属底盘接地焊片等，应选用 100 W 以上的电烙铁。

3. 电烙铁的使用和注意事项

（1）电烙铁使用前的检查。

① 从外观查看电源线有无破损，手柄和烙铁头有无松动。如有破损和松动，要及时处理和更换，以避免漏电等不安全事故发生。

② 然后用万用表欧姆挡检测电烙铁插头两端，内阻应为 0.5～2 kΩ，功率越大，电烙铁内阻越小。不能有开路和短路，插头和外壳之间的绝缘电阻应在 2～5 MΩ 才能使用，即基本处于绝缘状态。

（2）新烙铁使用前的处理。

新烙铁不能买来就用，在经过使用前检查，确认可用后，还必须先对烙铁头进行处理后才能正常使用。此处理只针对普通烙铁头，不适用合金烙铁头（长寿烙铁）。对烙铁头的处理方法叫做搪锡或者上锡，即使用前先给烙铁头镀上一层焊锡。具体方法是：

首先用小刀、锉刀或细砂纸把烙铁头斜面刮光或锉成一定的形状，然后接上电源预热，当烙铁头温度升至能熔锡时，很快沾上松香，再均匀地沾上锡。这样，在烙铁头上就会附着一层白色的锡。经过这样处理后的烙铁就可备用了。

当烙铁使用一段时间后，烙铁头的刃面及其周围就会产生一个氧化层，氧化腐蚀严重的会在烙铁头斜面呈现出凹坑，会产生"吃锡"困难的现象，此时可用锉刀等工具锉去氧化层，还原成原来的斜面形状，然后再重新上锡即可。

（3）电烙铁使用注意事项。

① 在使用前或更换烙铁芯时，必须检查电源线与地线的接头是否正确。尽可能使用三芯的电源插头，注意接地线要正确地接在烙铁的壳体上。

② 使用电烙铁过程中，烙铁线不要被烫破，应随时检查电烙铁的插头、电线，发现破损老化应及时更换。

③ 使用电烙铁的过程中，一定要轻拿轻放，不焊接时，要将烙铁放到烙铁架上，以免灼热的烙铁烫伤自己或他人、它物；若长时间不使用应切断电源，防止烙铁头氧化。

④ 不能用电烙铁敲击被焊工件；烙铁头上多余的焊锡不要随便乱甩。

⑤ 使用合金烙铁头（长寿烙铁）时，切忌用锉刀修整。

⑥ 操作者头部与烙铁头之间应保持 30 cm 以上的距离，以避免过多的有害气体（焊剂加热挥发出的化学物质）被人体吸入。

3.1.3 焊接材料

1. 焊 锡

常用的焊料是焊锡，焊锡是一种锡铅合金。锡的熔点为 232 ℃，铅为 327 ℃，而锡铅比例为 60：40 的焊锡，其熔点只有 190 ℃ 左右，低于被焊金属，焊接起来很方便。焊锡的机械强度是锡铅本身的 2~3 倍，而且降低了表面张力及黏度，提高了抗氧化能力。焊锡丝有两种，一种是将焊锡做成管状，管内填有松香，称松香焊锡丝，使用这种焊锡丝焊接时可不加助焊剂；另一种是无松香的焊锡丝，焊接时要加助焊剂。

2. 焊 剂

由于金属表面同空气接触后都会生成一层氧化膜，这层氧化膜会阻止焊锡对金属的润湿作用，焊剂就是用于清除氧化膜的一种专用材料。我们通常使用的有松香和松香酒精溶液。另有一种焊剂是焊油膏，在电子电路的焊接中，一般不使用它，因为它是酸性焊剂，对金属有腐蚀作用。

3. 阻焊剂

焊接中，特别是在浸焊和波峰焊中，为提高焊接质量，需要耐高温的阻焊涂料，使焊料只在需要的焊接部位进行焊接。而把不需要焊接的部位保护起来，起到一种阻碍焊接的作用，这种阻碍焊接的材料就是阻焊剂。

（1）阻焊剂的优点。

阻焊剂可防止拉尖、桥接、短路、虚焊等现象的发生，减少焊接返修率，提高焊接质量；使焊接板面不易起泡、分层，并且除了焊盘外，其他部位都被它保护起来，同时还可节省焊料；如使用有色的阻焊剂，那么被焊件的板面会更加整洁、美观。

（2）阻焊剂的类别与选用。

阻焊剂按成膜方法分为热固化型和光固化型两大类，即所用的成膜材料是加热固化还是光照固化。

热固化型阻焊剂使用的成膜材料主要是环氧树脂、酚醛树脂等，一般都要在 130～150 ℃ 内加热固化。虽然其价格便宜，黏结强度高，但由于加热固化时间长、温度要求高，被焊件板面容易变形，能源消耗大，不能实现连续化生产等缺点，而不被大量采用。目前逐渐被淘汰。

光固化型阻焊剂使用含有不饱和双键的乙烯树脂、丙烯酸、聚氨酯等成膜材料。在贡灯下照射 2～3 min 即可固化，因而可大量节省能源，且便于自动化生产，从而提高了生产效率。

3.2 手工焊接工艺

3.2.1 元器件焊接前的准备

1. 电烙铁的选择

合理地选用电烙铁，与提高焊接质量和效率有直接的关系。如果使用的电烙铁功率较小，则焊接温度过低，会使焊点不光滑、不牢固，甚至焊料不能熔化，使焊接无法进行。如果电烙铁的功率太大，会使元器件的焊点过热，造成元器件的损坏，致使印制电路板的铜箔脱落。

2. 镀 锡

① 镀锡要点：镀件表面应清洁，如果焊件表面带有锈迹或氧化物，可用酒精擦洗或用刀刮、用砂纸打磨。

② 小批量生产时：镀焊可用锡锅，用调压器供电，以调节锡锅的最佳温度。

③ 多股导线镀锡：多股导线镀锡前要用剥线钳去掉绝缘皮层，再将剥好的导线朝一个方向旋转拧紧后镀锡，镀锡时不要把焊锡浸入到绝缘皮层中去，最好在绝缘皮前留出一个导线外径长度没锡，这有利于穿套管。多股导线镀锡如图 3.2.1 所示。

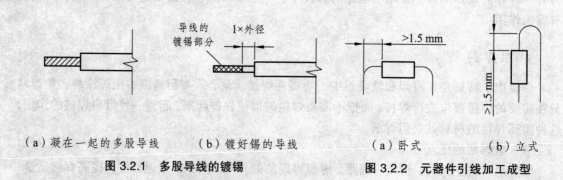

（a）凝在一起的多股导线　　（b）镀好锡的导线　　　　　　（a）卧式　　　　（b）立式

图 3.2.1　多股导线的镀锡　　　　　　　　图 3.2.2　元器件引线加工成型

3. 元器件引线加工成型

元器件在印制板上的排列和安装有两种方式，一种是立式，一种是卧式，如图 3.2.2 所示。元器件引线弯成的形状应根据焊盘孔的距离而加工成型。加工时，注意不要将引线齐根弯折，一般应留 1.5 mm 以上，弯曲不要成死角，圆弧半径应大于引线直径的 1～2 倍。并用工具保护好引线的根部，以免损坏元器件。同类元器件要保持高度一致。各元器件的符号标志应向上（卧式）或向外（立式），以便于检查。

4. 元器件的插装

（1）卧式插装。

卧式插装是将元器件紧贴印制电路板插装，元器件与印制电路板的间距应大于 1 mm。卧式插装法元件的稳定性好、比较牢固、受振动时不易脱落。元器件的卧式插装如图 3.2.3 所示。

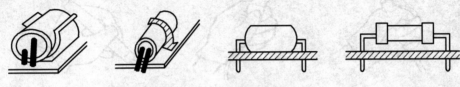

图 3.2.3　元器件卧式插装

（2）立式插装。

立式插装的特点是密度较大、占用印制板的面积少、拆卸方便。电容、三极管、DIP 系列集成电路多采用这种方法。元器件的立式插装如图 3.2.4 所示。

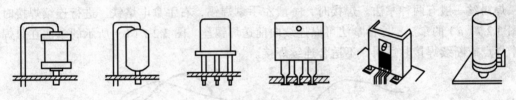

图 3.2.4　元器件立式插装

5. 常用元器件的安装要求

（1）晶体管的安装：在安装前一定要分清集电极、基极、发射极。元器件比较密集的地方应分别套上不同彩色的塑料套管，防止碰极短路。对于一些大功率晶体管，应先固定散热片，后插大功率晶体管再焊接。

（2）集成电路的安装：集成电路在安装时一定要弄清其方向和引线脚的排列顺序，不能插错。现在多采用集成电路插座，先焊好插座再安装集成块。

（3）变压器、电解电容器、磁棒的安装：对于较大的电源变压器，就要采用弹簧垫圈和螺钉固定；中小型变压器，将固定脚插入印制电路板的孔位，然后将屏蔽层的引线压倒再进行焊接；磁棒的安装，先将塑料支架插到印制电路板的支架孔位上，然后将支架固定，再将磁棒插入。

安装元器件时应注意：

安装的元器件字符标记方向一致，并符合阅读习惯，以便今后的检查和维修。穿过焊盘的引线待全部焊接完后再剪断，如图 3.2.5 所示。

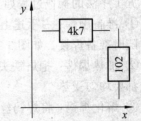

图 3.2.5　元器件的安装要求

3.2.2　手工焊接技术

1. 电烙铁的握法

为了人体安全，一般烙铁离开鼻子的距离通常以 30 cm 为宜。根据电烙铁的大小、形状和被焊件的位置、大小等要求的不同，电烙铁的握法有三种，如图 3.2.6 所示。反握法动作稳定，长时间操作不宜疲劳，适合于大功率烙铁的操作。正握法适合于中等功率烙铁或带弯头电烙铁的操作。一般在工作台上焊印制板等焊件时，多采用握笔法。

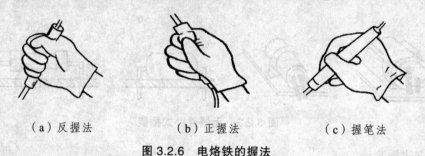

（a）反握法　　　（b）正握法　　　（c）握笔法

图 3.2.6　电烙铁的握法

2. 焊锡的基本拿法

焊锡丝一般有两种拿法。焊接时，一般左手拿焊锡，右手拿电烙铁。进行连续焊接时采用图 3.2.7（a）的拿法，这种拿法可以连续向前送焊锡丝。图 3.2.7（b）所示的拿法在只焊接几个焊点或断续焊接时适用，不适合连续焊接。

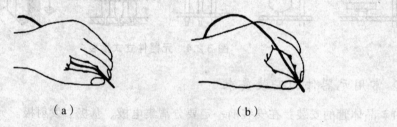

（a）　　　　　　　　（b）

图 3.2.7　焊锡的基本拿法

3. 焊接操作方法

手工焊接的具体方法有五工序法和三工序法。

（1）五工序法。

五工序法的操作过程如下（见图 3.2.8）：

① 准备施焊：右手送上已沾好银白色锡的烙铁头，左手拿焊锡丝，然后同时移向待焊锡点，随时准备焊接，如图 3.2.8（a）所示。

② 加热焊件：把烙铁头放在待焊件需加热部位进行加热。例如，图 3.2.8（b）中导线和接线都要均匀受热。

③ 熔化焊锡：将焊锡丝放在工件上，熔化适量的焊锡，在送焊锡过程中，可以先将焊锡接触烙铁头，然后移动焊锡至与烙铁头相对的位置，这样做有利于焊锡的熔化和热量的传导。此时注意焊锡一定要润湿被焊工件表面和整个焊盘，如图 3.2.8（c）所示。

④ 移开焊锡丝：待焊锡充满焊盘后，迅速拿开焊锡丝，如图 3.2.8（d）所示。

⑤ 移开烙铁：焊锡的扩展范围达到要求后，移开烙铁。注意撤烙铁的速度要快，撤离方向要沿着元器件引线的方向向上提起，如图 3.2.8（e）所示。

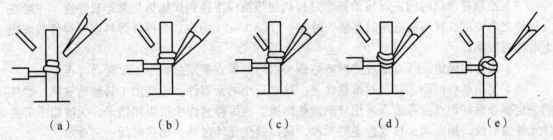

图 3.2.8　手工焊接的五工序法

（2）三工序法。

三工序法的操作过程如下（见图 3.2.9）：

① 准备阶段：同五工序法步骤①。

② 加热待焊部位并熔化适量的焊料：在焊盘的两侧同时放上烙铁头和焊锡丝，并熔化锡丝。

③ 撤离焊锡丝和烙铁：当焊锡丝的扩散范围达到要求时，迅速拿开焊锡丝和烙铁，焊锡丝要略微早于烙铁头撤离。

三工序法多用于热容量小的焊件。

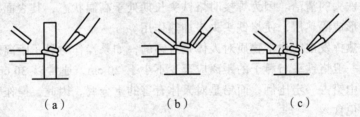

图 3.2.9　手工焊接的三工序法

4. 焊接的基本原则

（1）清洁待焊工件表面：对被焊工件表面应首先检查其可焊性，若可焊性差，则应先进行清洗处理和搪锡。

（2）选用适当工具：电烙铁和烙铁头应根据焊物的不同，选用不同的规格。如焊印制电路板及细小焊点，可选用 20 W 的内热式恒温电烙铁；若焊底板及大地线等，则需用 100 W 以上的外热式或 75 W 以上的内热式电烙铁。

（3）采用正确的加热方法：应该根据焊件的形状选用不同的烙铁头或自己修整烙铁头，使烙铁头与焊接工件形成接触面，同时要保持烙铁头上挂有适量焊锡，使工件受热均匀。

（4）选用合格的焊料：焊料一般选用低熔点的铅锡焊锡丝，因其本身带有一定量的焊剂，故不必再使用其他焊剂。

（5）选择适当的助焊剂：焊接不同的材料要选用不同的焊剂，即使是同种材料，当采用焊接工艺不同时也往往要用不同的焊剂。

（6）保持合适的温度：焊接温度是由烙铁头的温度决定的，焊接时要保持烙铁头在合理的温度范围。一般烙铁头的温度控制在使焊剂熔化较快又不冒烟时的温度，一般在 230 ~ 350 ℃。

（7）控制好加热时间：焊接的整个过程从加热被焊工件到焊锡熔化并形成焊点，一般在几秒钟之内完成。对印制电路的焊接，时间一般以 2 ~ 3 s 为宜。在保证焊料润湿焊件的前提下时间越短越好。

（8）工件的固定：焊点形成并撤离烙铁头以后，焊点凝固过程中不要触动焊点。

（9）使用必要辅助工具：对耐热性差、热容量小的元器件，应使用工具辅助散热。焊接前一定要处理好焊点，并适当采用辅助散热措施。在焊接过程中可以用镊子、尖嘴钳子等夹住元件的引线，用以减少热量传递到元件，从而避免元件过热。加热时间一定要短。

5. 手工焊接操作注意事项

电子产品组装的主要任务是在印制电路板上对电子元器件进行锡焊。焊点的个数从几个到成千甚至上万个。如果有一个焊点达不到要求，就要影响整机的质量。因此，在锡焊时，要求做到焊接结束后的每个焊点必须是：焊锡和焊剂量适中、表面光亮、牢固且呈现浸润型（即凹面形），杜绝虚焊和假焊现象。

一般焊接的顺序是：是先小后大、先轻后重、先里后外、先低后高、先普通后特殊的次序焊装。即先焊分立元件，后焊集成块。对外连线要最后焊接。

（1）焊接操作要卫生。

一是保持烙铁头的清洁。因为焊接时烙铁头长期处于高温状态，其表面很容易氧化并沾上一层黑色杂质形成隔热层，使烙铁头失去加热作用。

二是焊接加热挥发出的化学物质对人体是有害的，如果操作时鼻子距离烙铁头太近会将有害气体吸入。一般烙铁头与鼻子的距离应至少不小于 20 cm，通常以 30 cm 为宜。另外，由于焊锡丝成分中铅占一定比例，而铅是对人体有害的重金属，因此，操作时应戴上手套或操作后洗手，避免食入。

（2）焊剂、焊料要应用适度。

① 适量的焊剂是非常有用的，但不要认为越多越好。过量的松香不仅造成焊点周围需要清洗，而且延长了加热时间，降低了工作效率。若松香加热时间不足时，还容易夹杂到焊锡中形成"夹渣"缺陷。对开关元件的焊接，过量的焊剂容易流到触点处，而造成接触不良。

② 焊料使用应适中，不能太多也不能太少。过量的焊锡造成浪费而且增加了焊接时间，相应地降低了工作效率，且会因焊点太大而影响美观，同时还易形成焊点与焊点的短路。如在高密度的电路中，过量的锡很容易造成不易觉察的短路。若焊锡太少，又易使焊点不牢固，特别是在板上焊导线时，焊锡不足往往造成导线脱落，如图 3.2.10 所示。

（a）焊锡量过多　　　　（b）焊锡量过少，焊点强度差　　　（c）合适的焊锡量

图 3.2.10　焊锡量的掌握

（3）不要用烙铁头作为运载焊料的工具。

有人习惯用烙铁头粘上焊锡去焊接，这样很容易造成焊料的氧化和焊剂的挥发，因为烙铁头温度一般都在 300 °C 左右，焊锡丝中的焊剂在高温下容易分解失效。

（4）焊点凝固前不要触动。

焊锡的凝固过程是结晶过程，根据结晶理论，在结晶期受到外力（焊件移动）会改变结晶条件，形成大粒结晶，使焊锡迅速凝固，造成所谓"冷焊"，即表面光泽呈豆渣状。同时微小的振动也会使焊点变形，引起虚焊。虚焊是指焊料与被焊物表面没有形成合金结构，只是简单地依附在被焊金属的表面上，如图 3.2.11 所示。

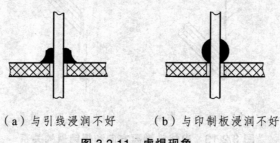

（a）与引线浸润不好 　　（b）与印制板浸润不好

图 3.2.11　虚焊现象

（5）焊接时间要控制恰当。

焊接的整个过程从加热被焊工件到焊锡熔化并形成焊点，一般在几秒钟之内完成。对印制电路的焊接，时间一般以 2 ~ 3 s 为宜。在保证焊料润湿焊件的前提下时间越短越好。

（6）采用正确的加热方法。

应该根据焊件的形状选用不同的烙铁头或自己修整烙铁头，使烙铁头与焊接工件形成接触面，同时要保持烙铁头上挂有适量焊锡，使工件受热均匀，如图 3.2.12 所示。

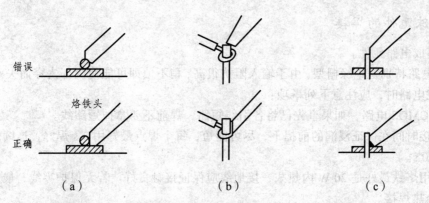

错误

烙铁头

正确

（a）　　　　　　　　（b）　　　　　　　　（c）

图 3.2.12　错误与正确的加热方法

6. 烙铁头的撤离

烙铁头的主要用途是熔化焊锡和加热待焊件。然而，烙铁头用完后的撤离，也不可忽视。只有合理地利用烙铁头并及时撤离烙铁头，才可以帮助控制焊料量并带走多余的焊料，而且撤离时角度和方向的不同，对焊点形成也有很大关系。图 3.2.13 所示为不同撤离方向对焊料、焊点的影响。

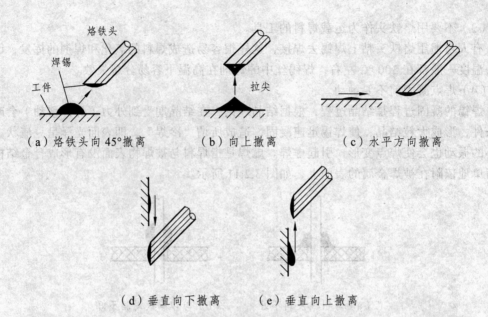

（a）烙铁头向45°撤离   （b）向上撤离   （c）水平方向撤离

（d）垂直向下撤离   （e）垂直向上撤离

图3.2.13　电烙铁撤离方向和焊锡量的关系

图3.2.13（a）~（c）为焊接水平工件的情况，其中（a）图：烙铁头向上45°撤离，焊料合适，焊点质量好；（b）图：烙铁头垂直向上撤离，焊点拉尖，焊点质量差；（c）图：烙铁头水平方向撤离，焊锡挂在烙铁头上，焊点的焊料太少，焊点质量差。图（d）、（e）为焊接垂直工件的情况，其中（d）图：烙铁头垂直向下撤离，烙铁头吸除焊锡，焊点的焊料太少，焊点质量差；（e）图：烙铁头垂直向上撤离，烙铁头上不挂锡，焊点上小下大不对称，焊点质量差。

7. 特殊元件的焊接

（1）集成电路元件。

MOS电路特别是绝缘栅型，由于输入阻抗很高，稍不慎即可能使内部击穿而失效。因此，在焊接集成电路时，应注意下列事项：

① 对CMOS电路，如果事先已将各引线短路，焊前不要拿掉短路线。

② 焊接时间在保证浸润的前提下，尽可能短，每个焊点最好用3 s焊好，连续焊接时间不要超过10 s。

③ 使用烙铁最好是20 W内热式，接地线应保证接触良好。若无保护零线，最好采用烙铁断电用余热焊接。

（2）几种易损元件的焊接。

① 有机材料铸塑元件接点焊接。

② 簧片类元件接点焊接。

注意焊接时间和焊接温度的掌握。

（3）导线焊接。

导线与导线之间的焊接有下面三种基本形式：绕焊、钩焊、搭焊。其中主要以绕焊为主，下面介绍绕焊的操作步骤。

① 去掉一定长度绝缘皮，端头上锡。

② 绞合，施焊。

③ 趁热套上套管，冷却后套管固定在接头处。

导线与导线之间的绕焊如图 3.2.14（a）、（b）所示。

对调试或维修中的非生产用临时线，也可采用搭焊的办法，如图 3.2.14（c）所示。

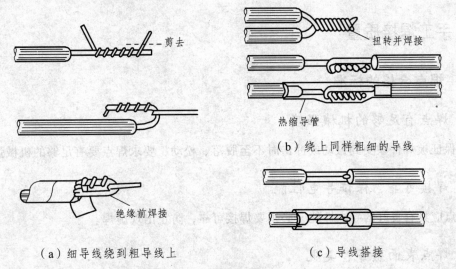

（a）细导线绕到粗导线上　　　　　（c）导线搭接

图 3.2.14　导线与导线的连接

3.2.3　拆　焊

在电子产品的调试、维修、装配中，常常需要更换一些元器件，即将需要更换的元器件从原来的位置拆下来，这个过程就是拆焊，是焊接的逆向过程。

1. 分点拆焊

对于管脚不太多的电阻、电容等元器件可以用这种方法。其操作方法如下：

一边用烙铁加热元器件的焊点，一边用镊子或尖嘴钳等工具夹住元器件的引线并轻轻地将其拉出来，如图 3.2.15所示。

注意：分点拆焊法不宜在一个焊点上多次用，因为印制导线和焊盘经反复加热后很容易脱落，造成印制板损坏。

2. 多管脚拆焊

当遇见焊点多且引线硬的元器件需要拆焊时，分点拆焊法就较困难。例如，IC 或中周等元器件的拆焊。这时可采用专用拆焊工具如拆焊专用热风枪、专用烙铁头等，或者用吸锡烙铁、吸锡器等来拆焊。

在没有专用工具和吸锡设备时，可用细铜网、多股导

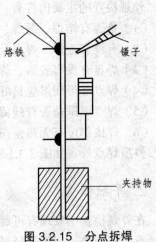

图 3.2.15　分点拆焊

线等吸锡材料来拆焊，方法如下：

将吸锡材料浸上松香水贴到拆焊点上，用烙铁加热吸锡材料，通过它们将热量传给焊点并使焊点熔化。当熔化的焊锡被吸附在吸锡材料上后，取走吸锡材料，焊点即拆焊完毕。

这个方法简单容易，但拆焊后板面较脏，可用酒精等溶剂擦拭干净。

3.3 手工焊接质量

3.3.1 焊点合格的标准

1. 焊点有足够的机械强度

为保证被焊件在受到振动或冲击时不至脱落、松动，要求焊点要有足够的机械强度。

2. 焊接可靠，保证导电性能

焊点应具有良好的导电性能，必须要焊接可靠，防止出现虚焊。

3. 焊点表面整齐、美观

焊点的外观应光滑、圆润、清洁、均匀、对称、整齐、美观、允满整个焊盘并与焊盘大小比例合适。

满足上述三个条件的焊点，才算是合格的焊点。

3.3.2 焊接质量的检查

1. 外观检查

就是从外观上检查焊接质量是否合格，有条件的情况下，建议用 3～10 倍放大镜进行目检。外观检查的主要内容有：

（1）是否有错焊、漏焊、虚焊。
（2）有没有连焊、焊点是否有拉尖现象。
（3）焊盘有没有脱落、焊点有没有裂纹。
（4）焊点外形润湿应良好，焊点表面是不是光亮、圆润。
（5）焊点周围是否有残留的焊剂。
（6）焊接部位有无热损伤和机械损伤现象。
典型焊点外观如图 3.3.1 所示。

2. 手触检查

在外观检查中发现有可疑现象时，采用手触检查。主要是用手指触摸元器件有无松动、焊接不牢的现象，用镊子轻轻拨动焊接部或夹住元器件引线，轻轻拉动观察有无松动现象。

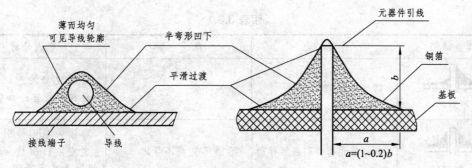

图 3.3.1　典型焊点外观

3. 通电检查

通电检查是检验电路性能的关键，必须是在外观检查通过后方可进行。

只有经过严格的外观检查和通电检查，才不会出现损坏被焊产品、电子测试设备及仪器等的现象，另外，还可避免事故的发生。

3.3.3　常见不良焊点

造成焊接缺陷的原因很多，常见的有：虚焊、假焊、焊料堆积、拉尖等。表 3.3.1 为常见不良焊点的缺陷分析。

表 3.3.1　常见的焊点缺陷及其原因分析

焊点缺陷	外观特点	危　害	原因分析
焊料过多	焊料面呈凸形	浪费焊料	焊料撤离过迟
焊料过少	焊料未形成平滑面	机械强度不足	焊锡流动性差或焊丝撤离过早；助焊剂不足；焊接时间太短
松香焊	焊缝中夹有松香渣	强度不够，导通不良	焊剂过多或已失效；焊接时间不够，加热不足；表面氧化膜未去除
过热	焊点发白，无金属光泽，表面较粗糙，呈霜斑或颗粒状	焊盘容易剥落，强度降低	电烙铁功率过大；加热时间过长、焊接温度过高过热
冷焊	表面呈现豆腐渣状颗粒，有时可能有裂纹	强度低，导电性能不好	焊料未凝固前焊件抖动或电烙铁功率不够
浸润不良	焊料与焊件交面接触角过大	强度低，不通或时通时断	焊件清理不干净；助焊剂不足或质量差；焊件未充分加热

続表 3.3.1

焊点缺陷	外观特点	危　害	原因分析
 不对称	焊锡未流满焊盘	强度不足	焊料流动性差；助焊剂不足或质量差；加热不足
 松动	导线或元器件引线可移动	导通不良或不导通	焊锡未凝固前引线移动造成空隙；引线未处理好（浸润差或不浸润）
 拉尖	焊点出现尖端或毛刺	外观不佳，容易造成桥接现象	焊料过多、助焊剂少、加热时间过长；电烙铁撤离角度不当
 桥连	焊锡将相邻的印制导线连接	电路短路	焊锡过多；电烙铁撤离方向不当
 针孔	目测或低倍放大镜可见有孔	强度不足，焊点容易腐蚀	引线与焊盘孔间隙大，引线浸润性不良；焊接时间长，孔内空气膨胀
 气泡	引线根部有时有喷火式焊料隆起，内部藏有空洞	电路暂时导通，但长时间容易引起导通不良	引线与焊盘孔间隙过大或引线浸润性不良
 剥离	焊点剥落（不是铜箔剥落）	电路断路	焊盘镀层不良

3.4　电子工业生产中的焊接

在电子工业生产中，随着电子产品向小型化、微型化的方向发展，为了提高生产效率，降低生产成本，保证产品质量，在电子工业生产中常采用自动化焊接系统。

3.4.1　浸　焊

浸焊是将装好元器件的印制板在熔化的锡锅内浸焊，一次完成印制电路板上众多焊接点的焊接方法。浸焊分为手工浸焊和机器浸焊。

1. 手工浸焊

手工浸焊是由人手持夹具夹住插装好的印制电路板，人工完成浸锡的方法，其操作过程如下：

78

（1）焊前应将锡锅加热，以熔化的焊锡温度达到 230～250 ℃ 为宜。为了去掉锡层表面的氧化层，要随时加一些焊剂，通常使用松香粉。

（2）在印制电路板上涂一层（或浸一层）助焊剂，一般是在松香酒精熔液中浸一下。

（3）使用简单的夹具夹住 PCB 浸入锡锅中，使焊锡表面与印制电路板接触，浸锡深度以印制电路板厚度的 1/2～2/3 为宜，浸锡时间约 3～5 s。

（4）使印制电路板与锡面成 5～10 ℃ 的角度离开锡面，冷却后检查焊接质量。如有较多的焊点未焊好，要重复浸焊一次。对只有个别不良焊点的印制电路板，可用手工补焊。

注意：要经常清理锡锅表面的氧化膜、杂质和焊渣，保持良好的焊接状态，以免因焊渣的产生而影响印制电路板的干净度及清洗问题。

在将印制电路板放入锡锅时，一定要保持平稳，印制电路板与焊锡的接触要适当。这是手工浸焊成败的关键。因此，手工浸焊时要求操作者必须具备一定的操作技能。

手工浸焊的特点：设备简单、投入少，但效率低，焊接质量与操作人员的技术熟练程度有关，易出现漏焊，焊接有贴片的印制电路板较难取得良好的效果。

2. 机器浸焊

机器浸焊是用机器代替手工夹具夹住插装好的印制电路板进行浸焊的方法。当所焊接的电路板面积大，元件多，无法靠手工夹具夹住浸焊时，可采用机器浸焊。

机器浸焊的过程为印制电路板在浸焊机内运行至锡锅上方时，锡锅作上下运动或印制电路板作上下运动，使印制电路板浸入锡锅焊料内，浸入深度为印制电路板厚度的 1/2～2/3 为宜，浸锡时间 3～5 s，然后使印制电路板离开浸锡机，完成焊接。

机器浸焊主要用于电视机主板等面积较大的电路板焊接，以此代替波峰焊，减少锡渣量，并且板面受热均匀，变形相对较小。

3.4.2 波峰焊接技术

波峰焊接技术是先进的有利于实现全自动化生产流水线的焊接方式。适用于品种基本固定、产量较大、质量要求较高的产品。波峰焊接技术普遍应用于大、中型电子产品生产厂家的工业生产中，特别是在家电生产厂家中更能得到充分利用，产品质量和生产效率的提高效果十分明显。

波峰焊接分为两种：一种是一次焊接工艺；另一种是两次焊接工艺。

两者的主要区别在于两次焊接工艺中有一个预焊工序。在预焊过程中，将元件固定在印制电路板上，然后用刀切除多余的引线头（称为切头），这样从根本上解决了一次焊接中元器件容易歪斜和弹离的现象。在一台设备上能完成两次焊接工序的全部动作，称为顺序焊接系统。

波峰焊接的主要设备是波峰焊接机。

1. 波峰焊接机

波峰焊接机由传送装置、涂助焊剂装置、预热器、锡波喷嘴、锡缸、冷却风扇等组成。

（1）产生焊料波的装置。

焊料波的产生主要依靠喷嘴，喷嘴向外喷射焊料的动力来源于机械泵或电流通过磁场产生的洛伦兹力。焊料从焊料槽向上打入一个装有作分流用挡板的喷射室，然后从喷嘴中喷出。焊料到达其顶点后，又沿喷射室外边的斜面流回焊料槽中。装有元器件的印制电路板以直线平面运动的方式通过焊锡波峰面而完成自动焊接，如图 3.4.1 所示。

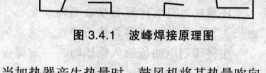

图 3.4.1　波峰焊接原理图

锡缸（焊料槽）由某种金属材料制成，这种金属不易被焊料所润湿，而且不熔解于焊料。锡缸的形状依机型的不同而有所不同。

（2）预热装置。

预热器可分为热风型与辐射型。

热风型预热器主要由加热器与鼓风机组成，当加热器产生热量时，鼓风机将其热量吹向印制电路板，使印制电路板达到预定的温度。

辐射型预热器主要是靠热板产生热量辐射，使印制电路板温度上升。

预热的作用是把焊剂加热到活化温度，将焊剂中的酸性活化剂分解，然后与氧化膜起反应，清除印制电路板与焊件上的氧化膜。另一个作用是减少半导体管、集成电路由于受热冲击而损坏的可能性。同时还可以减小印制电路板经波峰焊后产生的变形，并能使焊点光滑发亮。

（3）涂敷助焊剂的装置。

在自动焊接中助焊剂的涂敷方法较多，如波峰式、发泡式、喷射式等。其中，发泡式得到了广泛的应用。发泡式助焊剂装置，主要采用 800 ~ 1 000 的沙滤芯作为泡沫发生器浸没在助焊剂缸内，在压力的作用下，将助焊剂由喷嘴喷出，喷涂在印制电路板上。

（4）传送装置。

传送装置通常是一种链带水平输送线，其速度可以随时调节。当印制电路板放在传送装置上时应平稳，不产生抖动。

2. 波峰焊接过程

波峰焊接的工作流程如图 3.4.2 所示。

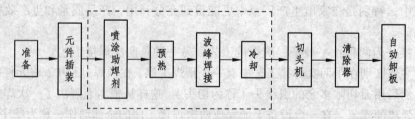

图 3.4.2　波峰焊接基本工艺流程

首先将从插件台送来的已装有元器件的印制电路板夹具送到接口自动控制器上。然后由自动控制器将印制电路板送入涂敷助焊剂的装置内，对印制电路板喷涂助焊剂，喷涂完毕后，再送入预热器，对印制电路板进行预热，预热温度为 60 ~ 80 ℃，然后送到波峰焊料槽里进行焊接，温度可达 240 ~ 245 ℃，并且要求锡峰高于铜箔面 1.5 ~ 2 mm，焊接时间为 3 s 左右。

将焊好的印制电路板进行强风冷却，冷却后的印制电路板再送入切头机进行元器件引线脚的切除，切除引线脚后，再送入清除器用毛刷对残脚进行清除，最后由自动卸板装置把印制电路板送往硬线装配线。

焊点以外不需焊接部分，可涂阻焊剂，或用特制的阻焊板套在印制板上。

3. 波峰焊接工艺中常见的问题及分析

（1）润湿不良。

润湿不良的表现是焊锡无法全面地包覆被焊物表面，而使焊接物表面的金属裸露。

润湿不良在焊接作业中是不能被接受的，它严重地降低了焊点的"耐久性"和"延伸性"，同时也降低了焊点的"导电性"及"导热性"。

其原因有：印制电路板和元器件被外界污染物（油、漆、脂等）污染；印制电路板及元件严重氧化；助焊剂可焊性差等。

可采用强化清洗工序、避免印制电路板及元器件长期存放、选择合格助焊剂等方法解决。

（2）冷焊。

冷焊是指焊点表面不平滑，如"破碎玻璃"的表面一样。当冷焊严重时，焊点表面甚至有微裂或断裂的情况发生。

冷焊产生原因：输送轨道的皮带振动；机械轴承或马达电扇转动不平衡；抽风设备或电扇太强等。

印制电路板焊接后，保持输送轨道的平稳，让焊锡在固化过程中，得到完美的结晶，即能解决冷焊的困扰。当冷焊发生时可采用补焊的方式修整，若冷焊严重时，则可考虑重新焊接第二次。

（3）包焊料。

包焊料是指焊点周围被过多的焊锡包覆而不能断定其是否为标准焊点。

其原因有：预热或焊锡锅温度不足；助焊剂活性与密度的选择不当；不适合的油脂类混在焊接流程中、焊锡的成分不标准或已严重污染等。

（4）拉尖。

产生拉尖的原因：机器设备或使用工具温度输出不均匀；印制电路板焊接设计不合理，焊接时局部吸热造成热传导不均匀；热容大的元器件吸热；印制电路板或元件本身的可焊性不良；助焊剂的活性不够，不足以润湿等。

（5）桥接。

桥接是指将相邻的两个焊点连接在一块。

产生原因：印制电路板线路设计太近，元器件脚不规律或元件脚彼此太近等；印制电路板或元器件脚有锡或铜等金属杂物残留；印制电路板或元器件脚可焊性不良，焊剂活性不够，焊锡锅受到污染；预热温度不够，焊锡波表面冒出污渣，印制电路板沾焊锡太深等。

当发现桥接时，可用手工焊分离。

（6）焊点短路。

焊点短路是指将不该连接在一起的两个焊点短路（注：桥接不一定短路，而短路一定桥接）。

产生原因：露出的线路太靠近焊点顶端，元件或引脚本身互相接触；焊锡波振动太严重等。

3.4.3 再流焊接技术

再流焊（也称回流焊）是预先在印制电路板焊接部位（焊盘）施放适量和适当形式的焊料，然后贴放表面组装元器件，经固化（在采用焊膏时）后，再利用外部热源使焊料再次流动达到焊接目的的一种成组或逐点焊接工艺。再流焊接技术能完全满足各类表面组装元器件对焊接的要求，因为它能根据不同的加热方法使焊料再流，实现可靠的焊接连接。

1. 再流焊接技术的特征

与波峰焊接技术相比，再流焊接技术具有以下特征：

（1）不像波峰焊接那样，要把元器件直接浸渍在熔融的焊料中，所以元器件受到的热冲击小，但由于其加热方法不同，有时会施加给元器件较大的热应力。

（2）仅在需要部位施放焊料，能控制焊料施放量，能避免桥接等缺陷的产生。

（3）当元器件贴放位置有一定偏离时，由于熔融焊料表面张力的作用，只要焊料施放位置正确，就能自动校正偏离，使元器件固定在正常位置。

（4）可以采用局部加热热源，从而可在同一基板上采用不同焊接工艺进行焊接。

（5）焊料中一般不会混入不纯物。使用焊膏时，能正确地保持焊料的组成。

这些特征是波峰焊接技术所没有的。虽然再流焊接技术不适用于通孔插装元器件的焊接，但是，在电子装配技术领域，随着印制电路板组装密度的提高和 SMT（表面贴装技术）的推广应用，再流焊接技术已成为电路组装焊接技术的主流。

2. 再流焊接技术分类

再流焊接技术主要按照加热方式进行分类，主要包括：气相再流焊、红外再流焊、热风炉再流焊、热板加热再流焊、红外光束再流焊、激光再流焊和工具加热再流焊等类型。

再流焊接技术工艺过程中，可用手工、半自动或全自动丝网印刷机（如同油印一样），将糊状焊膏（由铅锡焊料、黏合剂、抗氧化剂组成）涂到印制板上，同样可用手工或自动机械装置将元件粘贴到印制电路板上。将焊膏加热到再流焊的过程，可在加热炉中进行，也可用热风吹，还可使用玻璃纤维"皮带"热传导。当然，加热的温度必须根据焊膏的熔化温度准确控制（一般铅锡合金焊膏熔点为 223 ℃），一般需要经过预热区、再流焊区和冷却区。再流焊区最高温度应使焊膏熔化，黏合剂和抗氧化剂氧化成烟排出。加热炉使用红外线的，也叫红外线再流焊，因为，这种焊接加热均匀，且温度容易控制，因此，使用较多。

焊接完毕，测试合格后，还要对印制电路板进行整形、清洗，最后烘干并涂敷防潮剂。

再流焊操作方法简单，焊接效率高、质量好、一致性好，而且仅元器件引线下有很薄的焊料，是一种适合自动化生产的微电子产品装配技术。

3.4.4 高频加热焊

高频加热焊是利用高频感应电流，在变压器次级回路将被焊的金属进行加热焊接的方法。高频加热焊装置是由与被焊件形状基本适应的感应线圈和高频电流发生器组成。

焊接方法：把感应线圈放在被焊件的焊接部位上，然后将圈形或圆形焊料放入感应线圈内，再给感应线圈通以高频电流，此时，焊件就会因电磁感应而被加热，当焊料达到熔点时就会熔化并扩散，待焊料全部熔化后，便可移开感应线圈或焊件。

3.4.5 脉冲加热焊

这种焊接方法是以脉冲电流的方式通过加热器在很短的时间内给焊点施加热量从而完成焊接。

具体方法是：在焊接前，利用电镀及其他方法在被焊接的位置上加上焊料，然后进行极短时间加热，一般以 1 s 左右为宜，在焊料加热的同时也需加压，从而完成焊接。

脉冲焊接适用于小型集成电路的焊接，如电子表、照相机等高密度焊点的产品，即不易使用电烙铁和焊剂的产品。

脉冲焊接的特点：产品的一致性好，不受操作人员熟练程度高低的影响，而且能准确地控制温度和时间，能在瞬间得到所需要的热量，可提高效率和实现自动化生产。

3.4.6 其他焊接方法

除上述几种焊接方法外，在微电子器件组装中，超声波焊、热超声金丝球焊、机械热脉冲焊都有各自的特点。新近发展起来的激光焊，能在几个毫秒时间内将焊点加热熔化而实现焊接，是一种很有潜力的焊接方法。

随着微处理机技术的发展，在电子焊接中使用微机控制焊接设备也进入实用阶段，例如，微机控制电子束焊接已在我国研制成功。还有一种所谓的光焊技术，已用于 CMOS 集成电路的全自动生产线，其特点是用光敏导电胶代替焊料，将电路子片粘在印制电路板上，用紫外线固化焊接。

可以预见，随着电子工业的不断发展，传统的方法将不断得到完善，新的高效率的焊接方法将不断涌现。

无论选用哪一种方法，焊接中各步的工艺规范都必须严格控制。例如，波峰焊中，焊接波峰的形状、高度、稳定性，焊锡的温度、化学成分的控制等，任何一项指标不合适都会影响焊接质量。

将自动焊接机、自动涂敷焊剂装置等机器联装起来，加上自动测量、显示等装置，就构成自动焊接系统。目前，我国较新的自动焊接系统已达到每小时可焊近 300 块印制板，最小不产生桥接的线距为 0.25 mm。

实训　手工焊接技能实训

一、实训目的

（1）掌握常用焊接工具（一般电烙铁、恒温式电烙铁、热风枪、吸锡器、镊子、尖嘴钳等）的使用方法；

（2）了解焊接材料；

（3）熟练掌握手工焊接的基本操作技能。

二、实训设备与器材

25 W/220 V 电烙铁：　　1 把；

恒温式电烙铁：　　　　1 台；

热风枪：　　　　　　　1 台；

吸锡器：　　　　　　　1 把；

镊子：　　　　　　　　1 支；

尖嘴钳：　　　　　　　1 把；

电路板：　　　　　　　1 块；

松香、焊锡、导线、各种元件若干。

三、实训内容

1. 手工焊接训练

（1）电烙铁上锡；

（2）各种元件焊接；

（3）导线焊接。

2. 拆焊练习

3. 焊接质量检查

四、注意事项

（1）注意用电安全；

（2）注意人身、衣物、仪器设备等的安全，不要被烫伤；

（3）完成所有内容后，切断电源。

第4章　常用电子仪器的使用

随着电子技术的发展，在生产、科研、教学实验及其他领域中，越来越广泛地用到各种各样的电子仪器仪表，因此，只有熟练掌握仪器仪表的使用方法，才能安全、准确地测量出各种参数数据，从而顺利进行各种工作。

本章主要介绍在生产、科研、教学实验中经常用到的仪器仪表，包括万用表、直流稳压电源、交流毫伏表、信号发生器、示波器等的使用方法，以及在使用过程中的注意事项。

4.1　万用表

4.1.1　模拟式万用表的功能特点

1. 模拟式万用表的功能

万用表又称复用表，是一种可测量多种电量的多量程便携式仪表。由于测量种类多、测量范围宽、使用和携带方便、价格低等优点，万用表常用于检查电源或仪器的好坏、检查电路的故障、判别元器件的数值及好坏等，其应用十分广泛。

一般万用表都可以测量直流电流、直流电压、交流电压、电阻等。有的万用表还可以测量音频电流、交流电流电容、电感和晶体管的 β 值等。

万用表按指示方式不同，可分为指针式和数字式。指针式万用表的表头为磁电式电表，数字式万用表的表头为数字电压表。在电工测量中，指针式万用表使用较多。

2. 模拟式万用表的性能

通常以万用表的最大刻度值和万用表的误差来表示万用表的性能。万用表的最大刻度值如表4.1.1所示，万用表的误差如表4.1.2所示（均以 MF47 型模拟式万用表为例）。

表 4.1.1　万用表的最大刻度值（MF47 型）

测量项目	最大刻度值
直流电压/V	0.25、1、2.5、10、50（内阻 20 kΩ） 250、500、1 000、2 500（内阻 9 kΩ）
交流电压/V	10、50、250、1 000、2 500（内阻 9 kΩ）
直流电流/mA	0.05、0.5、5、50、500（电压降 0.25 V）
低频电压/dB	−10～22（0 dB = 1 mW/600 Ω）

表 4.1.2　万用表的误差（MF47 型）

测量项目	允许差
直流电压、电流	0～500 mA：最大刻度值的 ±2.5% 10 A：最大刻度值的 ±5% 0～1 000 V：最大刻度值的 ±2.5% 2 500 V：最大刻度值的 ±5%
交流电压	最大刻度值的 ±5%
电阻	度盘长度的 ±10%

4.1.2　模拟式万用表简介

以 MF47 型模拟式万用表为例介绍模拟式万用表的使用方法，MF47 型模拟式万用表如图 4.1.1 所示。

图 4.1.1　MF47 型模拟式万用表　　　　图 4.1.2　MF47 型万用表刻度尺

1. 刻度尺

MF47 型万用表的刻度尺如图 4.1.2 所示，其刻度尺分别为：

① 电阻刻度尺。

② 交-直流电压、电流公共刻度尺。

③ 10 V 交流电压刻度尺。

④ 电容刻度尺。

⑤ 晶体管放大倍数刻度尺。

⑥ 负载电压、负载电流刻度尺。

⑦ 电感刻度尺。

⑧ 音频电平刻度尺。

⑨ 电池电量（BATT）刻度尺。

一般万用表的刻度尺有很多条，不同的测量内容应对应相应的刻度尺，否则，会带来较大的测量误差。

2. 插座及量程开关

MF47 型万用表的插座及量程开关如图 4.1.3 所示。

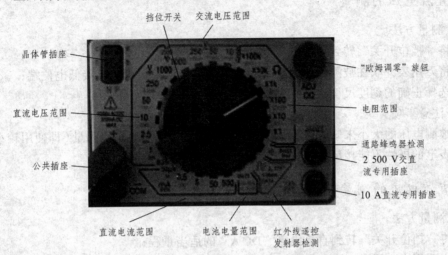

图 4.1.3   MF47 型万用表插座及量程开关

4.1.3   模拟式万用表使用前的准备

1. 测量用端子

万用表有两支表笔，分别用红色和黑色标识，测量时将红色表笔插到 "+" 端，黑色表笔插到 "－" 端。

2. 表头校正

模拟式万用表的表笔开路时，表的指针应指在 "0" 的位置（可用螺丝刀微调使指针处于 0 位）。此调整又称零位调整。

3. 测量模式和范围的切换

对于 500 型万用表：测量模式开关和量程调整旋钮是两个不同的开关，如图 4.1.4（a）所示。

对于 MF47 型或其他型号的万用表：测量模式开关和量程调整旋钮是同一个开关，称 "挡位开关" 或 "量程开关"，如图 4.1.4（b）所示。

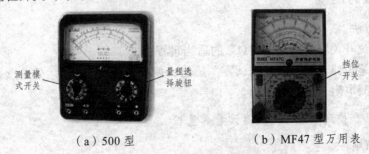

（a）500 型　　　　　（b）MF47 型万用表

图 4.1.4   测量模式开关和量程调整旋钮

4.1.4 模拟式万用表的使用方法

1. 直流电压的测量

（1）测量方法。

① 将"挡位开关"转到直流电压"DC V"的适当量程；

② 将万用表并联在被测电压两端，红表笔接高电位端，黑表笔接低电位端；

③ 选择正确的刻度尺读出被测电压值。

（2）注意事项。

① 被测电压的大小未知时，先粗测（即使用较大量程），后精确测量（即使用较小量程）；

② 表笔的极性不能接反，否则，表针会反转打弯。

2. 直流电流的测量

（1）测量方法。

① 将"挡位开关"转到直流电流"DC A"的适当量程；

② 将万用表串联在被测电路中，红表笔接高电位端，黑表笔接低电位端；

③ 选择正确的刻度尺读出被测电流值。

（2）注意事项。

① 被测电流的大小未知时，先粗测，后精确测量；

② 表笔的极性不能接反，否则，表针会反转打弯；

③ 串联连接时，要断开电路。

3. 交流电压的测量

（1）测量方法。

① 将"挡位开关"转到交流电压"AC V"的适当量程；

② 将万用表并联在被测电路中；

③ 选择正确的刻度尺读出被测电压值。

（2）注意事项。

① 被测电压的大小未知时，先粗测，后精确测量；

② 对工频电压进行测量时，要注意安全。

4. 电阻值的测量

（1）测量方法。

① 将"挡位开关"转到电阻"Ω"的适当量程；

② 将两表笔短路，调节"欧姆调零"旋钮，使表针指在"0 Ω"处（欧姆零点调节）；

③ 接上被测电阻，读出电阻值。

$$被测电阻值 = 表盘读数 \times 量程$$

（2）注意事项。

① 每次更换量程挡后，应重新调整欧姆零点；

② 如调不到零，说明表内电池不足，需更换电池；

③ 为提高测量的准确度，选择量程时应使表针指在 Ω 刻度的中间位置附近为宜。

注意：万用表使用完毕，切记关闭电源。如无电源开关，应把转换开关置到交流电压最高量程挡。

4.1.5　数字万用表的种类与特点

数字万用表也称数字多用表（DMM），它是将所测量的电压、电流、电阻的值等测量结果直接用数字形式显示出来的测试仪表，具有测量速度快、显示清晰、准确度高、分辨率高、测试范围宽等特点。许多数字万用表除了基本的测量功能外，还能测量电容值、电感值、晶体管放大倍数等，是一种功能测试仪表。

1. 数字万用表的种类

数字万用表通常分为手持式数字万用表、钳形数字万用表和台式数字万用表。

（1）手持式数字万用表。

① Fluke 170 系列手持式数字万用表。

Fluke 170 系列数字万用表有 3 款：Fluke 175、Fluke 177、Fluke 179。是最为通用的数字万用表，集精度、功能性、易用性、安全性和可靠性于一体，为万用表建立了新的标准，如图 4.1.5（a）所示。

② Fluke 80V 系列手持式数字万用表。

Fluke 80 系列数字万用表有 3 种型号：Fluke 83V、Fluke 87V、Fluke87V/E，如图 4.1.5（b）所示。

Fluke 80 系列数字万用表经过第三方独立测试，可以承受 8 000 V 以上的电压脉冲，大大降低了浪涌击穿的危险。

③ METRA Hit 30M 高精度手持式数字万用表。

METRA Hit 30M 高精度手持式数字万用表是目前世界上精度最高的手持式数字万用表，如图 4.1.6 所示。其特征为：

精确测量，基本显示位数为 $6\frac{1}{2}$ 位；

（a）Fluke 170 系列　　　（b）Fluke 80 系列　　　　**图 4.1.6　METRA Hit 30M 高精度**

图 4.1.5　Fluke 系列手持式数字万用表外形图　　　　**手持式数字万用表外形图**

拥有 128 KB 内存的测量数据存储器；

1 MHz 频率测量；

可进行温度测量（RTD 和 TC）；

有红外计算机接口。

④ MT4080A/MT4080D 手持式 RCL 测试仪。

MT4080A/MT4080D 手持式 RCL 测试仪是世界首创的 100 kHz 手持式电桥，如图 4.1.7 所示。其可测量：

阻抗 Z、电感 L、电容 C；

直流电阻 DCR、等效串联电阻 ESR；

损耗因数 D、品质因数 Q、相位角度。

⑤ VC9802A⁺手持式数字万用表。

如图 4.1.8 所示，其特点为：

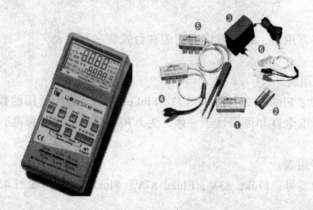 

图 4.1.7　MT4080A/MT4080D 手持式 RCL 测试仪外形图
1—短路片；2—AA-SIZE NI-MH 充电电池 2PCS；3—DC6V 电源适配器；
4—TL08B 四线测试夹；5—TL08A 贴片 SMD 测试夹；
6—TL08C 四线鳄鱼夹

图 4.1.8　VC9802A⁺手持式
数字万用表外形图

新型防振套，流线型设计，手感舒适；

大屏幕荧光显示，字迹清楚；

金属屏蔽板，防磁、抗干扰能力强；

改变传统自动断电，正常操作不断电；

全保护功能，防高压打火设计；

火线判断功能。

VC9802A⁺手持式数字万用表的基本功能如表 4.1.3 所示，附加功能如表 4.1.4 所示。

（2）钳形数字万用表。

钳形数字万用表简称钳形表。其设计符合人体工程学，形状更加适合于手持，使现场应用更加容易。

① Fluke 330 系列钳形数字万用表。

Fluke 330 系列钳形数字万用表有 5 种型号：Fluke 333 ~ 337。不同的型号有不同的技术指标和特点，其外形如图 4.1.9 所示。

表 4.1.3　VC9802A⁺手持式数字万用表的基本功能

基本功能	量　　　程	基本准确度
直流电压	200 mV/2 V/20 V/200 V/1 000 V	±（0.5%＋3）
交流电压	2 V/20 V/200 V/750 V	±（0.8%＋8）
直流电流	20 mA/200 mA/20 A	±（0.8%＋10）
交流电流	20 mA/200 mA/20 A	±（1.0%＋15）
电　阻	200 Ω/2 kΩ/20 kΩ/200 kΩ/2 MΩ/200 MΩ	±（0.8%＋3）
电　容	20 nF/200 nF/2 μF/200 μF	±（2.5%＋20）

表 4.1.4　VC9802A⁺手持式数字万用表的附加功能

特殊功能	VC9802A⁺	特殊功能	VC9802A⁺
二极管测试	√	自恢复保险	
三极管测试	√	TTL 测量	√
通断报警	√	方波输出	√
低电压显示	√	输入阻抗	10 MΩ
火线判别	√	采样频率	3 次/s
数据保持	√	交流频响	40 ~ 400 Hz
自动关机	√	操作方式	手动
背光显示	√	最大显示	1 999
功能保护	√	液晶尺寸	75×50 mm
防振保护	√	电源	9 V

② DT266/DT266C 钳形数字万用表。

DT266/DT266C 钳形数字万用表是将电磁感应测量电路和普通数字万用表的电路相结合而制成的便携式测试仪表，可以测量交、直流电压值，交流电流值，电阻值，其外形如图 4.1.10 所示。

图 4.1.9　Fluke 330 系列钳形
数字万用表外形图

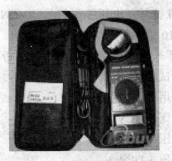

图 4.1.10　DT266/DT266C 钳形
数字万用表外形图

（3）台式数字万用表。

① Fluke 45 双显示数字万用表。

Fluke 45 是全 5 位，100 000 字高性能双显示测试仪表，真正地满足任何测试需求——无论是工作台还是现场应用。两个多功能显示，6 种不同的测量功能，实现了最大的多功能性，而且非常经济。Fluke 45 所具备的高性能和灵活性可广泛地用于生产测试、库房和现场维护、定点修理、科研开发和教学等场合，其外形如图 4.1.11 所示。

② VICTOR 8145A 台式数字万用表。

VICTOR 8145A 台式数字万用表的特点为：33 000 读数值分辨率，双显示台式数字万用表（±0.03%），自动量程，自校准技术，电压、电流、电阻测量，AC 频响 40 Hz ~ 50 kHz，其外形如图 4.1.12 所示。

图 4.1.11　Fluke 45 双显示数字
万用表外形图

图 4.1.12　VICTOR 8145A 台式
数字万用表外形图

2. 数字万用表的特点

（1）显示特点。

数字万用表采用先进的数字显示技术，其显示清晰、直观、读数准确，既保证了读数的客观性，又符合人们的读数习惯。其特点为：

① 采用 LCD 液晶显示屏；

② 许多数字万用表还添加了标志符显示功能，包括：

1）单位符号：nV ~ V，μA ~ A，mΩ ~ MΩ，Hz ~ MHz，pF ~ μF，μH ~ H 等。

2）测量项目符号：AC、DC、LOΩ（低功率法测电阻）、LOGIC（逻辑测试）等。

3）特殊符号：电压控制符号"VCN"、读数保持符号"HOLD"或"H"、自动量程符号"AUTO"、10 倍乘符号"×10"等。

③ 近年来许多数字万用表设置了带模拟图形的双显示或多重显示模式。

（2）测试功能。

数字万用表可以测量：

直流电压（DCV）；　　　　　　　　　　电容量（C）；

交流电压（ACV）；　　　　　　　　　　电导（G）；

直流电压（DCA）；　　　　　　　　　　温度（T）；

交流电流（ACA）；　　　　　　　　　　频率（f）；

电阻（R）；　　　　　　　　　　　　　检查线路通断的蜂鸣器（B_2）；

二极管正向压降（V_F）；　　　　　　　低功率法测电阻（LOΩ）。

晶体管共发射极电流放大系数（h_{FE} 或 β）；

有些数字万用表还具有电感挡、信号挡、AC/DC 自动转换功能、电容挡自动转换量程功能、读数保持功能（HOLD）、逻辑测试功能（LOGIC）、自动关机功能（AUTO OFF POWER）、语音报数等附加功能。

（3）显示位数。

数字万用表的显示位数有 $3\frac{1}{2}$ 位、$3\frac{2}{3}$ 位、$3\frac{3}{4}$ 位、$4\frac{1}{2}$ 位、$4\frac{3}{4}$、$5\frac{1}{2}$ 位、$6\frac{1}{2}$ 位、$7\frac{1}{2}$ 位、$8\frac{1}{2}$ 位等 9 种。

显示位数确定了数字万用表的最大显示量程，是数字万用表非常重要的一个参数。

数字万用表的显示位数都是由 1 个整数和 1 个分数组合而成的。其中，分数中的分子表示该数字万用表最高位所能显示的数字；分母则表示数字万用表的最大极限量程数值；分数前面的整数则表示最高位后的数位。

如：$3\frac{1}{2}$ 位，其中"3"表示数字万用表最高位后有 3 个整数位；分子"1"表示数字万用表最高位只能显示 0 ~ 1 的数字，故最大显示值为 ±1 999；分母"2"表示数字万用表的最大极限量程数值为 2 000，故最大极限量程为 2 000。

又如：$3\frac{2}{3}$ 位，分子"2"表示数字万用表最高位只能显示 0 ~ 2 的数字；整数"3"，可以确定在最高位之后有 3 个整数，故最大显示值为 ±2 999；分母"3"表示数字万用表的最大极限量程数值为 3 000。

（4）分辨率。

分辨率是反映数字万用表灵敏度高低的性能参数，其随显示倍数的增加而提高。

不同位数的数字万用表所能达到的最高分辨率分别为 100 V $\left(3\frac{1}{2}\right)$、10 V $\left(4\frac{1}{2}\right)$、1 V $\left(5\frac{1}{2}\right)$、100 nV $\left(6\frac{1}{2}\right)$、10 nV $\left(7\frac{1}{2}\right)$、1 nV $\left(8\frac{1}{2}\right)$。

数字万用表的分辨率指标可以用分辨率来表示，即数字万用表所能显示的最小数字（除 0 外）与最大数字的百分比。

例如：$3\frac{1}{2}$ 位的分辨率为 1/1 999，约为 0.05%。

同理：$3\frac{2}{3}$ 位的分辨率为 0.033%。 $3\frac{3}{4}$ 位的分辨率为 0.025%。

$4\frac{1}{2}$ 位的分辨率为 0.005%。 $4\frac{3}{4}$ 位的分辨率为 0.0025%。

$5\frac{1}{2}$ 位的分辨率为 0.000 5%。 $6\frac{1}{2}$ 位的分辨率为 0.000 05%。

$7\frac{1}{2}$ 位的分辨率为 0.000 005%。 $8\frac{1}{2}$ 位的分辨率为 0.000 000 5%。

4.1.6 数字万用表的使用

1. VC9802A⁺数字万用表简介

VC9802A⁺数字万用表面板介绍如图 4.1.13 所示。其中 B/L 背光开关：光线较暗时，便于读数。HOLD 保持开关：被测数值保持显示在液晶显示器上，便于读数。旋钮开关：用于改变测量功能及量程。

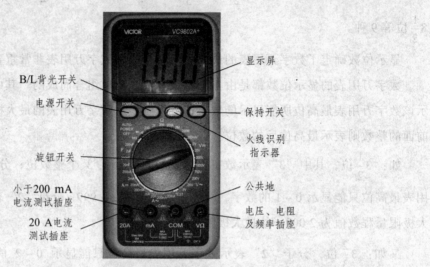

图 4.1.13　VC9802A⁺数字万用表面板

2. 数字万用表的使用

（1）直流电压测量。

① 将黑表笔插入"COM"插孔，红表笔插入"V/Ω/Hz"插孔。

② 将量程开关转至相应的 DCV 量程上，然后将测试表笔跨接在被测电路上，红表笔所接的该点电压与极性显示在屏幕上。

注意：① 如测量时高位显示"1"，表明已超过量程范围，须将量程开关转至较高挡位上。

　　　　② 输入电压切勿超过 1 000 V，否则，将损坏仪表电路。

（2）交流电压测量。

① 将黑表笔插入"COM"插孔，红表笔插入"V/Ω/Hz"插孔。

② 将量程开关转至相应的 ACV 量程上，然后将测试表笔跨接在被测电路上。

注意：① 输入电压切勿超过 750 V（rms），如超过则有损坏仪表电路的危险。

　　　　② 当测量高电压电路时，注意避免触电。

（3）直流电流测量。

① 将黑表笔插入"COM"插孔，红表笔插入"mA"插孔（最大为 200 mA），或红表笔插入"20 A"中。

② 将量程开关转至相应的 DCA 挡位上，然后将仪表串入被测电路中。被测电流值及红色表笔点的电流极性将同时显示在屏幕上。

（4）交流电流测量。

94

① 将黑表笔插入"COM"插孔，红表笔插入"mA"插孔（最大为 200 mA），或红表笔插入"20 A"中。

② 将量程开关转至相应的 ACA 挡位上，然后将仪表串入被测电路中。

（5）电阻测量。

① 将黑表笔插入"COM"插孔，红表笔插入"V/Ω/Hz"插孔。

② 将量程开关转至相应的电阻量程上，将两表笔跨接在被测电阻中。

注意： ① 测量在线电阻时，不能带电测量电阻。

② 切勿在电阻量程测量电压。

万用表使用完毕，切记关闭电源。

4.2 直流稳压电源

4.2.1 概　述

直流稳压电源是一种具有较高稳压系数，且电压在一定范围内连续可调的直流电源，是一种常用的电子仪器。其具有电源精度高、纹波小、抗干扰能力强、有良好的带负载能力等特点。

1. 稳压直流电源

三路直流稳压电源 HT-1713C 型和 DF1733 型的前面板如图 4.2.1 和图 4.2.2 所示。

图 4.2.1　HT-1713C 型直流稳压电源

图 4.2.2　DF1733 型直流稳压电源

下面以 DF1733 型为例介绍。

DF1733 型直流稳压电源是采用 3 个电源变压器，3 路完全独立输出的三路直流稳压电源。每路的电路完全相同，都是采用晶体管、集成电路和带有温度补偿基准稳压管组成的高精度直流稳压电源。每路的性能都稳定可靠，输出电压能从 0 V 起，在 0～30 V 内连续可调，带有自动过载保护和短路保护功能。

（1）前面板简介。

DF1733 型直流稳压电源的前面板如图 4.2.2 所示，下面以其中一路说明前面板各开关、旋钮的作用。

①—电源开关；

②—电压、电流指示表；

③—电压、电流指示选择开关；

④—电压范围选择开关，共两挡，0～15 V，15～30 V；

⑤—电压调节旋钮；

⑥—短路保护指示灯；

⑦—接地插孔；

⑧—电压输出插孔。

（2）DF1733 型直流稳压电源的主要技术指标。

① 输入电压：220 V±10%；

② 输出电压：DC 0～15 V、15～30 V 分两挡连续可调；

③ 输出电流：0～1 A；

④ 电源电压调整率：≤0.1%；

⑤ 负载调整率：≤0.5%；

⑥ 纹波电压：≤1 mV（rms）；

⑦ 电表精度：≤±3%；

⑧ 保护方式：自动过载和短路保护。

2. 稳压稳流直流电源

稳压稳流直流电源的前面板如图 4.2.3 所示。

稳压稳流直流电源是一种输出电压不间断连续可调，稳压与稳流自动转换的高精度直流电源。输出电压能从 0 V 起调，在额定范围内任意选择，而且限流保护点可任意选择。在稳流状态时，电流能在额定范围内连续可调。

其中，XD17230A 型为双路输出，三位数字显示；XD1743A 型为四路输出，三位数字显示。

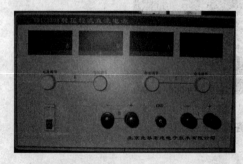

（a）XD17230A 型稳压稳流直流电源　　　（b）XD1743A 型稳压稳流直流电源

图 4.2.3　稳压稳流直流电源

4.2.2 使用方法

1. 稳压直流电源的使用方法

（1）操作顺序。

"先调准，后接入"。即先调准所需的输出电压值，再连接稳压电源与实验线路之间的连线，否则易因误将过高电压接入电路，造成器件损坏。另外，改变电路接线前也应先断开直流电源。

（2）电压调整。

"粗调"、"细调"配合使用，先"粗调"，后"细调"。

例如，"电压范围选择开关"置 15 V 挡（相当于"粗调"），调节"电压调节旋钮"（相当于"细调"），即可得到 0~15 V 任一直流电压（由表上读出）；当"电压范围选择开关"置 30 V 挡，即可得到 15~30 V 任一直流电压。

2. 高精度直流稳压电源的使用方法

以 TPR3005T-3C 型为例说明高精度直流稳压电源的使用。

TPR30035-3C 型直流稳压电源是一款高可靠性恒压恒流电源，具有限流降压、短路保护、过温保护、带负载能力强等特点。

（1）前面板介绍。

TPR30035-3C 型直流稳压电源的前面板如图 4.2.4 所示。

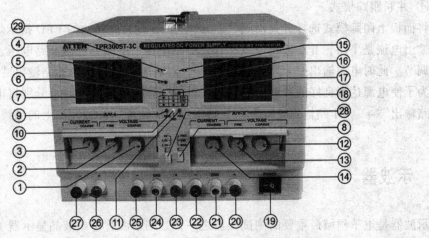

图 4.2.4　TPR30035-3C 型直流稳压电源的前面板

①—Ⅰ路电压粗调旋钮
②—Ⅰ路电压微调旋钮
③—Ⅰ路电流调节旋钮
④—Ⅰ路恒压状态（CV）指示灯
⑤—Ⅰ路恒流状态（CC）指示灯
⑥—Ⅲ路输出状态指示灯
⑦—Ⅰ路电压、电流输出显示
⑧—跟踪模式选择开关
⑨—串联模式（SER）指示灯
⑩—独立模式（IND）指示灯

⑪—开关模式（PAR）指示灯
⑫—Ⅱ路电压粗调旋钮
⑬—Ⅱ路电压微调旋钮
⑭—Ⅱ路电流调节旋钮
⑮—Ⅱ路恒压状态（CV）指示灯
⑯—Ⅱ路恒流状态（CC）指示灯
⑰—Ⅲ路输出状态指示灯
⑱—Ⅱ路电压、电流输出显示
⑲—电源开关
⑳—Ⅱ路输出"+"

㉑—输出"GND"
㉒—Ⅱ路输出"−"
㉓—Ⅰ路输出"+"
㉔—输出"GND"
㉕—Ⅰ路输出"−"
㉖—Ⅲ路输出"+"
㉗—Ⅲ路输出"−"
㉘—Ⅲ路输出选择开关
㉙—产品型号

（2）使用方法。

① 基本操作。

- 将电源开关置于"OFF"位置。
- 确保输入电源电压正确。
- 接上电源。
- 将电源开关置于"ON"位置。
- 调节"VOLTAGE"和"CURRENT"旋钮到需要的电压和电流值。
- 连接外部负载到"＋"、"－"输出端子。
- 当用在要求较高的地方，输出端"＋"或"－"接线柱必须有一个要与 GND 接线柱可靠连接，这样可以减小输出的纹波电压。

② 独立操作模式。

将面板上跟踪模式选择开关滑到"IND"挡位，此时此挡位的 LED 指示灯点亮，此模式电源输出电压、电流分别由各路的电压、电流调节旋钮控制调节。

③ 串联跟踪模式。

将面板上跟踪模式选择开关滑到"SER"挡位，此时此挡位的 LED 指示灯点亮，此模式电源输出电压是Ⅰ路、Ⅱ路输出电压之和，输出电压、电流分别由Ⅱ路电压、电流调节旋钮控制调节。此时电源输出"＋"为Ⅱ路输出"＋"，输出"－"为Ⅰ路输出"－"。

为了使电源达到良好的串联跟踪效果，电源工作在此模式下时，将Ⅰ路输出"＋"与Ⅱ路输出"－"两端子用 AWG20#以上的导线短路。

④ 并联跟踪模式。

将面板上跟踪模式选择开关滑到"PAR"挡位，此时此挡位的 LED 指示灯点亮，此模式电源输出电流是Ⅰ路、Ⅱ路输出电流之和，输出电压、电流分别由Ⅱ路电压、电流调节旋钮控制调节。此时电源输出"＋"为Ⅱ路输出"＋"，输出"－"为Ⅱ路输出"－"。

为了使电源达到良好的并联跟踪效果，电源工作在此模式下时，分别将Ⅰ路输出"＋"与Ⅱ路输出"＋"，Ⅰ路输出"－"与Ⅱ路输出"－"用 AWG20#以上的导线短路。

4.3 示波器

示波器是电子领域最重要的测试仪器之一，是用示波管（或液晶显示器）显示信号波形的设备，用途非常广泛，它能把人们无法直接看到的电信号的变化规律转换成可以直接观察的波形。示波器可以用来测量各种电信号的电压、电流、周期、频率、相位、失真度等参数，同时也是调试、维修、检验各种电子设备不可缺少的工具。如果配上一些换能模块，其还能测量温度、压力、速度、振动、声、光、磁等非电量参数。

4.3.1 示波器的分类

示波器目前的种类和型号很多，他们的用途及特点各异，其主要分类方法如下。

1. 按测量信号的频率范围分

（1）超低频示波器。适合于测量超低频信号。

（2）普通示波器。适合于测量中频信号。

（3）高频示波器和超高频示波器。适合于测量高频（100 MHz）和超高频（1 000 MHz）信号。

2. 按显示信号数分

按显示信号的数量来分，有单踪示波器（只显示一个信号），双踪示波器（可同时显示两个信号），多踪示波器（可同时显示多个信号的波形）。

3. 按电路结构分

按电路结构来分，有电子管示波器、晶体管示波器和集成电路示波器。

4. 按测量功能分

按测量功能来分，有模拟示波器和数字式记忆示波器。

数字式记忆示波器是将测量的信号数字化以后暂存在存储器中，然后再从存储器中读出显示在示波管或液晶显示屏上。

数字式记忆示波器在测量数字信号的场合经常使用，便于观察数字数据信号的波形和信号内容。

5. 按显示器的结构分

按显示器的结构来分，有阴极射线管（CRT）示波器、彩色液晶显示器和用电脑彩色监视器做成的示波器。

为适应测量电视信号的特点，示波器生产厂家专门生产了同步示波器，在示波器电路中设有与电视的行、场信号同步的电路，在控制面板上专门设置了选择电视行或电视场的键钮，以便在观测电视信号时，使信号波形稳定。

4.3.2 典型示波器介绍

1. 模拟示波器

模拟示波器是一种常用的电子测量仪器，在电子产品的开发、生产、调试和维修中得到了广泛的应用。在实际的应用场合中，只需要观察实时信号而不需存储和记忆的情况下，模拟示波器有它独特的优点。典型模拟示波器的前面板外形如图4.3.1所示。

模拟示波器具有以下特点：

（1）操作简单。全部操作都在面板上可以找到，波形反应及时，而数字示波器往往要较长处理时间。

（2）垂直分辨率高。连续而且无限级，而数字示波器分辨率一般只有8位至10位（bit）。

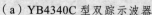
（a）YB4340C 型双踪示波器

（b）GOS-652G 型双踪示波器

图 4.3.1　模拟示波器的外形

（3）信号能实时捕捉因而更新快。每秒捕捉几十万个波形，而数字示波器每秒只能捕捉几十个波形。

（4）实时带宽和实时显示。连续波形与单次波形的带宽相同，数字示波器的带宽与取样频率密切相关，取样率不高时需借助内插计算，容易出现混淆波形。

2. 数字示波器

数字示波器由于采用了数字处理和计算机控制技术使功能大大增强，特别是波形的存储、记忆以及特殊信号的捕捉等功能，这是模拟示波器无法实现的。另外，对信号波形的自动监测、对比分析、运算处理也是其特长。典型数字示波器的前面板外形如图 4.3.2 所示。

（a）ADS7042CN 型数字存储示波器

（b）SDS1062CM 型数字存储示波器

图 4.3.2　数字存储示波器的外形

目前的数字示波器经过一些改进具有以下特点：

（1）提高数字示波器的带宽和取样率。数字示波器首先在提高取样率上下功夫，从最初取样率等于两倍带宽，提高至 5 倍甚至 10 倍，相应对正弦波取样引入的失真也从 100% 降低至 3% 甚至 1%。带宽 1 GHz 的取样率就是 5 GHz/s，甚至 10 GHz/s。

（2）提高数字示波器的信号更新率。其信号更新率目前可达到模拟示波器相同水平，最高可达每秒 40 万个波形，使观察偶发信号和捕捉毛刺脉冲的能力大为增强。

（3）改进操作控制方式。数字示波器采用多个微处理器加快信号处理能力，从多重菜单的繁琐测量参数调节，改进为简单的旋钮调节，甚至完全自动测量，使用上与模拟示波器同样方便。

（4）改善信号显示功能。数字示波器与模拟示波器一样具有屏幕的余辉显示方式，赋予波形的三维状态，即显示出信号的幅值、时间以及幅值在时间上的分布。具有这种功能的数字示波器称为数字荧光示波器（DOP）或数字余辉示波器即数模兼容。这些数字示波器也具有模拟功能。

100

4.3.3 示波器的工作原理

以模拟示波器介绍其工作原理。

1. 示波器的组成

示波器的基本组成框图如图 4.3.3 所示。其主要由示波管、Y 通道、X 通道、Z 通道、校准信号发生器、电源等部分组成。

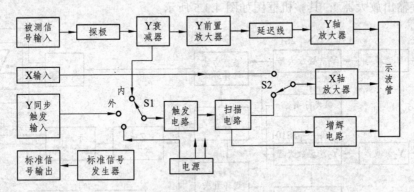

图 4.3.3　示波器的基本组成框图

（1）示波管。

示波管是示波器的核心部件，在很大程度上决定整机的性能。

主要作用：将电信号转变成光信号并显示出来。

组成：由电子枪、荧光屏、偏转系统三部分组成。

① 电子枪。如图 4.3.4 所示。

作用：发射电子束、加速电子束、会聚电子束。

组成：由灯丝（h）、阴极（K）、栅极（G_1）、前加速极（G_2）、第一阳极（A_1）、第二阳极（A_2）组成。

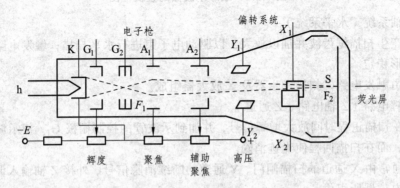

图 4.3.4　示波管及电子束控制电路

② 电子偏转系统。

作用：由两对偏转板间所加电压极性和大小决定电子束的偏转。

组成：由 X、Y 两对偏转板组成。

③ 荧光屏。

作用：电子束轰击荧光粉形成亮点。

组成：由屏幕玻璃和玻璃内侧的荧光粉组成。

（2）Y轴系统（垂直系统）。

作用：放大被测信号电压，使之达到适当幅度，以驱动电子束作垂直偏转。

组成：由输入电路、前置放大器、延迟线和垂直放大器组成。

双踪示波器有两路输入电路和前置放大器，通过一个电子开关电路再到延迟线和Y主放大器（垂直输出放大器），其整机框图如图 4.3.5 所示。

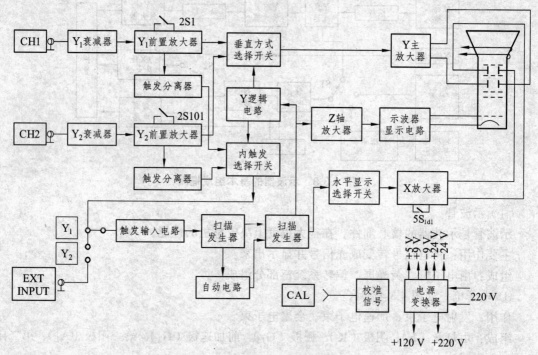

图 4.3.5 双踪示波器的整机框图

（3）X轴系统（水平系统）。

作用：产生扫描锯齿波并加以放大，以驱动电子束进行水平扫描；触发电路保证荧光屏上显示的波形稳定。

组成：由触发电路、扫描发生器及 X 放大器组成。

（4）增辉电路（Z轴电路、Z通道）。

作用：在扫描正程时间放大增辉信号，并加到示波管的控制栅极 G_1，使示波管在扫描正程加亮光迹，而在扫描回程使光迹消隐。

组成：通常由 X 通道的扫描闸门、Y 通道的断续消隐信号、外接 Z 轴输入调辉信号、面板上的辉度电位器所组成。

（5）校准信号发生器。

提供峰-峰值 1 V、频率为 1 kHz 的标准方波信号，用作校准示波器的有关性能指标。

（6）电源电路。

将交流市电变换成多种高、低压电源，以满足示波管及其他电路工作需要。

2. 示波管显示波形的原理

（1）垂直偏转板上加正弦电压。

荧光屏上显示一根垂直亮线，如图 4.3.6 所示。

（2）水平偏转板上加锯齿波电压。

荧光屏上显示一根水平亮线，如图 4.3.7 所示。

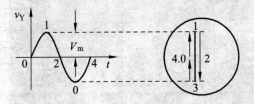

图 4.3.6　$v_X = 0$，v_Y 加正弦电压时，
荧光屏上电子的运动轨迹

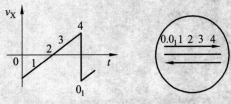

图 4.3.7　$v_Y = 0$，v_X 为锯齿波电压时，
荧光屏上电子的运动轨迹

（3）波形的合成。

把被测信号的正弦波加到垂直偏转板上，同时把锯齿波电压加到水平偏转板上，如果两个信号频率和相位都相同，荧光屏上就显示出一个被测信号的波形，如图 4.3.8 所示。

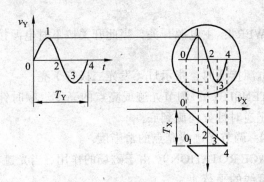

图 4.3.8　波形的合成原理

（4）扫描与同步。

扫描：波形的显示过程。

扫描电压：扫描电路产生的锯齿波电压。

同步：当扫描电压周期与被测信号电压周期相等或相差整数倍时，每个扫描周期光点运动的轨迹完全重合，从而稳定地显示出完整的信号波形。

4.3.4　示波器的前面板

以模拟示波器 YB4340C 型双踪示波器为例。

1. 前面板图

YB4340C 型双踪示波器的前面板如图 4.3.9 所示。

图 4.3.9　YB4340C 型双踪示波器的前面板图

2. 前面板介绍

（1）显示部分。

①—电源开关（POWER）：主电源开关，当此开关按下时电源接通，指示灯（发光二极管）亮。

②—电源指示灯：电源接通时，指示灯（发光二极管）亮。

③—亮度旋钮（INTENSITY）：调节光迹或亮点的亮度。顺时针调节，亮度增强。接通电源之前，应将亮度旋钮逆时针方向旋到底。

④—聚焦（FOCUS）：调节光迹或亮点的清晰度。

⑤—光迹旋转（TRACE ROTATION）：由于磁场的作用，当光迹在水平方向轻微倾斜时，用于调节光迹与水平刻度线的平行。

⑥—刻度照明控制旋钮（SCALE ILLUM）：调节屏幕刻度亮度。顺时针旋转，亮度增加。主要用于黑暗环境或拍照时的操作。

（2）垂直方向部分。

㉚—通道 1 输入端（CH1 INPUT（X））：用于垂直方向的输入。在 X—Y 方式时输入端的信号成为 X 轴信号。

㉔—通道 2 输入端（CH2 INPUT（Y））：用于垂直方向的输入。在 X—Y 方式时输入端的信号仍为 Y 轴信号。

㉒、㉙—交流-接地-直流（AC-GND-DC）：耦合选择开关：选择垂直输入信号的耦合方式。

交流（AC）：垂直输入端由电容器耦合。

接地（GND）：垂直放大器的输入端接地，同时断开外接垂直输入信号。

直流（DC）：垂直放大器的输入端与信号直接耦合。

㉖、㉝—衰减器开关（VOLT/DIV）：调节垂直偏转灵敏度。从 5 mV/div ～ 10 V/div 分 11挡。如果使用 10∶1 的探头，计算时将幅度 ×10。

㉕、㉜—垂直微调旋钮（VARIABLE）：用于连续改变电压偏转灵敏度，微调比 ≥2.5∶1。

此旋钮在校正位置时（顺时针旋到底），灵敏度校正为标示值。将此旋钮逆时针方向旋到底，垂直偏转灵敏度下降到 2.5 倍以上。

⑳、㊱—CH1×5 扩展、CH2×5 扩展（CH1×5MAG、CH2×5MAG）：按下此按键，垂直方向的信号扩大 5 倍，最高灵敏度变为 1 mV/div。

㉓、㉟—垂直位移（POSITION）：调节光迹在屏幕中的垂直位置。

垂直方式工作按钮（VERTICAL MODE）：选择垂直方向的工作方式。

㉞—通道 1 选择（CH1）：屏幕上仅显示 CH1 通道输入的信号。

㉘—通道 2 选择（CH2）：屏幕上仅显示 CH2 通道输入的信号。

㉞、㉘—双踪选择（DUAL）：同时按下 CH1 和 CH2 按钮，屏幕上会出现双踪，并自动以断续或交替方式同时显示 CH1 和 CH2 上的信号。

㉛—叠加（ADD）：屏幕上显示 CH1 和 CH2 输入电压的代数和。

㉑—CH2 极性开关（INVERT）：按下此开关时 CH2 显示反相电压值的波形。

（3）水平方向部分。

⑮—扫描时间因数选择开关（TIME/DIV）：选择水平扫描速率。扫描速率从 0.1 μs/div 到 0.2 s/div 分为 20 挡。（当设置为 X—Y 方式时该开关不起作用）

⑪—X—Y 控制键：按下此键，示波器工作在 X—Y 方式（图示仪）。此时，垂直偏转信号接入 CH2 输入端，水平偏转信号接入 CH1 输入端。

⑫—扫描微调控制键（VARIBLE）：微调水平扫描时间，扫描速度可连续变化。该旋钮顺时针旋到底为校正位置，扫描时间为面板上 "TIME/DIV" 开关指示值。逆时针旋到底，扫描速度减慢 2.5 倍以上。

⑭—水平位移（POSITION）：调节光迹在屏幕上的水平位置。顺时针方向旋转，光迹向右移动；逆时针方向旋转，光迹向左移动。

⑨—扫描扩展控制键（MAG×5）：按下时扫描速度扩展 5 倍。扫描时间的实际值应是 "TIME/DIV" 开关指示值的 1/5。

⑧—交替扩展（ALT-MAG）：按下此键，扫描因数×1、×5 或×10 同时显示。此时，要把放大部分移到屏幕中心，按下 "ALT-MAG" 键。扩展以后的光迹可由光迹分离控制键⑬，移位距×1 光迹 1.5 div 或更远的地方。同时使用垂直双踪方式和水平 ALT-MAG 可在屏幕上同时显示四条光迹，如图 4.3.10 所示。

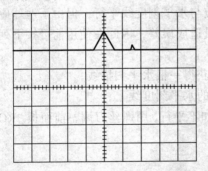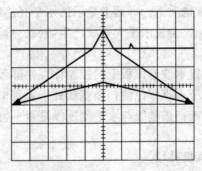

图 4.3.10 ALT-MAG（×10）前后波形图

（4）触发（TRIG）。

⑱—触发源选择开关（SOURCE）：选择触发信号源。

内触发（INT）：CHl 或 CH2 上的输入信号作为触发信号。

通道 2 触发（CH2）：CH2 上的输入信号作为触发信号。

电源触发（LINE）：电源频率作为触发信号。

外触发（EXT）：触发输入上的触发信号是外部信号，用于特殊信号的触发。

⑬—交替触发（ALT TRIG）：在双踪交替显示时，触发信号交替来自于两个 Y 通道，此方式可用于同时观察两路不相关信号。

⑲—外触发输入插座（EXT INPUT）：用于外部触发信号的输入。

⑰—触发电平旋钮（TRIG LEVEL）：用于调节被测信号在某一电平触发同步。

⑩—触发极性按钮（SLOPE）：触发极性选择。用于选择信号的上升沿和下降沿触发。

⑯—触发方式选择（TRIG MODE）。

自动（AUTO）：在自动扫描方式时扫描电路自动进行扫描。在没有信号输入或输入信号没有被同步触发时，屏幕上仍然可以显示扫描基线。

常态（NORM）：有触发信号才能扫描，否则屏幕上无扫描线显示。当输入信号的频率低于 20 Hz 时，请用常态触发方式。

TV-H：用于观察电视信号中行信号波形。

TV-V：用于观察电视信号中场信号波形。

注意：仅在触发信号为负同步信号时，TV-V 和 TV-H 同步。

（5）其他。

⑦—校准信号（CAL）：提供电压幅度为 0.5 V、频率为 1 kHz 的方波信号。

⑳—接地端（GND 或 ⊥）：示波器机箱的接地端子。

4.3.5 示波器的使用

以模拟示波器为例。

1. 测量前的检查和调整

为了得到较高的测量精度，减少测量误差，在测量前应对如下项目进行检查和调整。

（1）光迹旋转。

在正常情况下，屏幕上显示的水平光迹线应与水平刻度线平行，但由于地球磁场与其他因素的影响，会使水平光迹线产生倾斜，给测量造成误差，因此在使用前可按下列步骤检查或调整。

① 预置示波器面板上的控制件，使屏幕上获得一根水平扫描线；

② 调节垂直移位使扫描基线处于垂直中心的水平刻度线上；

③ 检查扫描基线与水平刻度线是否平行，如不平行，用螺丝刀调整前面板"ROTATION"电位器。

（2）探极补偿。

探极的调整用于补偿由于示波器输入特性的差异而产生的误差，调整方法如下：

① 设置面板控制件，并获得一扫描基线；

② 设置 V/DIV 为合适的挡级，使屏幕上显示几个周期的波形；

③ 将 10∶1 探极接入 Y_1 通道，并与本机校正信号连接；

④ 操作有关控制件，使屏幕获得如图 4.3.11 所示波形；

⑤ 观察波形补偿是否适中，否则调整探极补偿元件，如图 4.3.12 所示；

⑥ 设置垂直方式至"CH2"并将 10∶1 探极接入 Y_2 通道，按步骤②~⑤方法检查调整 Y_2 探极。

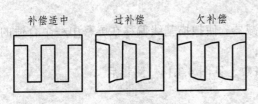

图 4.3.11　探极补偿波形

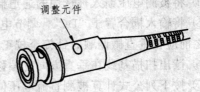

图 4.3.12　探极补偿调整

2. 幅值的测量

（1）峰-峰电压的测量。

对被测信号波形峰-峰电压的测量步骤如下：

① 将信号输入至 Y_1 或 Y_2 通道，将垂直方式置于被选用的通道；

② 设置合适的电压衰减器，使被显示的波形在垂直方向上有 5 格左右，此时垂直微调应顺时针旋到底（校正位置）；

③ 调整电平使波形稳定（如果是电平锁定，则无须调节电平）；

④ 调节扫描速度开关，使屏幕显示至少一个波形周期；

⑤ 调整垂直移位，使波形底部在屏幕中某一水平坐标上（见图 4.3.13 A 点）；

⑥ 调整水平移位，使波形顶部在屏幕中央的垂直坐标上（见图 4.3.13 B 点）；

⑦ 读出垂直方向 A、B 两点间的格数；

⑧ 按下面公式计算被测信号的峰-峰电压值（V_{P-P}）：

$$V_{P-P} = 垂直方向的格数 \times 垂直偏转因数$$

例：图 4.3.13 中，测出 A、B 两点垂直格数为 4.0 格，用 10∶1 探极的垂直偏转因数为 2 V/DIV，探极无衰减。则

$$V_{p-p} = 4.0 \times 2 = 8.0（V）$$

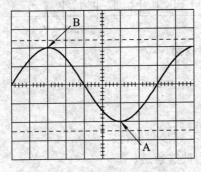

图 4.3.13　峰-峰电压的测量

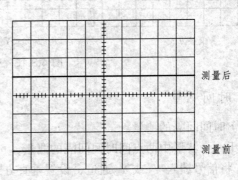

图 4.3.14　直流电压的测量

（2）直流电压的测量。

直流电压的测量步骤如下：

① 设置面板控制器，使屏幕显示一条扫描基线；

② 设置被选用通道的耦合方式为"GND"，见图 4.3.14"测量前"；

③ 调节垂直移位，使扫描基线在某一水平坐标上（即定义此坐标为"电压零值"）；

④ 将被测电压馈入被选用的通道插座；

⑤ 将输入耦合置于"DC"，调节电压衰减器，使扫描基线偏移在屏幕中一个合适的位置上，之前应将垂直微调顺时针旋至校正位置；

⑥ 读出扫描基线在垂直方向上偏移的格数，见图 4.3.14"测量后"；

⑦ 按下列公式计算被测直流电压值：

$$V = 垂直方向的格数 \times 垂直偏转因数 \times 偏转方向（+ 或 -）$$

例：图 4.3.14 中，测出扫描基线比原基线上移 4 格，垂直偏转因数为 2V/DIV。则

$$V = 4 \times 2 \times 4(+) = 8（V）$$

（3）代数迭加。

当需要测量两个波形的代数和或差时，可根据下列步骤操作：

① 设置垂直方式为"DUAL"，根据信号频率选择"ALT"或"CHOP"；

② 将两个信号分别馈入 Y_1 和 Y_2 通道；

③ 调节衰减器使两个信号的显示幅度适中且 VOLTS/DIV 必须相同，调节垂直移位，使两个波形处于屏幕中央；

④ 将垂直方式置于"ADD"，即得两个信号的代数和显示；若需观察两个信号的代数差，则将 Y_2 反相开关按入。

图 4.3.15 分别示出两个信号的代数和及代数差。

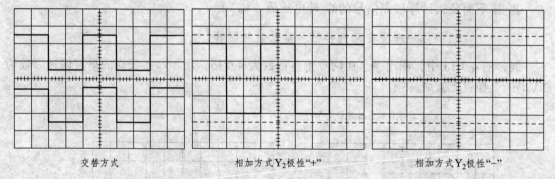

交替方式　　　　　相加方式Y_2极性"+"　　　　　相加方式Y_2极性"-"

图 4.3.15　代数迭加

3. 时间测量

（1）时间间隔的测量。

对于一个波形中两点间时间间隔的测量，可按下列步骤进行：

① 将信号馈入 Y_1 或 Y_2 通道，设置垂直方式为被选通道；

② 调整电平使波形稳定显示（如已置"自动"，则无需调节）；

③ 将扫速微调顺时针旋至校正位置，调整扫速控制器，使屏幕上显示 1～2 个信号周期；

④ 分别调整垂直移位和水平移位，使波形中需测量的两点位于屏幕中央水平刻度线上；

⑤ 测量两点之间的水平刻度，按下列公式计算出时间间隔（s）：

$$S = \frac{两点之间水平距离（格）\times 扫描时间因数（时间/格）}{水平扩展倍数}$$

例：在图 4.3.16 中，测量 A、B 两点的水平距离为 8 格，扫描时间因数为 2 μs/DIV，水平扩展×1。则

$$S = \frac{8 \times 2}{1} = 16 （\mu s）$$

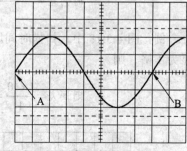

（2）周期和频率的测量。

在图 4.3.16 的例子中，所测得的时间间隔即为该信号的同期 T，该信号的频率为 $1/T$，例如 $T = 16$ μs，则频率为：

$$f = 1/T = \frac{1}{16 \times 10^{-6}} = 6.25 \times 10^4 （Hz）$$

图 4.3.16　时间间隔的测量

（3）上升或下降时间的测量。

上升（或下降）时间的测量方法和时间间隔的测量方法一样，只不过是测量被测波形满幅度的 10% 和 90% 两处之间的水平轴距离，测量步骤如下：

① 设置垂直方式为 CH1 或 CH2，将信号馈送到被选中的通道；

② 调整电压衰减器和微调，使波形的垂直幅度显示 5 格；

③ 调整垂直位移，使波形的顶部和底部分别位于 100% 和 0 的刻度线上；

④ 调整扫速开关，使屏幕显示波形的上升沿或下降沿；

⑤ 调整水平位移，使波形上升沿的 10% 处相交于某一垂直刻度线上；

⑥ 测量 10% 到 90% 两点间的水平距离（格），若波形的上升沿或下降沿较快则可将水平扩展×10，使波形在水平方向上扩展 10 倍。

⑦ 按下列公式计算出波形的上升（或下降）时间：

$$上升(或下降)时间 = \frac{水平距离(格)\times 扫描时间因数(时间/格)}{水平扩展倍数}$$

例：图 4.3.17 中，波形上升沿的 10% 处至 90% 处的水平距离为 2.2 格，扫描时间因数 1 μs/DIV，水平扩展×10，根据公式算出：

$$上升时间 = \frac{2.2 \times 1}{10} = 0.22 （\mu s）$$

（4）时间差的测量。

对两个相关信号的时间差测量，可按下列步骤进行：

① 将参考信号和一个待比较信号分别馈入 Y_1 和 Y_2 通道；

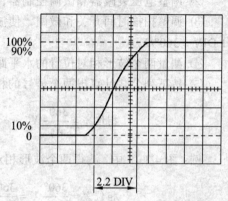

图 4.3.17　上升或下降时间的测量

② 根据信号频率，将垂直方式置于"交替"或"断续"；

③ 设置触发源为参考信号通道；

④ 调整电压衰减器和微调控制器，使显示合适的幅度；

⑤ 调整电平使波形稳定显示；

⑥ 调整 T/DIV，使两个波形的测量点之间有一个能方便观察的水平距离；

⑦ 调整垂直移位，使两个波形的测量点位于屏幕中央的水平刻度线上。

$$时间差 = \frac{水平距离(格) \times 扫描时间因数(时间/格)}{水平扩展倍数}$$

例：图 4.3.18 中，扫描时间因数置于 10 μs/DIV，水平扩展×1，测量两点之间的水下距离为 1 格，则

$$时间差 = \frac{1 \times 10}{1} = 10 \ (\mu s)$$

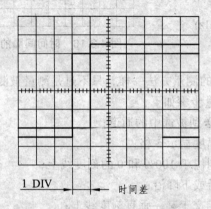

图 4.3.18　两个信号的时间差测量

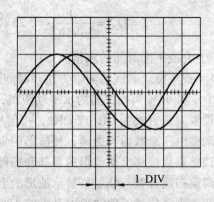

图 4.3.19　两个信号的相位差测量

4. 相位差测量

相位差的测量可参考时间差的测量方法，步骤如下：

① 按上述时间差测量方法的步骤①至④设置有关开关或旋钮；

② 调整电压衰减器和微调控制器，使两个波形的显示幅度一致；

③ 调整扫描时间开关和微调，使波形的一个周期在屏幕上显示 X_T 格，这样水平刻度线 1 DIV = 360°/X_T。

④ 测量两个波形相对位置的水平距离 X（格）；

⑤ 按下列公式计算出两个信号的相位差：

$$相位差 = \frac{360°}{X_T} X$$

例：图 4.3.19 中，测得两个波形相对位置的水平距离为 1 格，则按公式计算出相位差为：

$$相位差 = \frac{360°}{X_T} X = \frac{360°}{9} \times 1 = 40°$$

4.4 万用电桥

4.4.1 万用电桥简介

1. 简 介

为了测量使用方便，将几种不同类型的电桥组合起来，使之具有测量电阻、电容和电感元件参数的功能，这种电桥称为万用电桥。

常用万用电桥的前面板如图 4.4.1 所示。

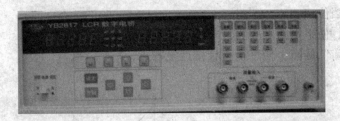 

（a）B2817 型 LCR 数字电桥　　　　　　　　　　　　（b）QS18A 型万用电桥

图 4.4.1　万用电桥的前面板图

2. 组成框图

以 QS18A 型万用电桥为例。

QS18A 型万用电桥的基本组成框图如图 4.4.2 所示，主要由测量桥体、音频振荡器、交流放大器和平衡指示表（检流计）组成。其中，测量桥体会因不同的测量需求做必要的切换，惠斯登电桥、比较电桥（一种比率电桥）、麦氏-文氏电桥（一种乘积电桥）3 种电桥使用时，通过转换开关进行切换，从而使电桥具备测量电阻、电容和电感的多种功能。

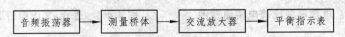

图 4.4.2　QS18A 型万用电桥的基本组成框图

4.4.2 万用电桥的使用方法

1. 测量电容的方法

测量电容时，电路中的测量桥体切换到电容串联比较电桥，如图 4.4.3 所示，其中，C_x、R_x 为被测元件；C_S、R_S 为可调标准阻抗，即为读数桥臂；R_2、R_4 为比率桥臂。具体测量方法如下：

（1）把被测元件接在测量接线柱上；

（2）将"测量选择"旋钮转至"电容测量"相应的位置；

（3）选择合适的"量程开关"挡位；

（4）选择合适的"损耗倍率"挡位；

（5）调节"灵敏度调节"旋钮，使平衡指示表指针略小于满刻度；

（6）调节"读数"和"损耗平衡"旋钮，使平衡指针接近于零点；

（7）读取测量值。

2. 测量电感的方法

测量电感时，电路中的测量桥体切换到麦氏-文氏电桥，如图4.4.4所示，其中，L_x、R_x为被测元件；C_s、R_s为可调标准阻抗，即为读数桥臂；R_2、R_3为倍率桥臂。具体测量方法如下：

（1）把被测元件接在测量接线柱上；

（2）将"测量选择"旋钮转至"电感测量"相应的位置；

（3）选择合适的"量程开关"挡位；

（4）选择合适的"损耗倍率"挡位；

（5）调节"灵敏度调节"旋钮，使平衡指示表指针略小于满刻度；

（6）调节"读数"和"损耗平衡"旋钮，使平衡指针接近于零点；

（7）读取测量值。

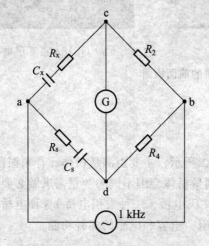

图 4.4.3 电容串联比较电桥原理图

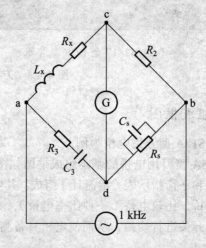

图 4.4.4 麦氏-文氏电桥原理图

3. 测量电阻的方法

测量电阻时，电路中的测量桥体切换到惠斯登电桥，也叫直流电桥，如图4.4.5所示，其中，R_x为被测电阻；其余均为标准电阻，R_3为读数桥臂，R_2、R_4为比率桥臂。具体测量方法如下：

（1）把被测元件接在测量接线柱上；

（2）将"测量选择"旋钮转至"电阻测量"相应的位置；

（3）选择合适的"量程开关"挡位；

（4）选择合适的"损耗倍率"挡位；

（5）调节"灵敏度调节"旋钮，使平衡指示表指针略小于满刻度；

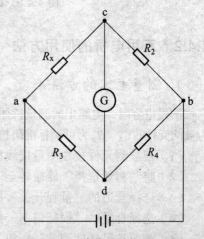

图 4.4.5 惠斯登电桥原理图

（6）调节"读数"旋钮，使平衡指针接近于零点；

（7）读取测量值。

4.5 信号发生器

4.5.1 信号发生器概述

能产生不同频率、不同幅度的规则或不规则波形的信号源称为信号发生器。

1. 信号发生器的作用

信号发生器在电子系统的研制、生产、测试、校准及维护中有着广泛的应用，和示波器、电压表等仪器一样，信号发生器是电子测量领域中最基本、应用最广泛的一类电子仪器。归纳起来，其主要有以下三个方面的用途：

（1）激励源。在研制、生产、使用、测试和维修各种电子元器件、部件及整机设备时，作为激励信号，由它产生不同频率、不同波形的电压、电流信号作为激励信号，以分析确定他们的性能参数。

（2）标准信号源。用于产生一些标准信号，提供给某些设备测量专用；或是用作对一般信号源校准。

（3）信号仿真。

2. 信号发生器的分类

信号发生器的应用领域广泛，种类繁多，性能指标各异，分类方法也不同。按用途有专用和通用之分；按性能有一般和标准信号发生器之分；按调试类型可以分为调幅、调频、调相、脉冲调制及组合调制信号发生器等；按频率调节方式可分为扫频、程控信号发生器等。下面介绍几种主要的分类方法。

（1）按输出信号的频率分，大致分为 6 类：

① 超低频率信号发生器，频率范围为 0.001 ~ 1 000 Hz；

② 低频信号发生器，频率范围为 1 Hz ~ 1 MHz；

③ 视频信号发生器，频率范围 20 Hz ~ 10 MHz；

④ 高频信号发生器，频率范围 200 kHz ~ 30 MHz；

⑤ 甚高频信号发生器，频率范围 30 kHz ~ 300 MHz；

⑥ 超高频信号发生器，频率范围在 300 MHz 以上。

（2）按输出波形分，可分为：

正弦波形发生器，产生正弦波形或受调制的正弦信号；脉冲信号发生器，产生脉冲宽度不同的重复脉冲；函数信号发生器，产生幅度与时间成一定函数关系的信号；噪声信号发生器，产生模拟各种干扰的电压信号。

（3）按性能标准分，可分为一般信号发生器和标准信号发生器。

3. 信号发生器的基本组成

信号发生器的种类很多，信号产生的方法各不相同，但其基本结构是一致的，如图 4.5.1 所示。其主要包括主振器、缓冲级、输出级及相关的外部环节。

主振器：信号源的核心，产生不同频率、不同波形的信号。

缓冲级：对主振器产生的信号进行放大、整形等。

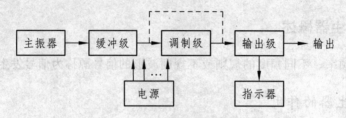

图 4.5.1　信号发生器结构框图

调制级：在需要输出调制波形时，对原始信号按照调幅、调频等要求进行调制。

输出级：调节输出信号的电平和输出阻抗。

指示器：监视输出信号。

电源：提供信号发生器各部分的工作电源电压。

4. 常用信号发生器

（1）低频信号发生器。

低频信号发生器可以产生频率和幅度可调的正弦波，有些低频信号发生器还可产生波形、频率、幅度、脉宽可调的所需波形，还能产生频率、幅度和脉宽均可调的矩形波。

常用的低频信号发生器的前面板外形如图 4.5.2 所示。

（a）XD2 型低频信号发生器　　　　　　（b）XD1B 型低频信号发生器

图 4.5.2　低频信号发生器的外形

（2）函数信号发生器。

函数信号发生器是一种能够产生正弦波、方波、三角波、锯齿波以及脉冲波等多种波形的信号源。有的函数信号发生器还具有调制的功能，可以产生调幅、调频、调相及脉宽调制等信号。

函数信号发生器可以用于生产、测试、仪器维修和实验室，是一种多功能的通用信号源。

常用的函数信号发生器的前面板外形如图 4.5.3 ~ 4.5.5 所示。

（3）高频信号发生器。

高频信号发生器是主要用来产生高频信号（包括调制信号）的仪器，或者供给高频标准

图 4.5.3　YB1610P 型函数信号发生器　　　图 4.5.4　GFG-8216A 型函数信号发生器

信号，以便测试各种电子设备和电路的性能。其能提供在频率和幅度上经过校准了的从 1 V 到几分之一微伏的信号电压，并能提供等幅波或调制波（调幅或调频），广泛应用于研制、调试和检修各种无线电收音机、通信机、电视接收机以及测量电场强度等场合。NY-3100PG 型高频信号发生器的前面板外形如图 4.5.6 所示。

图 4.5.5　GFG-8219A 型函数信号发生器　　　图 4.5.6　NY-3100PG 型高频信号发生器的外形图

（4）DDS 数字合成信号发生器。

DDS 直接数字合成彻底改变了传统的模拟信号发生器，完全采用高速数字电路 D/A 转换器来完成，相当于数字采样的反过程，被认为是产生频率信号的一种理想方法。

DDS 技术的主要特点为：频率稳定度极高，与石英晶体振荡器相当；理论上，频率分辨率可以任意高，可产生任意极低频的信号，而频率稳定度不变；频率转换速度高，在 ns 量级，频率跳变时，波形相位连续。

DDS 技术的频率调制实际上是由大量离散的频率组合而成，由于每个频率都可以精确输出，所以，频率参数可以定量设置。

常用的 DDS 数字合成信号发生器的前面板外形如图 4.5.7 和图 4.5.8 所示。

图 4.5.7　YB3005 型 DDS 数字合成信号发生器　　图 4.5.8　STR-F260G 型 DDS 数字合成信号发生器

4.5.2　函数信号发生器的使用

以 GFG-8216A 型函数信号发生器为例说明使用方法。

1. 简　介

GFG-8216A 型函数信号发生器是一种通用的多功能低频信号源。它能产生 0.3 Hz ~ 3 MHz 的正弦波、矩形脉冲和 TTL 逻辑电平。

正弦波具有较小的失真，良好的幅频特性，输出幅度 0 ~ 10 V 连续可调并具有标准的 600 Ω 输出阻抗特性。

输出频率由 LED 数码管显示，清晰直观。

2. 主要参数

波形：正弦波、正矩形脉冲、TTL 电平。

频率范围：1 Hz ~ 1 MHz，共分 6 挡（1 Hz ~ 10 Hz、10 Hz ~ 100 Hz、100 Hz ~ 1 kHz、1 kHz ~ 10 kHz、10 kHZ ~ 100 kHz、100 kHz ~ 1 MHz）。

在转换频段时，数显小数点自动切换，指示管显示相应的 Hz 或 kHz。

3. 前面板介绍

GFG-8216A 型函数信号发生器的前面板如图 4.5.9 所示。其中：

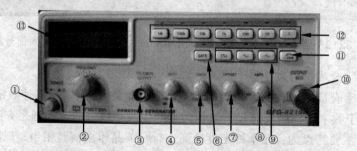

图 4.5.9　GFG-8216A 型函数信号发生器的前面板

①—电源开关；

②—信号频率微调旋钮；

③—TTL/CMOS 兼容的信号输出插座；

④—调节输出波形周期旋钮（拉起时）；

⑤—调节 CMOS 输出波形幅度旋钮，按下此旋钮，③可输出与 TTL 兼容的波形，若拉起并旋转此旋钮，可调整 V_{P-P} 为 5 ~ 15 V 的 CMOS 输出；

⑥—为改变计数闸门时间开关，在使用外部计数模式时，按下此键来改变 Gate Time，其改变顺序以 0.01 s、0.1 s、1 s、10 s 的周期进行，在内部计数时的 Gate Time 时间为 0.01 s；

⑦—直流电位旋钮，拉起此旋钮时，可在 ± 10 V 之间选择任何直流电压加于信号输出；

⑧—输出正弦幅度调节旋钮，拉出时，可衰减 20 dB；

⑨—输出波形选择开关；

⑩—正弦波输出插座；

⑪—输出衰减开关，按下此键可衰减 20 dB；

⑫—信号频段开关（频率粗调）；

⑬—频率显示器（数字显示）。

116

4. 函数信号发生器的使用

（1）打开电源开关。

（2）波形的选择：根据需要的波形来选择，按下输出波形选择开关来实现。

（3）频率的调节：由信号频段开关（频率粗调）和信号频率微调旋钮共同调节。

① 根据需要的频率范围，首先选择信号频段开关。

② 然后调节信号频率微调旋钮，调到需要的频率上。

（4）幅度的调节：由输出正弦幅度调节旋钮和输出衰减开关共同确定。

（5）使用完毕，关闭电源开关。

4.6 晶体管毫伏表

4.6.1 概　述

晶体管毫伏表是一种测量正弦交流信号电压的仪表，主要有检波-放大式和放大-检波式两种。本节主要以放大-检波式（如 DA-16 型、HG2172 型）为例，介绍晶体管毫伏表的使用。

1. 放大-检波式电压表

放大-检波式电压表的原理图如图 4.6.1 所示。

放大-检波式电路具有较高的灵敏度和稳定

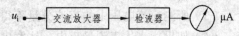

图 4.6.1　放大-检波式电压表原理图

度，检波置于最后，使其在大信号检波时产生良好的指示线性。被测交流电压先经宽带放大器放大，然后再检波变成直流电压，驱动电流表偏转。由于先放大，可以提高输入阻抗和灵敏度，避免了检波电路工作在小信号时所造成的刻度非线性及直流放大器存在的漂移问题。

放大-检波式电压表的上限频率为兆赫级，最小量程为毫伏级。

2. 面板结构图

常用晶体管毫伏表的面板结构如图 4.6.2 所示。

（a）DA-16 型　　　　　（b）HG2172 型

图 4.6.2　晶体管毫伏表面板结构图

3. 主要技术指标

以 DA-16 型晶体管毫伏表为例说明。

（1）测量电压范围：100 μV ~ 300 V。

分为 1、3、10、30、100、300 mV、1、3、10、30、300 V 共 11 挡级。

（2）测量电平范围：- 72 dB ~ + 32 dB（600 Ω）。

（3）频率范围：20 Hz ~ 1 MHz。

（4）固有误差：≤ ± 3%（在基准频率 1 kHz）。

（5）频率响应误差：100 Hz ~ 100 kHz，≤ ± 3%。20 Hz ~ 1 MHz，≤ ± 5%。

（6）工作误差极限：≤ ± 8%。

（7）输入阻抗：在 1 kHz 时，输入电阻为 1.5 MΩ；输入电容在 1 mV ~ 0.3 V 时约为 50 pF，1 V ~ 300 V 时约为 70 pF。

4.6.2 使用方法

1. 使用须知

（1）接通电源，电表指针来回摆动数次稳定后，校正调零旋钮，使指针在零位置，再进行测量。

（2）输入端短路时，指针稍有噪声偏转（1 mV 挡不大于满度值的 2%）是正常的。

（3）所测交流电压中的直流分量不得大于 300 V。

（4）如果用毫伏表测量市电，注意电器机壳是否带电，以免发生危险。

（5）使用 100 mV 以下量程挡时，应尽量避免输入端开路，以防外界干扰电压造成仪器过载。

（6）由于本仪器灵敏度较高，接地点必须良好，应正确选择接地点。

2. 使用方法

（1）校正零位：将电表垂直放置（即面板与桌面垂直）。接通电源前，应检查电表指针是否处于 0 V 位置，否则应调节表头的机械调零螺丝，使指针到 0 V 位置（机械调零）。

接通电源后，将输入端短路，表针指示应在 0 V 位置；如有偏差，可调节调零旋钮，以免产生读数误差（电气调零）。

（2）首先将量程开关转到最大量程 300 V 挡，然后根据输入被测电压的大小逐渐减小量程进行测量。正确的量程选择，能够使电表指针有最大的偏转角度。

（3）测量电压时，电表与被测电路必须共地，且接地良好，要避免人体与测量线接触造成测量误差。测量完毕，应将量程开关转到最大量程位置后再拆除测量线路。

（4）被测电压的读数，应根据电压量程选择开关的挡级，读相应的第一条（或第二条）表头指示刻度线。

当毫伏表测电平使用时，分贝读数由表头上第三条指示刻度线 - 12 dB ~ + 2 dB 指示。测量电平时，被测点的实际电平分贝数为表头指示的分贝数和量程选择开关所示的电平分贝数的代数和。

例如：量程选择开关置于 3 V（+ 10 dB），表头指针指示在 - 4 dB 处，可得出

$$实际电平分贝数 = (+ 10\ dB) + (- 4\ dB) = + 6\ dB$$

3. 注意事项

（1）被测正弦信号应不超过仪表的频率范围和量程范围。

（2）测量市电电网电压时，应将市电中线接公共地端，市电相线接输入端，切勿接反。在测量 36 V 以上电压时，应注意机壳带的问题。

4.7 兆欧表

4.7.1 兆欧表简介

1. 兆欧表的外形

兆欧表也叫绝缘电阻表，又称为摇表，是测量绝缘电阻最常用的仪表。一般用来检测供电电路、电动机绕组、电缆、电气设备等的绝缘电阻，以便检验其绝缘程度的好坏。兆欧表的外形如图 4.7.1 所示。

（a）电池式　　　　　　　　　　　　（b）ZC25-4 型发电机式

图 4.7.1　兆欧表的外形图

以 ZC25-4 型发电机式兆欧表为例说明。

兆欧表的接线柱共有三个："L"为线端，"E"为地端，"G"为屏蔽端（也叫保护环）。一般被测绝缘电阻都接在"L""E"端之间，但当被测绝缘体表面漏电严重时，必须将被测物的屏蔽环或不需测量的部分与"G"端相连接。这样漏电流就由屏蔽端"G"直接流回发电机的负端形成回路，而不再流过兆欧表的测量机构（动圈）。这样就从根本上消除了表面漏电流的影响。特别应该注意的是测量电缆芯线和外表之间的绝缘电阻时，一定要接好屏蔽端钮"G"。

2. 兆欧表的选择

在测量电气设备的绝缘电阻之前，先要根据被测设备的性质和电压等级，选择合适的兆欧表。

一般测量额定电压在 500 V 以下的设备时,选用额定电压为 500~1 000 V 的兆欧表,测量额定电压在 500 V 以上的设备时,选用额定电压为 1 000~2 500 V 的兆欧表。

例如,测量高压设备的绝缘电阻,不能用额定电压在 500 V 以下的兆欧表,因为这时测量结果不能反映工作电压下的绝缘电阻;同样不能用电压太高的兆欧表测量低压电气设备的绝缘电阻,否则会损坏设备的绝缘。

此外,兆欧表的测量范围也应与被测绝缘电阻的范围相吻合。

一般应注意不要使测量范围过多地超出所需测量的绝缘电阻值,以免使读数产生较大误差。一般测量低压电气设备绝缘电阻时,可选用 0~200 MΩ 量程的兆欧表,测量高压电气设备或电缆的绝缘电阻时,可选用 0~2 000 MΩ 量程的兆欧表。

4.7.2　兆欧表的使用

1. 兆欧表使用前的准备

兆欧表在工作时,自身产生高电压,而测量对象又是电气设备,所以必须正确使用,否则就会造成人身或设备事故。使用前,首先要做好以下各种准备。

(1)测量前必须将被测设备的电源切断,并对地短路放电,决不允许设备带电进行测量,以保证人身和设备的安全。

(2)对可能感应出高压电的设备,必须在消除这种可能性后,才能进行测量。

(3)被测物表面要清洁,减少接触电阻,确保测量结果的准确性。

(4)兆欧表在使用前应进行开路和短路试验,检查兆欧表是否处于正常工作状态,主要检查其"0"和"∞"两点。摇动手柄,使电动机达到额定转速,兆欧表在短路时应指在"0"位置,开路时应指在"∞"位置。其检查示意图如图 4.7.2 所示。

(5)兆欧表使用时应放在平稳、牢固的地方,且远离大的外电流导体和外磁场。

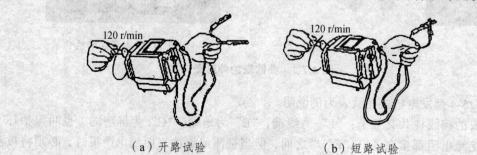

(a)开路试验　　　　　　　(b)短路试验

图 4.7.2　兆欧表的开路和短路试验

2. 兆欧表的接线

做好兆欧表使用前的准备工作后就可进行测量了,在测量时,还要注意兆欧表的正确接线,否则将引起不必要的误差甚至错误,失去测量的准确性和可靠性。

当用兆欧表测量电器设备的绝缘电阻时,一定要注意"L"和"E"端不能接反,正确的接法是:"L"线端钮接被测设备导体,"E"地端钮接接地的设备外壳,"G"屏蔽端接被测设备的绝缘部分。

3. 兆欧表测量绝缘电阻

（1）测量电动机的绝缘电阻时，将电动机绕组接于电路"L"端，机壳接于接地"E"端，如图 4.7.3 所示。

（2）测量电动机绕组间的绝缘性能时，将电路"L"端和接地端"E"端分别接在电动机的两绕组间，如图 4.7.4 所示。

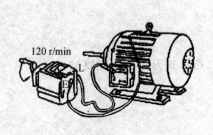

图 4.7.3　测量电动机的绝缘电阻　　　　图 4.7.4　测量电动机绕组间的绝缘电阻

（3）测量电缆芯对电缆外壳的绝缘电阻时，除将电缆芯接电路"L"端和电缆外壳接地端（"E"端）外，还需要将电缆壳与芯之间的内层绝缘部分接保护环"G"端，以消除表面漏电产生的误差，如图 4.7.5 所示。

4. 兆欧表使用注意事项

（1）在进行测量前要先切断电源，被测设备一定要进行放电（约需 2~3 min），以保障设备自身安全。

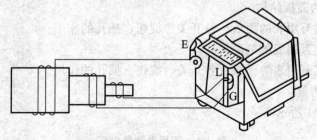

图 4.7.5　测量电缆的绝缘电阻

（2）接线柱与被测设备间连接的导线不能用双股绝缘线或绞线，应用单股线分开单独连接，这样可以避免因绞线绝缘不良而引起的误差。另外，应保持设备表面清洁干燥。

（3）测量时，仪器应放置平稳，手柄摇动要由慢渐快。

（4）一般采用均匀摇动 1 min 后的指针位置作为读数（转速 120 r/min）。测量中如发现指示为 0，则应停止转动手柄，以防表内线圈过热而烧坏。

（5）在兆欧表转动尚未停下或被测设备未放电时，不可用手进行拆线，以免引起触电。

实训 1　万用表的使用

一、实训目的

（1）了解指针式和数字式万用表的面板结构，指针万用表的刻度尺；
（2）掌握指针式万用表的使用方法；
（3）掌握数字式万用表的使用方法。

二、实训设备与器材

直流稳压电源：　　　　　　　　　1台；
MF47 型指针式万用表：　　　　　1台；
VC9802A⁺型数字式万用表：　　　1台；
各种阻值的电阻。

三、实训内容

1. 熟悉万用表的面板结构
（1）熟悉指针式万用表的面板，各开关、旋钮、插孔的作用；
（2）熟悉指针式万用表的刻度尺；
（3）熟悉数字式万用表的面板，各开关、旋钮、插孔的作用。
2. 直流电压的测量
测量内容如表 1.1 所示。

表 1.1　万用表测量电压

电源种类		指针式万用表测量		数字式万用表测量	
		挡位开关位置	测量值	挡位开关位置	测量值
直流稳压电源输出	5 V				
	10 V				
	15 V				
	20 V				
9 V 叠层电池					
1.5 V 干电池					
220 V 交流电压					

3. 交流电压的测量

测量内容如表 1.1 所示。

4. 电阻的测量

测量内容如表 1.2 所示。

注：各种电阻由教师准备，要求有几欧、几十欧、几百欧、几千欧、几十千欧、几百千欧各一支。

5. 电流的测量

在后面项目的实训中练习。

表 1.2　万用表测量电阻

各种电阻	指针式万用表测量		数字式万用表测量	
	挡位开关位置	测量值	挡位开关位置	测量值

四、注意事项

（1）拨动挡位开关时，用力要适当，不可过猛，以免造成机械损坏；

（2）注意交、直流挡的切换，直流测试时要注意正、负极性，交流测试时要注意安全，测量电阻时，每换一次量程都要重新调零；

（3）完成所有内容后，要关断电源。

实训 2　常用电子仪器的使用

一、实训目的

（1）熟悉直流稳压电源、函数信号发生器、示波器、晶体管毫伏表前面板开关、旋钮的作用；

（2）掌握函数信号发生器的使用（即波形的选择，频率、幅度的调节）；

（3）掌握示波器的使用（即用示波器测量幅值、时间或周期、频率、相位的方法）；

（4）掌握直流稳压电源的使用；

（5）掌握晶体管毫伏表的使用；

（6）掌握测量数据的正确读取方法。

二、实训设备与器材

直流稳压电源：	1台；
函数信号发生器：	1台；
双踪示波器：	1台；
晶体管毫伏表：	1块。

三、实训内容

1. 熟悉常用电子仪器前面板开关、旋钮

（1）熟悉直流稳压电源、函数信号发生器、示波器、晶体管毫伏表前面板开关、旋钮的作用；

（2）练习直流稳压电源、函数信号发生器、示波器、晶体管毫伏表前面板开关、旋钮的调整方法。

2. 直流稳压电源的使用

3. 函数信号发生器的使用

（1）波形选择；

（2）频率调节；

（3）幅度调节。

4. 双踪示波器的作用

（1）正弦波、三角波、方波幅值的测量；

（2）正弦波、三角波、方波周期或频率的测量；

（3）相位的测量。

5. 晶体管毫伏表的使用

四、实训参考表格

1. 示波器测量直流电压（见表2.1）

表 2.1　示波器测量直流电压

直流稳压电源输出	示波器测量	数字式万用表测量
5 V		
− 5 V		
12 V		

2. 示波器测量幅值、周期、频率

表 2.2　示波器测量幅值、周期、频率

信号发生器输出		示波器测量				毫伏表测量
		峰-峰值（$V_{P\text{-}P}$）	周期（T）	频率（f）	有效值	
波形	频率					
正弦波	80 Hz					
	600 Hz					
	3 kHz					
	20 kHz					
	150 kHz					
方波	200 Hz				/	/
	5 kHz				/	/
	200 kHz				/	/
三角波	450 Hz				/	/
	1.5 kHz				/	/
	75 kHz				/	/

3. 示波器测量相位（见表2.3、图2.1）

表 2.3　示波器测量相位

一周期格数	两波形 X 轴差距格数	相 位 差	
		实测值	计算值
$X_T =$	$X =$	$\theta =$	$\theta =$

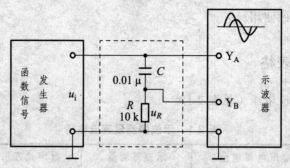

图 2.1　两波形间相位差测量电路

第 5 章　常用电子元器件的识别与检测

任何一个电子电路，都是由电子元器件组合而成。了解常用电子元器件的性能、型号规格、组成分类，掌握元器件的识别方法和好坏判断，是选择、使用电子元器件的基础，是组装、调试电子电路必须具备的技术技能。本章分别介绍了电阻器、电容器、电感器、继电器、晶体管、光电器件、集成电路、开关、接插件及表面安装元器件的基本知识。

5.1　电阻器

电阻器是在电路中不可缺少的且使用最多的电子元件，是一种无源电子元件，在电路中起限流、分流、降压、分压、负载、匹配等作用。

5.1.1　电阻器的分类

电阻器按其结构可分为三类，即固定电阻器、可变电阻器（电位器）和敏感电阻器；按组成材料的不同，又可分为碳膜电阻器、金属膜电阻器、线绕电阻器、热敏电阻器、压敏电阻器等。

如图 5.1.1 ~ 5.1.5 所示为几种常用电阻器的外形。

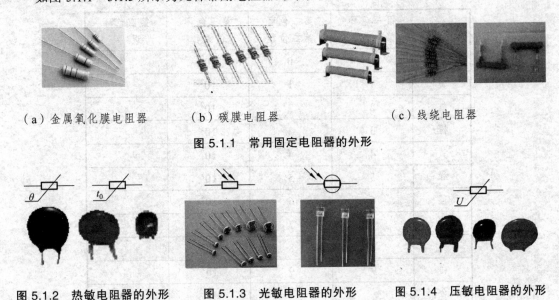

（a）金属氧化膜电阻器　　　（b）碳膜电阻器　　　　　（c）线绕电阻器

图 5.1.1　常用固定电阻器的外形

图 5.1.2　热敏电阻器的外形　　　图 5.1.3　光敏电阻器的外形　　　图 5.1.4　压敏电阻器的外形

（a）线绕电位器   （b）碳膜电位器

图 5.1.5　常用电位器的外形

5.1.2　电阻器的参数及标注方法

电阻器的参数有很多，通常考虑的是标称阻值、额定功率和允许偏差等。

1. 标称阻值和允许误差

电阻器的标称阻值是指电阻器上标出的名义阻值。而实际阻值与标称阻值之间允许的最大偏差范围叫作阻值允许偏差，一般用标称阻值与实际阻值之差除以标称阻值所得的百分数表示，又称阻值误差。

普通电阻器阻值误差分三个等级：允许误差小于 ±5% 的称 Ⅰ 级，允许误差小于 ±10% 的称 Ⅱ 级，允许误差小于 ±20% 的称 Ⅲ 级。

表示电阻器的阻值和误差的方法有两种：一是直标法，二是色标法。

直标法是将电阻的阻值直接用数字标注在电阻上。

色标法是用不同颜色的色环来表示电阻器的阻值和误差，用色标法表示电阻时，根据阻值的精密情况又分为两种：一是普通型电阻，电阻体上有四条色环，前两条表示数字，第三条表示倍乘，第四条表示误差；二是精密型电阻，电阻体上有五条色环，前三条表示数字，第四条表示倍乘，第五条表示误差。其规定如表 5.1.1 和表 5.1.2 所示。

表 5.1.1　普通型电阻器色标法

颜色	第一色环 第一位数	第二色环 第二位数	第三色环 倍乘数	第四色环 误差
黑	0	0	10^0	
棕	1	1	10^1	
红	2	2	10^2	
橙	3	3	10^3	
黄	4	4	10^4	
绿	5	5	10^5	
蓝	6	6	10^6	
紫	7	7	10^7	
灰	8	8	10^8	
白	9	9	10^9	
金			10^{-1}	±5%

表 5.1.2　精密型电阻器色标法

颜色	第一色环 第一位数	第二色环 第二位数	第三色环 第三位数	第四色环 倍乘数	第五色环 误差
黑	0	0	0	10^0	
棕	1	1	1	10^1	±1%
红	2	2	2	10^2	±2%
橙	3	3	3	10^3	
黄	4	4	4	10^4	
绿	5	5	5	10^5	±0.5%
蓝	6	6	6	10^6	±0.25%
紫	7	7	7	10^7	±0.1%
灰	8	8	8	10^8	
白	9	9	9	10^9	
金				10^{-1}	
银				10^{-2}	
无色					

图 5.1.6 所示为色标法的具体标注方法。

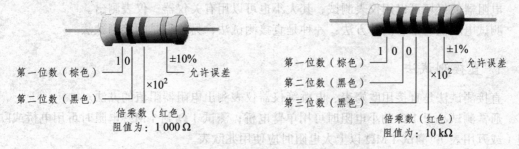

图 5.1.6　电阻器的阻值和误差的色标法

通用电阻器的标称阻值系列如表 5.1.3 所示，任何电阻器的标称阻值都应为表 5.1.3 所列数值乘以 10^n Ω，其中 n 为整数。

表 5.1.3　标　称　阻　值

允许误差	系列代号	标称阻值系列
±5%	E24	1.0　1.1　1.2　1.3　1.5　1.6　1.8　2.0　2.2　2.4　2.7　3.0　3.3　3.6　3.9 4.3　4.7　5.1　5.6　6.2　6.8　7.5　8.2　9.1
±10%	E12	1.0　1.2　1.5　1.8　2.2　2.7　3.3　3.9　4.9　5.6　6.8　8.2
±20%	E6	1.0　1.5　2.2　3.3　4.7　6.8

2. 电阻器的额定功率

电阻器的额定功率指电阻器在直流或交流电路中，长期连续工作所允许消耗的最大功率。

常用的额定功率有 1/8 W、1/4 W、1/2 W、1 W、2 W、5 W、10 W、25 W 等。

电阻器的额定功率有两种表示方法：一是 2 W 以上的电阻，直接用阿拉伯数字标注在电阻体上；二是 2 W 以下的碳膜或金属膜电阻，可以根据其几何尺寸判断其额定功率的大小，如表 5.1.4 所示。

表 5.1.4 碳膜电阻器和金属膜电阻器的尺寸与额定功率

尺寸 \\ 功率	碳膜电阻器		金属膜电阻器	
	L（长度 mm）	D（直径 mm）	L（长度 mm）	D（直径 mm）
0.125 W	12	2.5	7	2.2
0.25 W	15	4.5	8	2.6
0.5 W	25	4.5	10.8	4.2
1 W	28	6	13	6.6
2 W	46	8	18.5	8.6

5.1.3 电阻器的简单测试

电阻器的好坏可以用仪表测试，其大小也可以用有关仪器、仪表测出。

测试电阻值通常有两种方法：一种是直接测试法；另一种是间接测试法。

1. 直接测试法

直接测试法是直接用欧姆表、电桥等仪器仪表测出电阻器阻值的方法。

通常测试小于 1 Ω 的小电阻时可用单臂电桥；测试 1 Ω 到 1 MΩ 电阻时可用电桥或欧姆表（或万用表）；测试 1 MΩ 以上大电阻时应使用兆欧表。

2. 间接测试法

间接测试法是通过测试电阻器两端的电压及流过电阻中的电流，再利用欧姆定律计算电阻器的阻值。此方法常用于带电电路中电阻器阻值的测试。

5.2 电容器

电容器是在电路中使用仅次于电阻器的电子元件之一，是由两个极板与极板间的介质构成的。电容器是一种储能元件，在电路中用于耦合、滤波、旁路、调谐和能量转换。

5.2.1 电容器的分类

电容器的种类很多,按其容量是否可调可分为固定电容器、半可调电容器和可调电容器;按其极性来分可分为极性电容和非极性电容。常见电容器的外形图如图 5.2.1 ~ 5.2.12 所示。

图 5.2.1 瓷介电容器(CC)　　图 5.2.2 涤纶电容器(CL)　　图 5.2.3 聚苯乙烯电容器(CB)

图 5.2.4 聚丙烯电容器(CBB)　　图 5.2.5 独石电容器　　图 5.2.6 云母电容器(CY)

图 5.2.7 纸介电容器(CZ)　　图 5.2.8 金属化纸介电容器(CJ)　　图 5.2.9 钽电解电容器(CA)

(a)空气可变电容器　　　　(b)薄膜可变电容器

四连　　　双连

图 5.2.10 铝电解电容器(CD)　　　　　　图 5.2.11 可变电容器

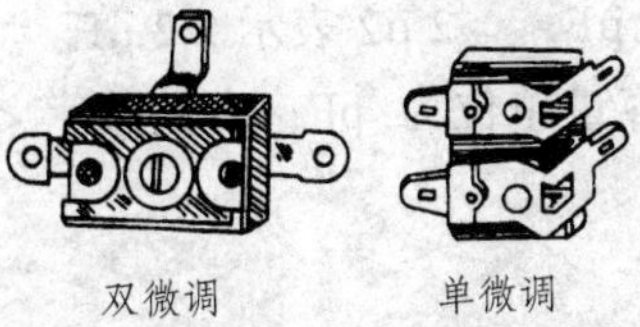

动片焊片　　动片旋转螺钉

定片焊片

双微调　　　　单微调

(a)云母微调电容器(CY) 　　(b)瓷介微调电容器(CC) 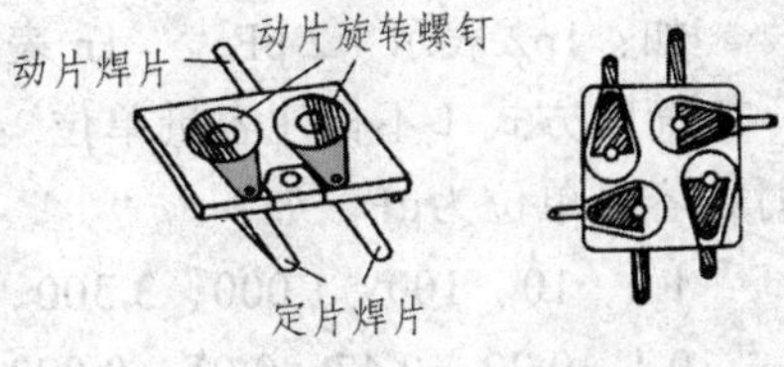　　(c)薄膜微调电容器

图 5.2.12 微调电容器

5.2.2　电容器的参数

1. 标称容量及允许误差

电容器和电阻器一样，在电容器的外壳表面上标出的电容量值，称为电容器的标称容量。标称容量与实际容量之间的偏差与标称容量之比的百分数称为电容器的允许误差。常用电容器的允许误差有 ±2%、±5%、±10%、±20%等几种。

2. 工作电压

工作电压也称耐压或额定工作电压，表示电容器在使用时允许加在其两端的最大电压值。使用时，外加电压最大值一定要小于电容器的耐压，通常限制在额定工作电压的三分之二以下。

3. 绝缘电阻

电容器的绝缘电阻，表示了电容器的漏电性能。电容器的绝缘电阻的大小等于加在电容器上的直流电压与所产生的漏电流的比值。电容器的绝缘电阻与电容器的介质材料和面积、引线的材料和长短以及制造工艺等因素有关。绝缘电阻越高，表明电容器的质量越高。对于同一种类的电容器来说，电容量越大，绝缘电阻越小。通常电容器的绝缘电阻在几百兆欧至几千兆欧之间。电解电容器的绝缘电阻一般较小，漏电流较大。

5.2.3　电容器的标注方法

电容器的容量、误差和耐压都标注在电容器的外壳上，其标注方法有直标法、数码标注法、色标法等。

1. 直标法

（1）标称容量。

标准化、规范化的电容元件容量值称之为电容的标称值，规范化的电容标称值已列入国标，标称值序列（基础值）为：1.0、1.1、1.2、1.3、1.5、1.6、1.8、2.0、2.2、2.4、2.7、3.0、3.3、3.6、3.9、4.3、4.7、5.1、5.6、6.2、6.8、7.5、8.2、9.1；容量单位为：微法（μF）、纳法（nF）、皮法（pF）。将基础值乘以 10^n 便可得到全系列标称值。

如：$2.7\,\text{pF} \times 10^0 = 2.7\,\text{pF}$，$2.2\,\text{pF} \times 10^2 = 220\,\text{pF}$。

标称值的标注方法也有多种。如：

如：1p2 表示 1.2 pF；　1n 表示 1 000 pF；　10n 表示 0.01 μF；　2 μ2 表示 2.2 μF。

简略方式（不标注容量单位）：9 999≥有效数字≥1 时，容量单位为 pF；有效数字＜1 时，容量单位为μF。如：

1.2、10、100、1 000、3 300、6 800 等容量单位均为 pF；

0.1、0.22、0.47、0.01、0.022、0.047 等容量单位均为μF。

（2）允许偏差：

普通电容：±5%（Ⅰ，J）、±10%（Ⅱ，k）、±20%（Ⅲ，M）；

精密电容：±2%（G）、±1%（F）、±0.5%（D）、±0.25%（C）、±0.1%（B）、±0.05%（W）。

（3）额定电压：

6.3 V、10 V、16 V、25 V、32 V、50 V、63 V、100 V、160 V、250 V、400 V、450 V、500 V、630 V、1 000 V、1 200 V、1 500 V、1 600 V、1 800 V、2 000 V等。

2. 数码标注法

数码标注法一般用三位数码表示电容器的容量，单位 pF。其中前两位数码为电容量的有效数字，第三位为倍乘数，但第三位倍乘数是 9 时表示 $\times 10^{-1}$。

如：101 表示：$10 \times 10^1 = 100$ pF

　　102 表示：$10 \times 10^2 = 1\ 000$ pF

　　103 表示：$10 \times 10^3 = 0.01$ μF

　　104 表示：$10 \times 10^4 = 0.1$ μF

　　223 表示：$22 \times 10^3 = 0.022$ μF

　　474 表示：$47 \times 10^4 = 0.47$ μF

　　159 表示：$15 \times 10^{-1} = 1.5$ pF

3. 色标法

色标法：在电容器上标注色环或色点来表示电容量及允许偏差，如表 5.2.1 所示。

表 5.2.1　色标电容器各种颜色所对应的数值及含义

色环颜色	第一位数	第二位数	第三位数 （倍乘数）	倍乘数 （允许偏差）	允许偏差
黑	1	1	1（10^1）	10^1	—
棕	2	2	2（10^2）	10^2	±1%
红	3	3	3（10^3）	10^3	±2%
橙	4	4	4（10^4）	10^4	
黄	5	5	5（10^5）	10^5	—
绿	6	6	6（10^6）	10^6	±0.5%
蓝	7	7	7（10^7）	10^7	±0.25%
紫	8	8	8（10^8）	10^8	±0.1%
灰	9	9	9（10^9）	10^9	—
白	0	0	0（10^0）	10^1	（-20%~$+50\%$）
金	—	—	（10^{-1}）	±5%	—
银	—	—	（10^{-2}）	±10%	—
无色	—	—	—	±20%	—

（1）四环色标法：

第一、二环表示有效数值，第三环表示倍乘数，第四环表示允许偏差（普通电容器）。

（2）五环色标法：

第一、二、三环表示有效数值，第四环表示倍乘数，第五环表示允许偏差（精密电容器）。如：

棕、黑、橙、金，表示其电容量为 0.01 μF，允许偏差为 ±5%；

棕、黑、黑、红、棕，表示其电容量为 0.01 μF，允许偏差为 ±1%。

5.2.4 电容器的命名方法

电容器的命名方法如表 5.2.2 所示。

表 5.2.2　电容器型号组成部分的符号及含义

第一部分：主称		第二部分：材料		第三部分：特征分类						第四部分：序号
					含　义					
符号	含义	符号	含义	符号	瓷介	云母	玻璃	电解	其他	
C	电容器	C	瓷介	1	圆片	非密封	—	泊式	非密封	用数字表示
		Y	云母	2	管形	非密封	—	泊式	非密封	
		I	玻璃釉	3	叠片	密封	—	烧结粉、固体	密封	
		O	玻璃膜	4	独石	密封	—	烧结粉、固体	密封	
		Z	纸介	5	穿心	—	—	—	穿心	
		B	聚苯乙烯	6	支柱	—	—	—	—	
		L	涤纶	7	—	—	—	无极性	—	
		S	聚碳酸脂	8	高压	高压	—	—	高压	
		H	复合介质	9	—	—	—	特殊	特殊	
		D	铝							
		A	钽铌合金							
		G	其他材料							

5.2.5 电容器的简单测试

电容器的常见故障是击穿短路、断路、漏电、容量变小、变质失效或破损。电容器内部质量的好坏，可以用仪器检查。常用的仪器有万用表、数字电容表、电桥等。

1. 固定电容器漏电阻的判别

用万用表（电阻挡）表笔接触电容器的两极，表头指针应向顺时针方向跳动一下（5 000 pF 以下电容不明显），然后逐渐逆时针恢复退至 $R = \infty$ 处。如果不能复原，稳定后的读数表示电容器漏电阻，其值一般为几百至几千千欧，阻值越大表示电容器的绝缘电阻越大，绝缘性能越好。

2. 电容器容量的判别

5 000 pF 以上的电容器，可用万用表（电阻挡）粗略判别其容量大小。用表笔接触电容器两极时，表头指针应先一跳，再逐渐复原。将两表笔对调，表头指针又是一跳，且跳动更大而又逐渐复原。

电容器容量越大，指针跳动越大，复原的速度越慢。

根据指针跳动的大小可粗略判断电容器容量的大小。同时，所用万用表电阻挡越高，指针跳动的距离也越大。

若万用表指针不动，说明电容器内部断路或失效。

对于 5 000 pF 以下的小容量电容器，用万用表的最高电阻挡已看不出充、放电现象，应采用专门的仪器进行测试。

3. 电解电容器极性的判别

根据电解电容器正接时漏电小、反接时漏电大的特性可判别其极性。

测试时，先用万用表测一下电解电容器漏电阻值，再将两表笔对调，测一下对调后的阻值，两次测试中漏电阻大的一次，黑表笔接的是正极，红表笔接的是负极。

5.3 电感器

电感器又叫电感线圈，是一种能够存储磁场能量的电气元件，在电路中有通直流、阻交流、通低频阻高频的作用。

电感器可分为固定电感器和可变电感器、带磁芯电感器和不带磁芯电感器、低频电感器和高频电感器等。

常见电感器的外形如图 5.3.1 ~ 5.3.5 所示。

图 5.3.1　空心线圈的外形　　图 5.3.2　固定色环电感器的外形　　图 5.3.3　磁棒线圈的外形

图 5.3.4　微调电感器的外形　　　图 5.3.5　变压器的外形

5.3.1 电感器的基本参数

1. 电感量及其误差

电感量表示电感线圈电感数值的大小，电感线圈表面所标的电感量为电感线圈电感量的标称值。线圈的实际电感量与标称值之间的偏差与标称值之比的百分数称为电感线圈的误差。

2. 品质因数

线圈中存储能量与消耗能量的比值称为品质因数，用 Q 表示。通常定义为线圈的感抗 ωL 和直流等效电阻 R 之比，即 $Q = \omega L / R$。

3. 额定电流

电感线圈的额定电流指线圈长期工作所能承受的最大电流，其值与线圈材料和加工工艺有关。

4. 分布电容

线圈的匝间、线圈与底座之间均存在分布电容。它影响着线圈的有效电感量及其稳定性，并使线圈的损耗增大，质量降低，一般总希望分布电容尽可能小。

5.3.2 电感器的简单测试

使用万用表可以对电感器的好坏进行简单测试，其方法是用万用表的欧姆挡测试电感线圈的直流电阻值，若所测得电阻与估计数值偏差不大，则说明电感器是好的，若测得电阻值为 ∞，则说明电感线圈内部断路，若测得直流电阻值远小于估计值，则说明被测线圈内部匝间击穿短路，不能使用。

若要测量电感线圈的准确电感量，则必须使用万用电桥、高频 Q 表或数字式电感电容表。

5.4 开关、接插件的识别与检测

接插件和开关是通过一定的机械动作完成电气连接或断开的元件，常串接在电路中，实现信号和电能的传输。

5.4.1 常用接插件

接插件又称连接器，在电子设备中提供简便的插拔式电气连接。为了便于组装、更换、维修，在分立元器件或集成电路与印制电路板之间，在设备的主机和各部件之间，多采用接插件进行电气连接。

接插件按工作频率可分为低频接插件和高频接插件。

低频接插件通常是指工作频率在 100 MHz 以下的接插件；高频接插件是指工作频率在 100 MHz 以上的接插件。

高频接插件一般用同轴结构与同轴线相连接，所以也常称为同轴连接器；按其外形结构可分为圆形接插件、矩形接插件、印刷板接插件、带状扁平排线接插件等。

1. 圆形接插件

圆形接插件也称航空插头插座，它有一个标准的螺旋锁紧机构，接触点数目从两个到上百个。其插拔力较大，连接方便，抗振性好，容易实现防水密封及电磁屏蔽等特殊要求，适用于大电流连接，额定电流可从 1 A 到数百安，用于不需要经常插拔的电路板或整机设备间的电气连接。其常见外形如图 5.4.1 所示。

2. 矩形接插件

矩形接插件的矩形排列能充分利用空间，被广泛用于机内互连。与带有外壳或锁紧装置时，其可用于机外电缆和面板之间的连接。矩形接插件的常见外形如图 5.4.2 所示。

3. 印刷板接插件

为了便于印制板电路的更换、维修，印制电路板之间或印制电路板与其他部件之间的互连经常采用此接插件，其常见外形如图 5.4.3 所示。

图 5.4.1　圆形接插件　　　　　图 5.4.2　矩形接插件　　　　　图 5.4.3　印刷板接插件

4. 带状扁平排线接插件

带状扁平排线接插件是由几十根以聚氯乙烯为绝缘层的导线并排黏合在一起的。它占用空间小，轻巧柔韧，布线方便，不易混淆。带状电缆的插头是电缆两端的连接器，它与电缆的连接不用焊接，而是靠压力使连接端上的刀口刺破电缆的绝缘层实现电气连接。

带状扁平排线接插件其工艺简单可靠，电缆的插座部分直接焊接在印制电路板上，常见外形如图 5.4.4 所示。

带状扁平排线接插件常用于低电压、小电流的场合，适用于微弱信号的连接，多用于计算机及外部设备。

图 5.4.4　带状扁平排线接插件

5. 其他接插件

常用的接插件还有同轴接插件、插针式接插件、D 形接插件、条形接插件、直流电源接插件等，常见外形如图 5.4.5 所示。

（a）同轴接插件 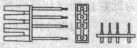（b）插针式接插件 （c）D形接插件

图 5.4.5 其他接插件

5.4.2 开 关

开关是电子设备中用来接通、断开和转换电路的机电元件。

开关种类繁多，分类方式也各不相同，按驱动方式的不同，可分为手动和检测两大类；按应用场合不同，可分为电源开关、控制开关、转换开关和行程开关等；按机械动作的方式不同，可分为旋转式开关、按动式开关、拨动式开关等。

下面介绍几种电子设备中常用的机械式开关。

1. 按钮开关

按钮开关分为大、小型，形状有圆柱形、正方形和长方形。其结构主要有簧片式、组合式、带指示灯和不带指示灯等几种。此类开关常用于控制电子设备中的交流接触器。

2. 钮子开关

钮子开关有大、中、小和超小型多种，触点有单刀、双刀和三刀等，接通状态有单掷和双掷。钮子开关体积小，操作方便，是电子设备中常用的开关，工作电流从 0.5 A 到 5 A 不等，常见外形如图 5.4.6（a）所示。

3. 船型开关

船型开关也称波形开关，其结构与钮子开关相同，只是把钮柄换成船型。船型开关常用作电子设备的电源开关，其触点分为单刀单掷和双刀双掷等几种，有些开关还带有指示灯，常见外形如图 5.4.6（b）所示。

4. 波段开关

波段开关有旋转式、拨动式和按键式三种。每种形式的波段开关又可分为若干种规格的刀和位，常见外形如图 5.4.6（c）所示。

在开关结构中，可直接移位或间接移位的导体称为刀，固定的导体称为位。波段开关有多少个刀，就可以同时接通多少个点；有多少个位，就可以转换多少个电路。

5. 直键开关

直键开关是水平滑动换位式开关，采用切入式咬合接触。常用于计算机、收录机等电子产品中，常见外形如图 5.4.6（d）所示。

（a）钮子开关　　　　　　　　（b）波形开关

（c）波段开关　　　　（d）直键开关　　　　（e）拨动开关

图 5.4.6　常见开关的外形

6. 拨码开关

拨码开关也叫拨动开关，常用的有单刀十位，二刀二位和 8421 码拨码开关三种。常用于有数字预置功能的电路中，其外形如图 5.4.6（e）所示。

7. 薄膜按键开关

薄膜按键开关简称薄膜开关，和传统的机械开关相比，具有结构简单、外形美观、密闭性好、保新性强、性能稳定、寿命长等优点，目前被广泛用于各种微电脑控制的电子设备中。

薄膜开关按基材不同可分为软性和硬性两种；按面板类型不同，可分为平面型和凹凸型；按操作感受又可分为触觉有感型和无感型。

5.4.3　其他开关及接插件

1. 接线柱

如图 5.4.7 所示的接线柱常用于仪器面板的输入、输出端口，其种类很多。

2. 接线端子

接线端子常用于大型设备的内部接线，如图 5.4.8 所示。

图 5.4.7　接线柱　　　　图 5.4.8　接线端子

5.4.4 开关及接插件的检测及选用

1. 检 测

开关及接插件的检测比较简单，用万用表测量开关及接插件的电阻（及通断）即可。如果电阻为零，说明开关及接插件是完好的；如果电阻为无穷大，说明开关及接插件开路或接触不良。

2. 选 用

选用开关和接插件时应注意以下几个方面：

（1）首先应根据使用条件和功能来选择合适类型的开关及接插件。

（2）开关、接插件的额定电压、电流要留有一定的余量。

（3）为了接触可靠，开关的触点和接插件的线数要留有一定的余量，以便并联使用或备用。

（4）尽量选用带定位的接插件，以免插错而造成故障。

（5）触点的接线和焊接要可靠，为防止断线和短路，焊接处应加套管保护。

5.5 半导体分立器件的识别与检测

半导体分立器件包括二极管、三极管、场效应管等器件。本节重点介绍它们的分类方法、型号命名、测试方法及使用注意事项。

5.5.1 常用半导体分立器件的分类

1. 半导体二极管

二极管是利用半导体 PN 结的单向导电性制成的器件。在电路中主要用作整流、检波、稳压等。

二极管的规格品种很多，按所用半导体材料的不同，可分为锗二极管、硅二极管和砷化镓二极管；按结构工艺不同，可分为点接触型和面接触型二极管；按工作原理分有隧道二极管、变容二极管、雪崩二极管等；按用途分有整流二极管、检波二极管、稳压二极管、恒流二极管、开关二极管等。

二极管的参数主要有最大整流电流、正向导通压降、反向击穿电压、结电容、最高工作频率等。常见半导体二极管的外形如图 5.5.1 所示。

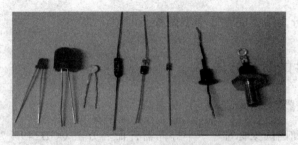

图 5.5.1　常见半导体二极管的外形

2. 半导体三极管

半导体三极管由两个 PN 结构成，有 PNP 和 NPN 型两种结构。三极管的规格品种繁多，按照工作频率、开关速度、噪声电平、功率容量及其他性能可分为高频大功率管、高频低噪声管、低频大功率管、低频小功率管、高速开关管、功率开关管等；根据制造工艺的不同可分为合金晶体管、扩散晶体管、台面晶体管、平面晶体管等；按照制造材料分，有锗管和硅管。

常用三极管的外形如图 5.5.2 所示。

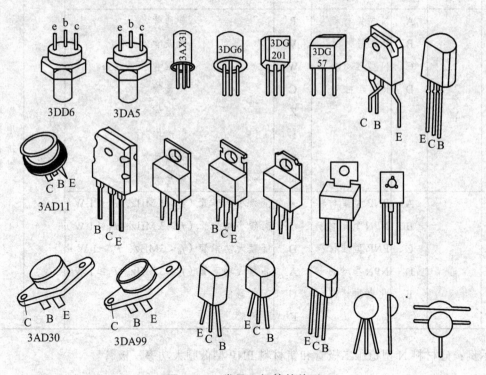

图 5.5.2　常见三极管的外形

3. 场效应晶体管

场效应晶体管是利用外加电场使半导体中形成一个导电沟道并控制其大小（绝缘删型），或改变原来导电沟道大小（结型）来控制电导率的原理制成的。场效应晶体管的栅极输入电阻很高，一般可达上百兆甚至几千兆，因此，栅极上加电压时基本上不分取电流；另外，场效应管还有噪声低、动态范围大等优点。

场效应晶体管可分为结型和绝缘栅型两种。

5.5.2 半导体器件的命名方法

1. 我国半导体器件的命名方法

根据中华人民共和国国家标准——半导体器件命名方法（GB249—74），半导体器件型号由五部分组成，各部分的意义如表 5.5.1 所示。但场效应管、特殊半导体器件、PIN 管、复合管和激光器件只用后三部分表示。

表 5.5.1　国产半导体器件的型号及命名

第一部分		第二部分		第三部分		第四部分	第五部分
主称用数字表示电极数目		材料和极性用汉语拼音字母表示		类别用汉语拼音字母表示			
符号	意义	符号	意义	符号	意义		
2	二极管	A	N 型锗材料	P	普通管	序号用数字表示	规格号用汉语拼音字母表示
		B	P 型锗材料	V	微波管		
		C	N 型硅材料	W	稳压管		
		D	P 型硅材料	C	参量管		
				Z	整流管		
				L	整流堆		
				S	隧道管		
				N	阻尼管		
3	三极管	A	PNP 型锗材料	X	低频小功率管（$f_a > 3$ MHz，$P_c < 1$ W）		
		B	NPN 型锗材料	G	高频小功率管（$f_a > 3$ MHz，$P_c < 1$ W）		
		C	PNP 型硅材料	D	低频大功率管（$f_a < 3$MHz，$P_c \geqslant 1$ W）		
		D	NPN 型硅材料	A	高频大功率管（$f_a \geqslant 3$ MHz，$P_c \geqslant 1$ W）		
		E	化合物材料	U	光电器件		
				K	开关管		

示例：硅材料 N 型稳压二极管和锗材料 PNP 型低频大功率三极管

再如：3AX31——PNP 低频小功率锗三极管；3DG12B——NPN 高频小功率硅三极管；

142

3CG——PNP 高频小功率硅三极管；3AD——PNP 低频大功率锗三极管；

3DD6——NPN 低频大功率硅三极管；3DK——NPN 硅开关三极管。

2. 国际电子联合会半导体器件命名法

德国、法国、意大利、荷兰、比利时以及匈牙利、罗马尼亚、波兰等欧洲国家，大都采用国际电子联合会规定的命名方法。如表 5.5.2 为国际电子联合会二极管型号命名方法，表 5.5.3 为国际电子联合会晶体管、晶闸管等型号命名方法。在表中所列四个基本部分后面，有时还加后缀，以区别其特性或进一步分类。

表 5.5.2　国际电子联合会二极管型号命名方法

第一部分：半导体材料		第二部分：类别		第三部分：序号	第四部分：规格号
字母	意义	字母	意义		
A	锗材料	A	检波管、开关管、混频管	用数字或字母与数字混合表示器件的登记序号。通用器件用三位数字，专用器件用一个字母加两位数字	用字母 A~E 表示同一型号器件的挡次
A	锗材料	B	变容管		
B	硅材料	E	隧道管		
B	硅材料	G	复合管		
C	砷化镓材料	H	磁敏管		
C	砷化镓材料	P	光敏管		
D	锑化铟材料	Q	发光管		
D	锑化铟材料	X	倍压管		
R	复合材料	Y	整流管		
R	复合材料	Z	稳压管		

表 5.5.3　国际电子联合会晶体管、晶闸管等型号命名方法

第一部分：半导体材料		第二部分：类别		第三部分：序号	第四部分：规格号
字母	意义	字母	意义		
A	锗材料	C	低频小功率晶体管	用数字或字母与数字混合表示器件的登记序号	用字母 A~E 表示同一型号器件的挡次
A	锗材料	D	低频大功率晶体管		
A	锗材料	F	高频小功率晶体管		
A	锗材料	L	高频大功率晶体管		
B	硅材料	S	小功率开关管		
B	硅材料	U	大功率开关管		
B	硅材料	R	小功率晶闸管（可控硅）		
R	复合材料	T	大功率晶闸管（可控硅）		
R	复合材料	K	开放磁路中的霍尔元件		
R	复合材料	M	封闭磁路中的霍尔元件		
R	复合材料	G	复合管或其他器件		

（1）稳压二极管型号的后缀的第一部分是一个字母，表示稳定电压值的允许误差范围，其字母的含义如下：

符　号　　　A　　B　　C　　D　　E
允许误差　　±1　±2　±5　±10　±15

其后缀第二部分是数字，表示标称稳定电压的整数数值；后缀第三部分是字母 V，是小数点的代号；后缀第四部分是数字，表示标称稳定电压的小数数值。

（2）整流二极管的后缀是数字，表示最大反向峰值耐压值和最大反向开断电压。

国际电子联合会半导体器件型号命名方法示例：

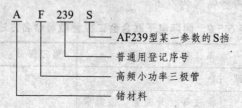

A　F　239　S

- AF239型某一参数的S挡
- 普通用登记序号
- 高频小功率三极管
- 锗材料

5.5.3　二极管和三极管的判别和选用

1．半导体二极管极性的判别和选用

（1）半导体二极管极性的判别。

一般情况下，二极管有色环的一端为负极，另一端为正极。另外可以根据二极管正向导通时导通电阻小，反向截止时截止电阻大的特点，用万用表来判别其极性。

将万用表拨到欧姆挡（一般用 R×100 或 R×1 k 挡），用万用表的表笔分别接二极管的两个电极，测出一个电阻，然后将两表笔对换，再测出一个阻值，则阻值小的那一次黑表笔所接一端为二极管的正极，另一端即为负极。

① 用指针式万用表判别。

指针式万用表红表笔是（表内电源）负极，黑表笔是（表内电源）正极。用指针式万用表判别半导体二极管的极性如图 5.5.3 所示（以硅管为例）。

（a）测量二极管的正向电阻　　　（b）测量二极管的反向电阻

图 5.5.3　指针式万用表判别二极管的极性

一般硅管正向电阻约为 5 kΩ，锗管正向电阻约为 1 kΩ；反向电阻锗管约为 300 kΩ 以上，硅管无穷大。

若两次测得阻值都很小，则说明二极管内部短路；若两次测得的阻值都很大，则说明二极管内部断路；正反向电阻相差不大为劣质管。

② 用数字式万用表判别。

数字式万用表红表笔是（表内电源）正极，黑表笔是（表内电源）负极。用数字式万用表判别半导体二极管的极性如图 5.5.4 所示（以硅管为例）。

（a）测量二极管的正向电阻　　　　（b）测量二极管的反向电阻

图 5.5.4　数字式万用表判别二极管的极性

（2）半导体二极管的选用。

选用二极管时，既要考虑正向电压，又要考虑反向饱和电流和最大反向电压，选用检波二极管时，要求工作频率高，正向电阻小，特性曲线好，以保证线性失真小。

（3）使用半导体二极管的注意事项。

① 二极管不允许过载使用，不允许超过制造厂家给出的最大正向电流和最高允许反向电压。

② 使用半导体二极管时，不能将正、负极颠倒。

③ 引出线的焊接或弯曲处，离管壳距离不得小于 10 mm。

④ 装配时，二极管应避免靠近发热元件，并保证散热良好。

2. 半导体三极管的判断和选用

（1）半导体三极管管脚的判别。

① 根据管脚排列和色点判别。

对于等腰直角三角形排列，直角顶点是基极，靠近管帽边沿的电极为发射极，另外一个电极是集电极。

有些三极管的管脚排列成直线，但距离不相等，孤立的电极为集电极，中间的为基极，另一个为发射极。

对半圆形塑封晶体三极管，让球面向上，管脚朝自己，则从左到右依次是集电极，基极和发射极，如图 5.5.5 所示。

② 用指针式万用表判别。

用万用表判别管脚的基本原理是：

三极管由两个 PN 结构成，对于 NPN 型三极管，其基极是两个 PN 结的公共正极，对于 PNP 型三极管，其基极是两个 PN 结的公共负极。

而根据当加在三极管的 BE 结电压为正，BC 结电压为负，三极管工作在放大状态，此时三极管的穿透电流较大，r_{be} 较小的特点，可以测出三极管的发射极和集电极。

• 基极 B 和管型的判断。

当黑（红）表笔接触某一极，红（黑）表笔分别接触另两个极时，万用表指示为低阻，则该极为基极，该管为 NPN（PNP）型。

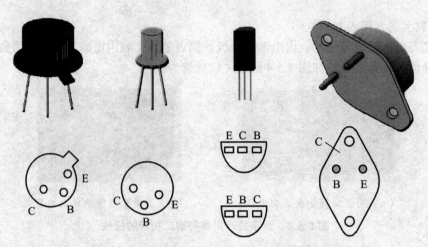

图 5.5.5　根据管脚排列和色点识别三极管管脚

● C、E 极的判断。

基极确定后，剩下 C、E 极需要判别。以 NPN 型管为例，把黑表笔接到剩下的一个电极上，红表笔接到剩下的另一个电极上，并在黑表笔接的电极与基极之间加人体电阻（不能使电极直接接触），读出此时的电阻值；交换表笔，重复上述测量。比较两次测量电阻，电阻较小的一次黑表笔接的电极即为集电极，另一电极为发射极，如图 5.5.6 所示。

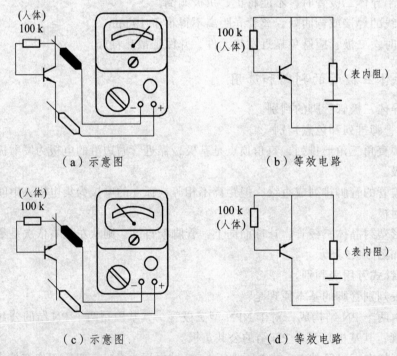

图 5.5.6　判断 NPN 型三极管 c、e 极的原理图

注意：始终是黑表笔接的电极与基极之间加人体电阻。

对于 PNP 型三极管的 C、E 极的判断，方法同上，只不过始终是红表笔接的电极与基极之间加人体电阻，其判断方法如图 5.5.7 所示。

146

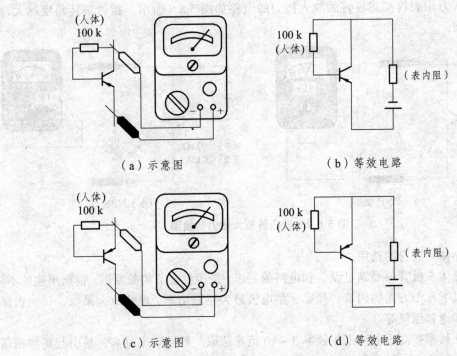

（a）示意图　　　　　　　　　　　　（b）等效电路

（c）示意图　　　　　　　　　　　　（d）等效电路

图 5.5.7　判断 PNP 型三极管 c、e 极的原理图

（2）三极管性能的鉴别。

● 穿透电流 I_{CEO} 大小的判断。

用万用表 R×100 或 R×1k 挡测量三极管 C、E 之间的电阻，电阻值应大于数兆欧（锗管应大于数千欧）。阻值越大，说明穿透电流越小；若阻值越小，则说明穿透电流越大；若阻值不断地明显下降，则说明三极管性能不稳；若测得的阻值接近为零，则说明三极管已经被击穿；若测得的阻值太大（指针一点都不偏转），则有可能三极管内部断线。

用万用表检测穿透电流 I_{CEO} 的电路如图 5.5.8 所示。

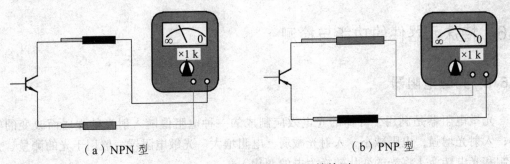

（a）NPN 型　　　　　　　　　　　　（b）PNP 型

图 5.5.8　三极管穿透电流 I_{CEO} 的检测

通过测量 C、E 间的电阻可以估计穿透电流 I_{CEO} 的大小。一般情况下，中、小功率锗管 C、E 间的电阻 >10 kΩ；大功率锗管 C、E 间的电阻 >1.5 kΩ；硅管 C、E 间的电阻 >100 kΩ（在 R×10k 挡测量）。

● 三极管放大能力的检测。

用指针式万用表检测三极管的放大能力的电路如图 5.5.9 所示。指针偏转角度越大，则放大能力越强。

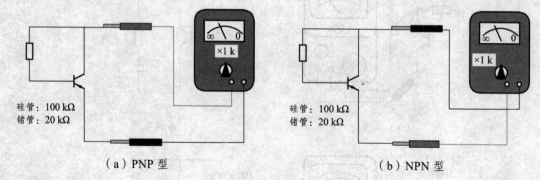

（a）PNP 型　　　　　　　　　　（b）NPN 型

图 5.5.9　三极管放大能力的检测

（3）半导体三极管的选用。

选用半导体三极管一要满足设备和电路的要求，二要符合节约的原则。根据用途的不同，一般要考虑以下几个方面的因素：频率、集电极最大耗散功率、电流放大系数、反向击穿电压、稳定性和饱和压降等。

一般特征频率按高于电路工作频率 3 ~ 10 倍来选取。特征频率过高，易引起高频振荡。电流放大倍数，一般选用 40 ~ 100 即可，太低影响增益，太高电路稳定性差。

耗散功率一般按电路输出功率的 2 ~ 4 倍来选取，反向击穿电压 $U_{(BR)CEO}$ 应大于电源电压。

（4）使用半导体三极管注意事项。

① 三极管接入电路前，首先要弄清管型、管脚，如果弄错，轻者电路不能正常工作重者要导致三极管的损坏。

② 焊接时，要用镊子夹着管子的引线，帮助散热，一般采用 45 W 以下电烙铁。

③ 带电时，不能用万用表电阻挡测极间电阻，也不能带电拆装。

④ 大功率三极管，应配上合适的散热片。

5.6　特殊元器件的功能与检测

5.6.1　光敏电阻器

光敏电阻器是利用半导体的光电效应制成的一种电阻值随入射光的强弱而改变的电阻器；入射光增强，电阻减小，入射光减弱，电阻增大。光敏电阻器一般用于光的测量、光的控制和光电转换（将光的变化转换为电的变化）。

光敏电阻按制作材料分为多晶和单晶光敏电阻器，还可分为硫化镉（CdS）、硒化镉（CdSe）、硫化铅（PbS）、硒化铅（PbSe）、锑化铟（InSb）光敏电阻器等；按光谱特性分为可见光光敏电阻器、红外光光敏电阻和紫外光光敏电阻。无论是哪种光敏电阻，其工作原理均相同，只不过所选用的光敏半导体材料不同而已。其外形及电路符号如图 5.6.1 所示，在电路中用字母"R"或"RL"、"RG"表示。

光敏电阻的检测方法：

（1）用一黑纸片将光敏电阻的透光窗口遮住，此时万用表的指针基本保持不动，阻值接近无穷大。此值越大说明光敏电阻性能越好；若此值很小或接近为零，说明光敏电阻已烧穿损坏，不能再继续使用。

图 5.6.1　光敏电阻的外形及电路符号

（2）将一光源对准光敏电阻的透光窗口，此时万用表的指针应有较大幅度的摆动，阻值明显减小，此值越小说明光敏电阻性能越好。若此值很大甚至无穷大，表明光敏电阻内部开路损坏，也不能再继续使用。

（3）将光敏电阻透光窗口对准入射光线，用小黑纸片在光敏电阻的遮光窗上部晃动，使其间断受光，此时万用表指针应随黑纸片的晃动而左右摆动。如果万用表指针始终停在某一位置不随纸片晃动而摆动，说明光敏电阻的光敏材料已经损坏。

5.6.2　热敏电阻器

热敏电阻器是阻值随温度变化而改变的敏感元件。按照温度系数不同分为正温度系数热敏电阻器（PTC）、负温度系数热敏电阻器（NTC）以及临界温度热敏电阻（CTR）。正温度系数热敏电阻器（PTC）在温度越高时电阻值越大，负温度系数热敏电阻器（NTC）在温度越高时电阻值越低，他们同属于半导体器件。热敏电阻的外形及电路符号如图 5.6.2 所示。

图 5.6.2　热敏电阻的外形及电路符号

热敏电阻的主要特点：

（1）灵敏度较高，其电阻温度系数要比金属大 10 ~ 100 倍以上，能检测出 10^{-6} °C 的温度变化；

（2）工作温度范围宽，常温器件适用于 – 55 ~ 315 °C，高温器件适用温度高于 315 °C，低温器件适用于 – 273 ~ 55 °C；

（3）体积小，能够测量其他温度计无法测量的空隙、腔体及生物体内血管的温度；

（4）使用方便，电阻值可在 0.1 ~ 100 kΩ 间任意选择；

（5）易加工成复杂的形状，可大批量生产；

（6）稳定性好、过载能力强。

热敏电阻的检测方法：

（1）使用指针式万用表进行测量时，将万用表的挡位开关调整至欧姆挡，根据标称阻值将指针万用表的量程调整到相应的挡位。

（2）对万用表进行调零校正，将红、黑两只表笔接在待测热敏电阻器的两引脚上，观察万用表指针的位置，在正常情况下所测的电阻值应接近热敏电阻器的标称阻值。

（3）用电烙铁或电吹风等电热设备迅速为热敏电阻加热，此时观察指针万用表的指针，它应随温度的变化而摆动。这通常可以证明热敏电阻器是正常的，如果温度变化时用万用表所测得的阻值没有变化，则说明热敏电阻器性能不良。

注意：给热敏电阻加热时，宜用 20 W 左右的小功率电烙铁，且烙铁头不要直接接触热敏电阻或靠得太近，以防损坏热敏电阻。

5.6.3 压敏电阻器

压敏电阻是敏感电阻器的一种，是利用半导体材料的非线性特性的原理制成的。当两端所加电压低于标称额定电压值时，压敏电阻器的电阻值接近无穷大，内部几乎无电流流过；当两端所加电压略高于标称额定电压值时，压敏电阻器将迅速击穿导通，并由高阻状态变为低阻状态，工作电流也急剧增大，此时当两端所加电压低于标称额定电压值时，压敏电阻器又恢复为高阻状态；当两端所加电压超过最大限制电压值时，压敏电阻器将完全击穿损坏，无法再自行恢复。压敏电阻可以将电压钳位在一个相对固定的电压值，从而实现对后级电路的保护。压敏电阻的主要参数有：压敏电压、通流容量、结电容、响应时间等。

压敏电阻的外形及电路符号如图 5.6.3 所示。

压敏电阻的检测方法：

（1）对压敏电阻的绝缘电阻的检测。将万用表置于 R×1 k 或 R×10 k 挡，测出压敏电阻的阻值。交换表笔后再测一次，若两次测得的阻值均为无穷大，则表明被测压敏电阻合格，否则其漏电严重且不可使用。

（2）压敏电阻标称工作电压的检测。以测试标称电压为 56 V 的压敏电阻为例说明，其测试电路如图 5.6.4 所示。图中电源为 0～60 V（高于 60 V 也可以）可调直流电源。逐渐加大电源电压，刚开始时电流表无指示，当电压增加到某一数值后，电流表的指示显著增加，这时电源电压所示的数值应是压敏电阻的标称电压，否则说明压敏电阻性能欠佳。

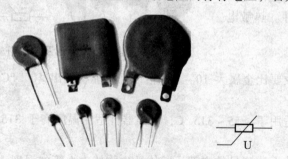

图 5.6.3　压敏电阻的外形及电路符号

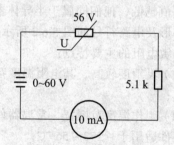

图 5.6.4　压敏电阻的测试电路

5.6.4 光敏二极管

光敏二极管也叫光电二极管。光敏二极管与半导体二极管在结构上是类似的，其管芯是一个具有光敏特征的 PN 结，具有单向导电性，因此工作时需加上反向电压。无光照时，有很小的饱和反向漏电流，即暗电流，此时光敏二极管截止。当受到光照时，饱和反向漏电流大大增加，形成光电流，它随入射光强度的变化而变化。当光线照射 PN 结时，可以使 PN 结中产生电子-空穴对，使少数载流子的密度增加。这些载流子在反向电压下漂移，使反向电流增加，因此可以利用光照强弱来改变电路中的电流。常见的有 2CU、2DU 等系列，其外形及电路符号如图 5.6.5 所示。

光敏二极管的检测方法：

型号：2CU2A

符号：

图 5.6.5　光敏二极管的
外形及电路符号

150

测量光敏二极管时，先用黑纸或黑布遮住光敏二极管的光信号接收窗口，然后用万用表的 R×1k 挡测其正、反向电阻。正常时，正向电阻值在 10~20 kΩ，反向电阻值为∞（无穷大）。再去掉黑纸或黑布，使其光信号接收窗口对准光源，正常时正、反向电阻值均会变小，阻值变化越大，说明该光敏二极管的灵敏度越高。

5.6.5　光敏三极管

光敏三极管和普通三极管相似，也有电流放大作用，只是它的集电极电流不只是受基极电路和电流控制，同时也受光辐射的控制。通常基极不引出，但用于温度补偿和附加控制等作用，一些光敏三极管的基极有引出，其外形及电路符号如图 5.6.6 所示。当具有光敏特性的 PN 结受到光辐射时，形成光电流，由此产生的光生电流由基极进入发射极，从而在集电极回路中得到一个相当于放大了 β 倍的信号电流。

光敏三极管基本特性有光谱特性、伏安特性、光照特性、温度特性、频率响应特性。

光敏三极管的识别与检测：用物体将光敏三极管的

型号：3DU5B(NPN)

符号：

图 5.6.6　光敏三极管的
外形及电路符号

光线遮住，这时万用表的两表笔不论怎样与光敏三极管管脚接触，测得的阻值均应为无穷大，去掉遮光物体，并将光电三极管的窗口正方朝向光源，用红表笔接触光电三极管的发射极 E，黑表笔接触集电极 C，这时万用表的表针应向右偏转到 10~30 kΩ，表针的偏转越大说明其灵敏度越高。

常见的硅光电三极管有金属壳封装、环氧平头式、微型等。

对于金属壳封装的，金属下面有一个凸块，与凸块最近的那只脚为发射极 E。如果该管仅有 2 只脚，那么剩下的那只脚则是光电三极管的集电极 C；假若该管有 3 只脚，那么与 E 脚最近的是基极 B，离 E 脚远者是集电极 C。环氧平头式、微型光电三极管的管脚识别方法比较简单，由于这两种三极管的 2 只脚不一样，长脚为发射极 E，短脚为集电极 C。

倘若有一只已经使用过的光电三极管，管壳上的字样无法辨识，甚至无法知道它是光电三极管还是光电二极管，其识别方法是将万用表拨至 R×1k 挡。设待测管为一只光电三极管，首先把该管放在暗处，负表笔接集电极 C，正表笔接发射极 E，表针微微摆动；再把该管放在光线很强的地方，这时会发现接收到的光线愈强，表针指示的阻值越小，一直降到几千欧，这时可再将万用表拨至 R×100 Ω 挡，若阻值降到几百欧，则此管为光电三极管，否则就是光电二极管。倘若测试结果与上述不符，则有可能是表笔接错，可将表笔互换一下再测。

5.7　集成电路的识别与检测

集成电路（IC）就是在一块极小的硅单晶片上，利用半导体工艺（光刻等）制作上许多二极管、三极管及电阻等元件，并连接成能完成特定电子技术功能的电子电路。

5.7.1　集成电路的分类

集成电路的种类相当多，按其功能不同可分为模拟集成电路和数字集成电路两大类。

模拟集成电路：用来产生、放大和处理模拟电信号。

数字集成电路：用来产生、放大和处理各种数字电信号。

模拟信号：幅度随时间连续变化的信号。

数字信号：在时间上和幅度上离散取值的信号。

在电子技术中，通常又把模拟信号以外的非连续变化的信号，统称为数字信号。

半导体集成电路的分类如图 5.7.1 所示。

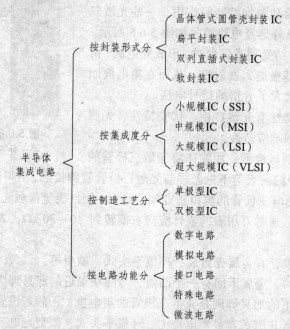

图 5.7.1　半导体集成电路的分类

5.7.2　集成电路的命名方法

1. 国产半导体集成电路的命名方法

根据国家标准，半导体集成电路的型号由五部分组成，其各部分组成符号及含义如表 5.7.1 所示。

命名示例：

（1）肖特基 TTL 双四输入与非门。

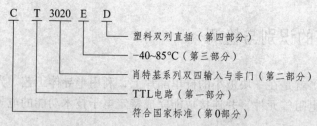

152

表 5.7.1 半导体集成电路的命名方法

第 0 部分		第 1 部分		第 2 部分		第 3 部分		第 4 部分	
用字母表示器件符合国家标准		用字母表示器件类型		用数字表示器件的系列和品种代号		用字母表示器件的工作温度范围		用字母表示器件的封装	
符号	含义	符号	含义	符号	含义	符号	含义	符号	含义
C	中国制造	T	TTL		与国际同品种保持一致	C	0～75 ℃	A	陶瓷扁平
		H	HTL			E	－40～85 ℃	B	塑料扁平
		E	ECL			R	－55～85 ℃	C	陶瓷双列
		C	CMOS			M	－55～125 ℃	D	塑料双列
		F	线性放大器					Y	金属圆壳
		D	音响电路					F	全密封扁平封装
		W	稳压器						
		J	接口电路						
		B	非线性电路						
		M	存储器						
		u	微型机电路						

（2）CMOS 8 选 1 数据选择器。

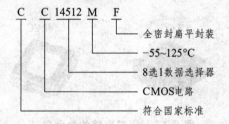

C C 14512 M F
————————————————————————— 全密封扁平封装
————————————————————— －55~125℃
——————————————— 8选1数据选择器
————————— CMOS电路
————— 符合国家标准

2. 国外常见集成电路符号

国外常见集成电路符号如表 5.7.2 所示。

表 5.7.2 国外常见集成电路符号

符号	生产国及公司名称	符号	生产国及公司名称	符号	生产国及公司名称
MB	日本富士通公司	IX	日本夏普公司	TBA	德国德律风根公司
AN	日本松下公司	TA	日本东芝公司	TDA	荷兰菲利普公司
HA	日本日立公司	LA、LB	日本三洋公司	TCA	欧洲共同市场各国公司
M	日本三菱公司	MC	美国摩托罗拉公司	NE	荷兰菲利普公司
upc、upd	日本电气公司	uA	美国仙童公司		
BA	日本东洋电具公司	ULN	美国史普拉格公司		

5.7.3 集成电路的封装

集成电路的主要封装形式如图 5.7.2 所示。

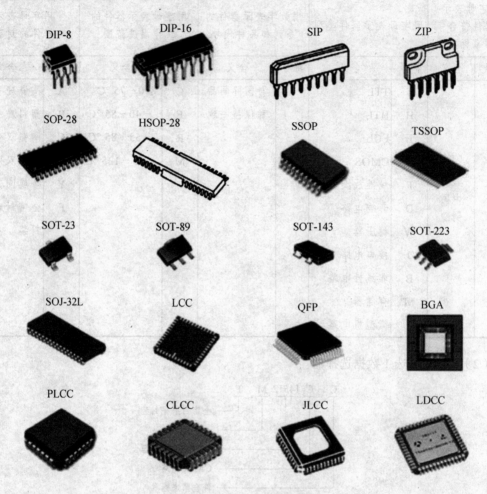

图 5.7.2 集成电路的典型封装

5.7.4 集成电路引脚的识别

在集成电路的检测、维修、替换过程中，经常会遇到需要检测某一引脚的情况。检测某一引脚，首先必须结合电路图准确找到实物集成电路上对应的引脚。不同封装形式的集成电路，虽然引脚数目都很多，但排列都有一定的规律，可以依靠这些规律迅速判断出某一引脚。

半导体集成电路有圆筒形管壳和扁平管壳封装两种，无论是圆形、扁平形，其管脚排列都有一定的规律，从外壳顶部看，第一管脚附近都有标志。

标志可能是一个小圆凹坑、一个小缺角、一个小色点、一个小圆孔、一个小半圆缺等。标志对应的是起始脚"1"，顺着引脚排列的位置，依次对应为引脚"2"、"3"、"4"、"5"……具体如图 5.7.3 所示。

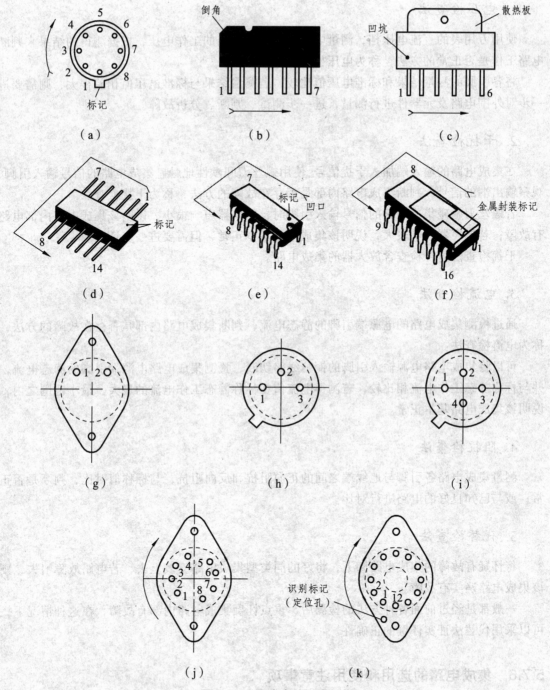

图 5.7.3　集成电路引脚标志

5.7.5　集成电路的检测方法

检测集成电路的方法有多种，最常用的检查方法有电压法、干扰检查法、电流检查法、阻抗检查法、代替检查法等。

1. 电压检查法

使用万用表的直流电压挡，测量电路中有关测试点的工作电压，根据测得的结果来判断电路工作是否正常的方法，称为电压检查法。

将各引脚的测量结果和标准电压值比较，若测量结果与标准电压值相差很大，则需要进一步对外围电路及元器件进行测量，进一步测试、判断、分析故障。

2. 干扰检查法

在集成电路的输入端加入干扰信号，使用螺丝刀间歇性地触碰集成电路的信号输入引脚，观察输出端的信号，判断集成电路内部是否存在故障的方法，称为干扰检查法。

若螺丝刀触碰集成电路的信号输入引脚时，扬声器声响很小，说明该集成电路内部电路有故障；若扬声器声响较大，说明该集成电路基本正常，但需要进一步证实。

干扰检查法适合检查含放大器的集成电路。

3. 电流检查法

通过检测集成电路的电源端引脚的静态电流，判断集成电路内部是否存在故障的方法，称为电流检查法。

可以将集成电路电源输入引脚的铜箔线路切断，检测集成电路电源端引脚的静态电流，并与标称静态工作电流相比较，若测得电流值在标称静态工作电流的最大、最小范围之内，说明该集成电路基本正常。

4. 阻抗检查法

测量集成电路各引脚与地线端之间的正向阻抗和反向阻抗，与标称值对比，判断是否正常；或与已知良好的电路进行对比。

5. 代替检查法

将怀疑有故障的集成电路卸下，将好的同类型集成电路安装上去，若电路故障消失，则该集成电路确实有故障。

一般都是经过前面各种方法的检测后，重点怀疑集成电路内部有故障，在这种情况下，可以采用代替法证实怀疑的正确性。

5.7.6 集成电路的选用和使用注意事项

集成电路的种类五花八门，各种功能的集成电路应有尽有。在选用集成电路时，应根据实际情况，查器件手册，选用功能和参数都符合要求的集成电路。

集成电路在使用时，应注意以下几个问题：

（1）集成电路在使用时，不允许超过参数手册规定的额定参数数值。

（2）集成电路插装时要注意管脚序号方向，不能插错。

（3）扁平型集成电路外引出线成型、焊接时，引脚要与印制电路板平行，不得穿引扭焊，不得从根部弯折。

（4）集成电路焊接时，不得使用大于 45 W 的电烙铁，每次焊接的时间不得超过 10 s。集成电路引出线间距较小，在焊接时不得相互锡连，以免造成短路。

（5）CMOS 集成电路有金属氧化物半导体构成的非常薄的绝缘氧化膜，可由栅极的电压控制电源与漏区之间的电通路，但若加在栅极上的电压过大，栅极的绝缘氧化膜容易被击穿。一旦发生了绝缘击穿，就不可能再恢复集成电路的性能。CMOS 集成电路为保护栅极的绝缘氧化膜免遭击穿，虽备有输入保护电路，但这种保护也有限，使用时如不小心，仍会引起绝缘击穿。因此使用时应注意以下几点：

① 焊接时采用漏电小的烙铁（绝缘电阻在 10 MΩ 以上的 A 级或 1 MΩ 以上的 B 级烙铁）或焊接时暂时拔掉烙铁电源。

② 操作者的工作服、手套等应由无静电的材料制成。工作台要铺设导电的金属板，椅子、工夹器具和测量仪器等均应接地电位。特别是电烙铁的外壳须有良好的接地线。

③ 当要在印刷电路板上插入或拔出大规模集成电路时，一定要先关断电源。

④ 切勿用手触摸大规模集成电路的端子（引脚）。

⑤ 直流电源的接地端子一定要接地。

另外，存储 CMOS 集成电路时，须将集成电路放在金属盒内或用金属箔包装起来。

5.8　表面安装元器件

电子产品的微型化，使电子产品的性能和可靠性进一步提高。电子元器件向小、轻、薄发展，出现了表面安装技术，简称 SMT（Surface Mount Technology）。

SMT 是包括表面安装器件（SMD）、表面安装元件（SMC）、表面安装线路板（SMB）及点胶涂膏、表面安装设备、焊接及在线测试等在内的一套完整工艺技术的统称。SMT 发展的重要基础是 SMD 和 SMC。

5.8.1　表面安装元器件的特点

表面安装元器件又称为片式元器件或贴片元器件，它包括电阻器、电容器、电感器及半导体器件等，是无引线或短引线的新型微小型元器件。它适合于在没有通孔的印制板上贴焊安装，是表面安装技术（SMT）的专用元器件，与传统的通孔元器件相比，片式元器件直接安装在印制板表面，具有如下优缺点。

1. 优　点

（1）尺寸小、质量轻，安装密度高。体积和质量仅为通孔元器件的 60%。

（2）可靠性高，抗振性好。引线短，形状简单，贴焊牢固，可抗振动和冲击。

（3）高频特性好。减少了引线分布特性影响，降低了寄生电容和电感，增强了抗电磁干扰和射频干扰能力。

（4）易于实现自动化。组装时无需在印制板上钻孔，无剪线、打弯等工序，降低了成本，易于大规模生产。

2. 缺　点

（1）元器件与 PCB 基板表面间隙小，清洗困难。
（2）元器件体积小，电阻电容标记困难，易弄混。
（3）PCB 与元器件间存在 CTE 失配，影响焊点可靠性。

5.8.2　表面安装元器件的种类

表面安装元器件按其形状可分为矩形、圆柱形和异形（翼形、钩形等）三类，如图 5.8.1 所示；按功能可分为片式无源元器件、片式有源元器件和片式机电元器件三类，如表 5.8.1 所示；按封装形式可分为陶瓷封装、塑料封装、金属封装等。

（a）　　　　　　　　　　　　　　　（b）

图 5.8.1　表面安装元器件的外形

表 5.8.1　表面安装元器件的分类

种　类	矩　形	圆　柱　形	种　类
片式无源元器件	片式电阻器	厚膜/薄膜电阻器、热敏电阻器	碳膜/金属膜电阻器
	片式电容器	陶瓷独石电容器、薄膜电容器、云母电容器、微调电容器、铝电解电容器、钽电解电容器	陶瓷电容器
			固体钽电解电容器
	片式电位器	电位器、微调电位器	
	片式电感器	绕线电感器、层叠电感器、可变电感器	绕线电感器
	片式敏感元件	压敏电阻器、热敏电阻器	
	片式复合元件	集成电阻、滤波器、谐振器、集成陶瓷电容	
片式有源元器件	小型封装二极管	塑封稳压、整流、开关、齐纳、变容二极管	玻封稳压、整流、开关、齐纳、变容二极管
	小型封装晶体管	塑封 PNP/NPN 晶体管、塑封场效应管	
	小型集成电路	扁平封装、芯片载体	
	裸芯片	扁平封装、芯片载体	
片式机电元器件：包括片式开关、连接器、继电器和薄型微电机等，多数片式机电元器件属翼形结构			

158

5.8.3 表面安装无源元器件

在表面安装元器件中使用最广泛、品种规格最齐全的是电阻和电容，他们的外形结构、标识方法、性能参数都和普通的安装元器件不同，在选用时应注意其差别。

1. 表面安装电阻

表面安装电阻主要有矩形片状和圆柱形两种。

（1）矩形片状电阻。

矩形片状电阻器通常是在 96% 氧化铝陶瓷基片上，经印制电阻体和电极后制成。电阻体材料一般有金属玻璃釉（厚膜电阻）和金属被覆层（厚膜导体）。金属玻璃釉过去用氧化钌系较多，现在也采用钽系。电极用 2 层或 3 层结构，第 1 层是 Ag-Pd 合金，以保证与电阻膜接触良好，并且电阻小、附着力强；第 2 层是为了防止电极上的银层在焊接时被熔锡吃掉（熔化），在 Ag-Pd 电极上再镀上 Ni 或 Cu，以起阻挡作用；第 3 层采用电镀 Sn 或 Pb-Sn 合金，是为了保证片式电阻器的焊接性能，如图 5.8.2 所示。

矩形片状电阻的外形尺寸如图 5.8.3 所示，图示尺寸为目前矩形片状电阻最小功率（1/32 W）的尺寸，括号内的尺寸为矩形片状电阻功率为 1/8 W 的尺寸，单位为 mm。

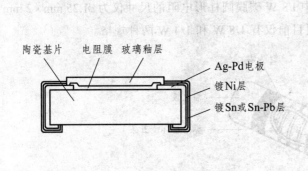
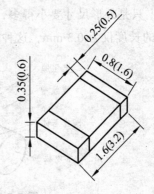

图 5.8.2　矩形片状电阻的结构　　　　图 5.8.3　矩形片状电阻的外形尺寸

矩形片状电阻器的命名，目前尚无统一规则，下面以 2 个实例来说明国内贴片电阻的命名方法。

贴片电阻阻值误差精度有 ±1%、±2%、±5%、±10% 等，用得最多的是 ±1% 和 ±5%。

±5% 精度的是用 3 位数来表示，±1% 的电阻多数用 4 位数来表示，其前 3 位是表示有效数字，第四位表示有多少个零。例如 ±5% 精度的电阻命名 RS-05K102JT 以及 ±1% 精度的命名 RS-05K1002FT。其中：

R 表示电阻。

S 表示功率：0402 是 1/16 W、0603 是 1/10 W、0805 是 1/8 W、1206 是 1/4 W、1210 是 1/3 W、1812 是 1/2 W、2010 是 3/4 W、2512 是 1 W。

05 表示尺寸（英寸）：02 表示 0402、03 表示 0603、05 表示 0805、06 表示 1206、1210 表示 1210、1812 表示 1812、10 表示 2010、12 表示 2512。

K 表示温度系数为 100 PPM。其他型号包括：W 为 ±200 PPM；U 为 ±400 PPM；K ± 100 PPM；L 为 ±250 PPM

102 是 ±5% 精度阻值表示法：前 2 位表示有效数字，第 3 位表示有多少个零，基本单位是Ω，102 = 1 000 Ω = 1 kΩ。

1002 是 1% 阻值表示法：前 3 位表示有效数字，第 4 位表示有多少个零，基本单位是Ω，1002 = 10 000 Ω = 10 kΩ。

J 表示精度为 ±5%；F 表示精度为 ±1%。还有 D 表示精度为 ±0.5%；G 表示精度为 ±2%；K 表示精度为 ±10%。

T 表示编带包装，还有 B 表示塑料盒包装；C 表示塑料袋散装两种。

当阻值小于 10 Ω 时，用 R 代替小数点，例如 8R2 表示 8.2 Ω，阻值为 0 的电阻器为跨接片，如 0R 为跨接片。

矩形片状电阻的允许误差字母的含义完全与普通电阻器相同，即 D 为 ±0.5%、F 为 ±1%、G 为 ±2%、J 为 ±5%、K 为 ±10%。

（2）圆柱形电阻。

圆柱形电阻的结构如图 5.8.4 所示，可以认为这种电阻是普通圆柱形长引线电阻去掉引线将两端改为电极的产物。圆柱形电阻的材料、制造工艺和标记都和普通圆柱形长引线电阻基本相同，只是外形尺寸要小得多，其中 1/8 W 碳膜圆柱形电阻的尺寸仅为 $\phi1.25\,\text{mm} \times 2\,\text{mm}$，两端电极的长度仅为 0.3 mm，这种电阻目前仅有 1/8 W 和 1/4 W 两种规格。

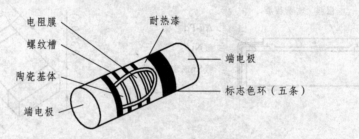

图 5.8.4　圆柱形表面安装电阻的结构

圆柱形电阻器上用不同颜色的环来表示电阻的规格。其标识如图 5.8.5 所示，不同颜色代表不同数字，以表示标称值和精度。

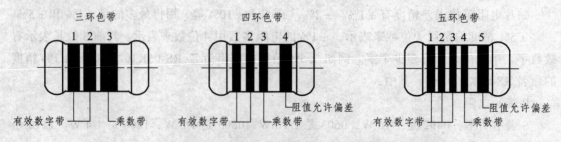

图 5.8.5　圆柱形表面安装电阻的阻值标识

矩形片状电阻和圆柱形电阻两种表面安装电阻的主要性能对比如表 5.8.2 所示。

160

表 5.8.2　矩形片状电阻和圆柱形电阻的主要性能对比

电阻项目		矩形片状电阻	圆柱形电阻
结构	电阻材料	RuO_2 等贵重金属氧化物	碳膜、金属膜
	电极	Ag-Pd/Ni/焊料 3 层	Fe-Ni 镀 Sn 或 Cu
	保护层	玻璃釉	耐热漆
	基体	高铝陶瓷片	圆柱陶瓷
阻值标志		三位数码	色环（3，4，5 环）
电气性能		阻值稳定、高频特性好	温度范围宽、噪声电平低、谐波失真低
安装特性		无方向但有正反面	无方向，无正反面
使用特性		提高安装密度	提高安装速度

2. 表面安装电容

（1）矩形片式陶瓷电容器。

片式陶瓷电容器有矩形和圆柱形两种，其中矩形片式陶瓷电容器外形如图 5.8.6 所示，其应用最多，占各种贴片电容器的 80% 以上。它采用多层叠加结构，故又称之为片式独石电容。同普通陶瓷电容器相比它有许多优点：比容大、内部电感小、损耗小、高频特性好。

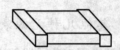

图 5.8.6　矩形片式陶瓷电容器

矩形片式陶瓷电容器容量的表示法与片式电阻器相似，也采用文字符号法，前 2 位表示有效数字，第 3 位表示有效数字后零的个数，单位为 pF。如 121 表示 120 pF，1p7 表示 1.7 pF。

片式电容器允许误差部分的字母的含义是：C 为 ±0.25%、D 为 ±0.5%、F 为 ±1%、J 为 ±5%、K 为 ±10%、M 为 ±20%、I 为 −20% ～ 80%。

电容耐压有低压和中高压两种：低压为 200 V 以下，一般分 50 V 和 100 V 两挡；中高压一般有 200 V、300 V、500 V、1 000 V 等。另外，矩形片式电容器无极性标志，贴装时无方向性。

（2）片式有机薄膜电容。

片式薄膜电容器一般是将镀金属聚酯薄膜卷绕成芯子，然后做成矩形片状，再注塑封装而成。

在这种类型的电容中还有一种叫作超薄型塑料片式电容器，它是利用蒸发淀积聚合技术，将片式电容器的厚度做到 100 ～ 200 μm。其中网络型为 DC 12 V，47 ～ 200 pF；复合型为 47 ～ 10 000 pF。

（3）片式微调电容器。

片式微调电容器分为密封式微调电容器和敞开式微调电容器两大类。

① 密封式片式微调电容器：电容器基座中的两个端子（定片端子和动片端子）采用耐热性良好的热固性树脂，注塑成一体化形式。上面的可调部分做成树脂外壳封装，在树脂基座内装入陶瓷介质体和作为可动电极的金属动片，通过旋转簧片的作用使动片旋转。为保证其密封性能，在电容调节部分（即正面）封上耐热性及耐溶性良好的薄膜。

② 敞开式片式微调电容器：敞开式片式微调电容器中的定片端子与耐热性树脂通过注塑成型形成一体，采用旋转釉在陶瓷电介体上旋转。

片式微调电容器的额定电压为 50 V；工作温度为 – 25 ~ + 85 ℃；电容量范围为 2 ~ 3 pF，5 ~ 20 pF。

片式微调电容器容量调整要点：调整时，起子对微调电容器施加的压力要适当，过大会引起微调电容器内部弹簧变形，使转矩降低或造成瓷片破裂，使电容器特性恶化；调整用起子的头部尺寸与电容器调整槽的尺寸要吻合，不能过紧或过松，起子头也不必倒角；为了避免由于起子材料而对电路产生不良影响，起子应用绝缘材料做成。

（4）片式电解电容器。

片式电解电容器分铝电解电容器和钽电解电容器。铝电解片式电容器体积大，价格便宜，适于消费类电子产品中使用。铝电解片式电容器使用液体电解质，其外观和参数与普通铝电解电容器相近，仅引脚及封装形式不同。钽电解电容器体积小，价格贵，响应速度快，适合在需要高速运算的电路中使用。钽电解片式电容器有多种封装，使用最广泛的是端帽型树脂封装，如图 5.8.7 所示。

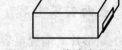

片式电解电容器额定电压为 4 ~ 50 V，容量标称系列值与有引线元件类似，最高容量为 330 μF。极性标志直接印在元件上，有横标一端为正极。容量表示法与矩形片式电容器相同，如：107 表示 100 μF。

图 5.8.7　片式电解电容器

3. 其他几种无源表面安装元器件

无源表面安装元器件还有电位器、电感器、滤波器、继电器、开关和连接器等，各种元器件都有若干种形式，如仅连接器就有边缘连接器、条形连接器、扁平电缆连接器等形式。

此外还有表面安装敏感元器件，如片状热敏电阻、片状压敏电阻等，但就其封装与安装特性而言，一般不超出上述元器件的范围。

5.8.4　表面安装有源元器件

有源表面安装元器件主要是二极管、三极管、场效应管和集成电路，这些元器件与无源表面安装元器件的主要区别在于外形封装。

1. 片式二极管

常见的片式二极管分圆柱形、矩形两种，如图 5.8.8 所示。

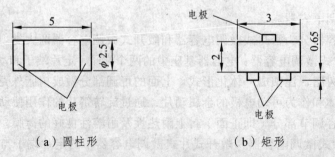

（a）圆柱形　　　　　　　　（b）矩形

图 5.8.8　片式二极管外形

圆柱形片式二极管没有引线，将二极管芯片装在具有内部电极的细玻璃管中，两端装上金属帽做正、负极。该种封装的片式二极管多数为高速开关管、稳压管和通用二极管。标有黑色条的一端为负极，另一端则为正极。外形尺寸有 $\phi1.5\ mm \times 3.5\ mm$（直径为 1.5 mm，长3.5 mm；下同）与 $\phi2.7\ mm \times 5.2\ mm$ 等几种。

矩形片式二极管有 3 条 0.65 mm 短引线。根据管内所含二极管数量及连接方式，有单管、对管之分；对管中又分共阳（共正极）、共阴（共负极）、串联等方式。其俯视图如图 5.8.9 所示，其中 NC 表示空脚。一般情况下标有白色标记的为负极。

常用的片式二极管有片式稳压二极管、片式发光二极管、片式整流二极管、片式开关二极管、片式肖特基二极管和片式快恢复二极管等。

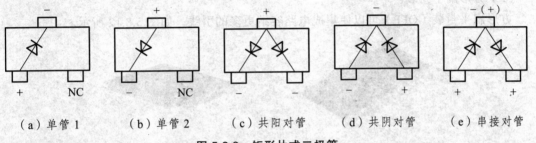

（a）单管 1　　　（b）单管 2　　　（c）共阳对管　　　（d）共阴对管　　　（e）串接对管

图 5.8.9　矩形片式二极管

2. 片式三极管

片式三极管有人称之为芝麻三极管（体积微小），分为 NPN 管与 PNP 管以及普通型、超高频型、高反压型、功率型等。封装形式主要有 SOT-23、SOT-89、SOT-143、SOT-252 几种。SOT-23 有 3 个短引脚，SOT-89 封装外形大多用于功率晶体管，并且有 4 个引脚，其中集电极占用 2 个，如图 5.8.10 所示。极性的判断方法与普通三极管的方法一样。

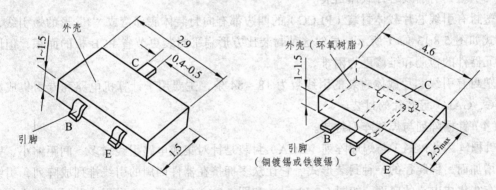

图 5.8.10　矩形片式普通 NPN 型三极管

片式二极管和三极管，与对应的通孔元器件比较，体积小，耗散功率也较小，其他参数类似。电路设计时，应考虑散热条件，可通过给元器件提供热焊盘将元器件与热通路连接，或用在封装顶部加散热片的方法加快散热。还可采用降额使用来提高可靠性，如选用额定电流和电压为实际最大值的 1.5 倍，额定功率为实际耗散功率的 2 倍左右。

3．集成电路的封装

由于集成电路的规模不断发展，集成电路的外引线数目不断增加，促使其封装形式不断向小间距方向发展，目前常用的有以下几类。

（1）双列扁平封装。

双列扁平封装（SOP）是由双列直插封装（DIP）演变来的，如图5.8.11所示。这类封装有两种形式：J形（又称钩形）和L形（又称翼形）。L形封装的安装、焊接及检测比较方便，但占用PCB板的面积较大；J形封装则与之相反。

目前，常用的双列扁平封装集成电路的引线间距有1.27 mm和0.8 mm两种，引线数为8～32条，最新的引线间距只有0.76 mm，引线数可达56条。

（2）方形扁平封装。

方形扁平封装（QFP）可以使集成电路容纳更多的引线，如图5.8.12所示。

图 5.8.11　双列扁平封装　　　　图 5.8.12　方形扁平封装

方形扁平封装有正方形和长方形两种，引线间距有1.27 mm、1.016 mm、0.8 mm、0.65 mm、0.5 mm、0.4 mm等几种，外形尺寸从 5 mm×5 mm 到 44 mm×44 mm 有数种规格，引线数32～567条，但最常用的是44～160条。

目前，最新推出的薄形方形扁平封装（又称TQFP）的引线间距小至0.254 mm，厚度仅有1.2 mm。

（3）塑封有引线芯片载体封装。

塑封有引线芯片载体封装（PLCC）的四边都有向封装体底部弯成"J"形的短引线，封装形式如图5.8.13（a）所示。显然这种封装比方形扁平封装更节省PCB板的面积，但同时也使元器件的检测和维修更为困难。

塑封有引线芯片载体封装的引线数为18～84条，主要用于计算机电路和专用集成电路（ASIC、GAL）等芯片的封装。

（4）针栅阵列与焊球阵列封装。

针栅阵列（PGA）与焊球阵列（BGA）封装是针对集成电路引线增多、间距缩小、安装难度增加而另辟蹊径的一种封装形式。它让众多拥挤在器件四周的引线排列成阵列，引线均匀分布在集成电路的底面，如图5.8.13（b）和图5.8.13（c）所示。采用这种封装形式使集成电路在引线数很多的情况下，引线的间距也不必很小。针栅阵列封装通过插座与印制板电路连接，用于可更新升级的电路，如台式计算机的CPU等，阵列的间距一般为2.54 mm，引线数为52～370条或更多。焊球阵列封装则直接将集成电路贴装到印制板上，阵列间距为1.5 mm或1.27 mm，引线数为72～736或更多。在手机、笔记本电脑、快译通的电路里，多采用这种封装形式。

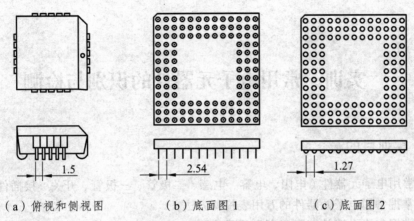

（a）俯视和侧视图　　　　　（b）底面图1　　　　　（c）底面图2

图5.8.13　多引线集成电路的封装

（5）板载芯片封装。

板载芯片封装（COB）即通常所称的"软封装"，它是将集成电路芯片直接粘在PCB板上，同时将集成电路的引线直接焊到PCB的铜箔上，最后用黑塑胶包封。这种封装形式成本最低，主要用于民用电子产品，如各种音乐门铃所用的芯片都采用这种封装形式。

实训　常用电子元器件的识别与检测

一、实训目的

（1）常用电子元器件（电阻、电容、电感、二极管、三极管、开关、接插件等）的识别；

（2）掌握常用电子元器件的万用表检测方法；

（3）掌握集成电路的管脚识别和质量检测方法；

（4）进一步熟悉万用表的使用方法。

二、实训设备与器材

指针式万用表：　1块；

数字式万用表：　1块；

电阻、电容、电感、二极管、三极管、集成块、开关、接插件等若干。

三、实训内容及要求

1. 电阻的识别及检测

（1）每人识别不同色环电阻若干支，写出每环的颜色及阻值；

（2）用万用表检测不同阻值的电阻若干支；

（3）用万用表检测电位器：写出测量过程（两固定端的阻值；动片与每固定端间的阻值变化）；

（4）特殊电阻的识别与检测：热敏电阻、压敏电阻、光敏电阻等。

2. 电容器的识别及检测

（1）识别所给电容器的型号、类别、耐压及误差。

（2）观测电容器充、放电现象并总结表针的偏转角度与容量的关系。当电容器充电完毕时，用万用表电压挡测量电容器，观察电容器两端是否有电压存在及电压的变化规律。

注意：检测不同容量的电容时，万用表挡位的变化。

3. 电感器、变压器的识别及检测

（1）电感器的识别与检测。

（2）变压器的识别与检测。

4. 晶体二极管的识别及检测

（1）晶体二极管的识别。

（2）晶体二极管的检测。

用万用表判断二极管的极性、材料及各管脚，画出外形，标出电极。

5. 晶体三极管的识别及检测

（1）晶体三极管的识别。

（2）晶体三极管的检测。

用万用表判断晶体三极管的极性、材料及各管脚并写出判断过程，画出外形，标出电极。

（3）用万用表判断晶体三极管的 β 值。

6. 集成电路的管脚识别和质量检测

（1）集成电路的管脚识别。

（2）集成电路的质量检测。

7. 常用开关的识别及检测

8. 常用接插件的识别及检测

第6章　电路图识图基础

6.1　电路图的概念和识图

电路图是用来描述电子设备、电子装置的电气原理、结构、安装和接线方式的图样，是电工电子技术领域从事设计、制造、安装和维修的技术人员之间的通用语言，是指导电子产品生产、调试和维修的重要技术资料。

电路图一般用元件的符号、代号来表示实物，用线条表示实物之间的连接关系。不同的符号、代号表示不同的实物，在国内外有着统一的规定。电路图符号是指用一种书画图形代表一种电子元件（如电阻、电容、三极管、集成电路等）。

识图是指在熟悉各种元器件的符号和掌握电工电子技术基础理论知识前提下对电路图所描述的功能、特点、工作原理等逐一分析与理解，掌握电路图给出的所有信息。具备一定识图能力是每个工程技术人员所应具备的基本素质。识图能力的培养，不是一朝之功所能达到的。在熟练掌握基本识图知识的基础上必须勤于学习、勇于实践，摸索出行之有效的识图方法。

6.2　电路图的图形符号及说明

根据国家标准 GB/T 4728.1~13《电气简图用图形符号》的规定，在研制电路、设计产品、绘制电子工程图时要注意元器件图形、符号等要求符合规范要求，使用国家规定的标准图形、符号、标志及代号。同时还应具备读懂一些已约定的非国标内容和国外资料的能力。

随着集成电路以及微组装混合电路等技术的发展，传统的象形符号已不足以表达各种元器件的结构与功能，象征符号被大量采用。而许多新元件、器件和组件的出现，又会用到新的名词、符号和代号。因此要及时掌握新元器件的符号表示和性能特点。

6.2.1　常用图形符号

电子图常用的图形符号包括国标规定的图形符号和一些常用的非国标图形符号及新型元器件的图形符号，如表 6.2.1 ~ 6.2.8 所示。

168

表 6.2.1 电阻器的图形符号

图形符号	名称与说明	图形符号	名称与说明
	电阻器的一般符号		滑动式变阻器
	有抽头的固定电阻器		滑动触点电位器
	可变电阻器或可调电阻器		带滑动触点和断开位置的电阻器
U	压敏电阻器		加热元件
θ	热敏电阻器（θ可以用$t°$代替）		带开关滑动触点电位器
	光敏电阻		预调电位器
	分路器，带分流和分压端子的电阻器		碳堆电阻器

表 6.2.2 电容器的图形符号

图形符号	名称与说明	图形符号	名称与说明
	电容器的一般符号		带抽头的电容器
	电解电容器或极性电容器（允许不注极性符号）		穿心电容器
	微调电容器	U	压敏极性电容器
	可变或可调电容器		双联同调可变电容器（可增加同调联数）
θ	热敏极性电容器		差动可调电容器
	定片分离可调电容器		

表 6.2.3 电感器的图形符号

图形符号	名称与说明	图形符号	名称与说明
	电感线圈		双绕组变压器 注：可增加绕组数目
	带磁芯、铁芯的电感器		三绕组变压器
	带磁芯连续可调电感器		电压互感器

图形符号	名称与说明	图形符号	名称与说明
	绕组间有屏蔽的双绕组变压器 注：可增加绕组数目		电流互感器
	带抽头的电感线圈		单项自耦变压器
	磁芯有间隙的电感器		可变电感器
	步进移动触点可变电感器		带磁芯的同轴扼流圈

表 6.2.4 测量仪器、灯和信号器件的图形符号

图形符号	名称与说明	图形符号	名称与说明
(V)	电压表		扬声器
(A)	电流表		蜂鸣器
Wh	电能表		电铃
⊗	指示灯及信号灯的一般符号		荧光灯的一般符号

表 6.2.5 半导体管和电子管的图形符号

图形符号	名称与说明	图形符号	名称与说明
	半导体二极管的一般符号		NPN 型半导体三极管
	发光二极管		PNP 型半导体三极管
	光电二极管		集电极接管壳的 NPN 型半导体管
	稳压二极管		JFET 结型场效应管（N 沟道）
	变容二极管		JFET 结型场效应管（P 沟道）
	MOSFET 绝缘栅场效应管（N 沟道增强型）		MOSFET 绝缘栅场效应管（N 沟道耗尽型）
	MOSFET 绝缘栅场效应管（P 沟道增强型）		MOSFET 绝缘栅场效应管（P 沟道耗尽型）

图形符号	名称与说明	图形符号	名称与说明
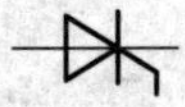	晶闸管	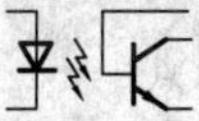	光耦合器件
	隧道二极管		齐纳二极管
	双向二极管	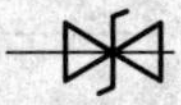	双向击穿二极管

表 6.2.6　常用的其他图形符号

图形符号	名称与说明	图形符号	名称与说明
	接地的一般符号	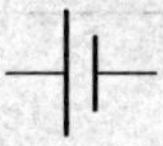	原电池或（蓄电池）长线为正极
	抗干扰接地，无噪声接地		具有两个电极的压电晶体 注：电极数目可增加
	保护接地	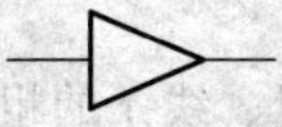	放大器的一般符号
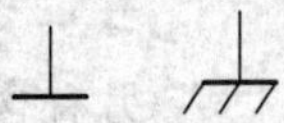	接机壳或接底板	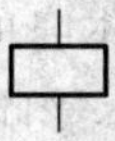	继电器的一般符号
	等电位		光电池
	整流器	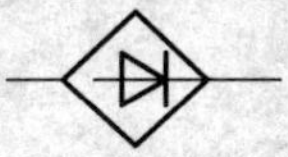	全波桥式整流器单项整流器
	电光转换器	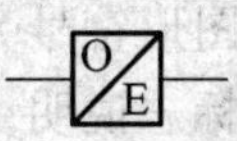	光电转换器
	逆变器		火花间隙
	整流器/逆变器		避雷器的一般符号
	分流器	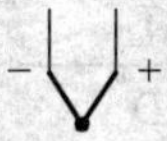	温差电偶（热电偶）示出极性符号

表 6.2.7　导线和连接器件的图形符号

图形符号	名称与说明	图形符号	名称与说明
	导线的 T 型连接		插接器的一般符号
	导线的双重连接	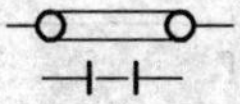	接通的连接片
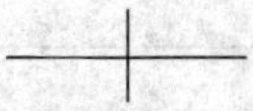	导线的不连接		

表 6.2.8　开关、控制和保护装置的图形符号

图形符号	名称与说明	图形符号	名称与说明
	动合触点，也称常开触点		开关的一般符号
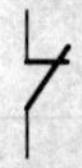	动断触点，也称常闭触点		双极开关
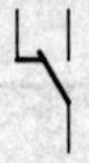	先断后合的转换触点	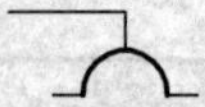	具有护板的（电源）插座
	电源插座的一般符号		电源多个插座（示出 3 个）
	带保护接点电源插座		熔断器

6.2.2　有关符号的规定

在电子图中，符号所在的位置、线条的粗细、符号的大小以及符号之间的连线画成直线或斜线并不影响其含义，但表示符号本身的直线和斜线不能混淆。

在元器件符号的端点加上"。"不影响符号原义，但在逻辑电路的元件中，"。"另有含义。在开关元件中，"。"表示接点，一般不能省去。

6.2.3　元器件代号

在电路中，代表各种元器件的图形符号旁边，一般都标志文字符号，用一个或几个字母表示元件的类型，作为该元器件的标志说明。同样，在计算机辅助设计电路软件中，也用文字符号标注元器件的名称。常见元器件的文字符号如表 6.2.9 所示。

表 6.2.9　部分元器件文字符号

名　称	代　号	名　称	代　号
天线	TX, E, ANT	开关	S, K, DK
保险丝	FU, BX, RD	插头	CT, T
二极管	VD, CR	插座	CZ, J, Z
三极管	VT, BG, Q	继电器	J, K
集成电路	IC, JC, U	传感器	MT
运算放大器	A, OP	线圈	Q, L
晶闸管整流器	Q, SCR	接线排（柱）	JX
变压器	B, T	指示灯	ZD
石英晶体	SJT, Y, XTAL	按钮	AN
光电管、光电池	V	互感器	H

在表 6.2.9 中，第一组字母是国内常用的代号。在同一电路中，不应出现同一元器件使用不同代号，或者一个代号表示一种以上元器件的现象。

6.2.4　下脚标码

（1）同一电路中，下脚标码表示同种元器件的序号，如 R_1、R_2、…，BG_1、BG_2、…。

（2）电路如果由若干单元组成，可以在元器件名的前面缀以标号，表示单元电路的序号。例如，有两个单元电路：

$1R_1$、$1R_2$、…，$1BG_1$、$1BG_2$、…，表示单元电路 1 中的元器件；

$2R_1$、$2R_2$、…，$2BG_1$、$2BG_2$、…，表示单元电路 2 中的元器件。

或者，对上述元器件采用 3 位标码表示它的序号以及所在的单元电路，例如：

R_{101}、R_{102}、…，BG_{101}、BG_{102}、…，表示单元电路 1 中的元器件；

R_{201}、R_{202}、…，BG_{201}、BG_{202}、…，表示单元电路 2 中的元器件。

（3）下脚标码字号小一些的标注方法，如 $1R_1$、$1R_2$、…，常见于电路原理性分析的书刊，但在工程图里这样的标注不好，一般采用下脚标码平排的形式，如 1R1、1R2、…或 R101、R102、…。

（4）一个元器件有几个功能独立单元时，标码后面应加附码，如 K1-a、K1-b、K1-c 等。

6.2.5　电路图中的元器件标注

在一般情况下，用于生产的电路图，通常不把元器件的参数直接标注出来，而是另附文件详细说明；但在说明性的电路图纸中，则要求在元器件的图形符号旁标注规格参数、型号或电气性能。标注时小数点用一个字母代替，字符串的长度不超过 4 位。对于常用的阻容元件标注时一般省略其基本单位，采用实用单位或辅助单位。对于有工作电压要求的电容器，文字标注采取分数的形式，横线上面按上述格式表示电容量，横线下面用数字标出电容所要求的额定工作电压。如图 6.2.1（a）所示 C_2 的标注是 $\dfrac{3m3}{160}$，表示 C_2 是一个电容量为 3 300 μF、额定工作电压为 160 V 的电解电容器。

图 6.2.1（b）中微调电容器的标注为 7/25 虽然未标出单位，但按照一般规律这种电容器的容量都很小，单位应是 pF。图中相同元器件较多时也可附加说明。如某电路中有 100 只电容，其中 90 只以 pF 为单位，则可将该单位省去，在图上附注"所有未标单位的电容均以 pF 为单位"。

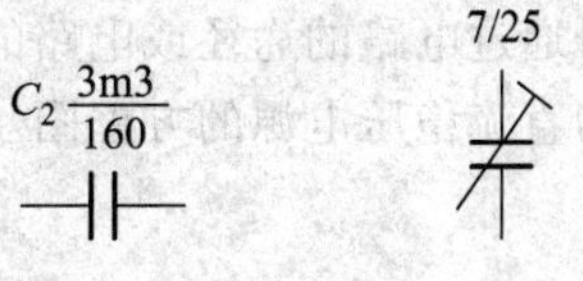

$C_2\ \dfrac{3m3}{160}$

7/25

（a）　　　　（b）

图 6.2.1　元器件标注示例

6.3　电路图的种类介绍

电路图分为电气电路图和电子电路图两大类。

电气电路图是使用强电（交流 220 V 或更高的电压）设备的电路图，如图 6.3.1 所示，这些电路有一个明显的特点，电路中所使用的电压为交流电压，而且电压相当高。

电子电路图是使用弱电设备的电路图，电路中使用的电压为直流电压，电压比较低，如图 6.3.2 所示。

了解电路图的种类是电路图识图的基础，电路图有方框图、电路原理图、印刷电路板图和装配图等。这些电路图所展示的信息不同，却有着紧密的内在联系，即从不同的侧面来描述同一个电气设备。

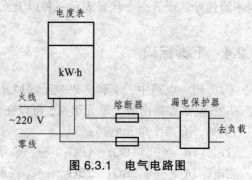

图 6.3.1　电气电路图

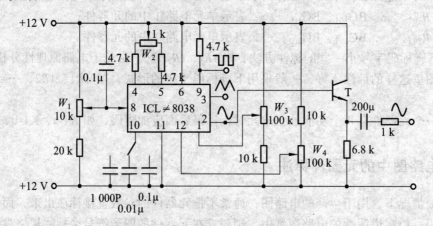

图 6.3.2　电子电路图（信号发生器）

6.3.1　方框图

方框图是用分割图来表示设备系统的一种方法，是一种使用广泛的说明性图形。它表明了设备系统或分系统的基本组成、相互关系、信号的流程及其主要特征，它们之间的连线表示信号通过电路的途径或电路的动作顺序。方框图具有简单明确、一目了然的特点。图 6.3.3 所示为直流稳压电源的方框图。

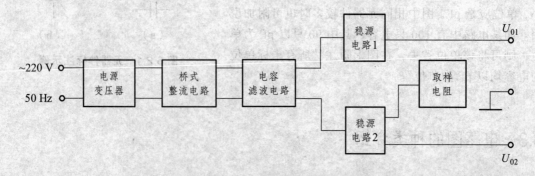

图 6.3.3　直流稳压电源的方框图

方框图只描述了一个电子设备或复杂电路的框架，具体采用的电路类型和形式、元器件及参数、各电路间的连接情况需要用电路原理图来表示。

6.3.2 电路原理图

电路原理图是用电路图符号有机连接的整体图，它体现了整个系统的电路结构、各单元电路具体形式和它们之间的连接方式。电路原理图表示了电子设备的工作原理，大多数情况下给出了电路中各元器件的具体参数，如型号、标称值和其他重要数据，有些图中还给出了测试点的工作电压，为分析电路的工作原理提供了方便。

电路原理图是编制接线图、用于测试和分析寻找故障的依据。有时在比较复杂的电路中，常采取公认的省略方法简化图形，使画图、识图更方便。

绘制电路原理图时，要注意做到布局均匀、条理清楚。如电信号要采用从左到右、自上而下的顺序，即输入端在图纸的上方，输出端在图纸的下方。需要把复杂电路分割成单元电路进行绘制时，应表明各单元电路信号的来龙去脉，并遵循从左到右、自上而下的顺序。同时设计人员根据图纸的使用范围和目的需要，可以在电路原理图中附加说明，如导线的规格和颜色，主要元器件的立体接线图，元器件的额定功率、电压、电流等参数，测试点上的波形，特殊元器件的说明等。

6.3.3 装配图

装配图又称安装图、实物图、布置图等。它是为了进行电路装配而采用的一种图纸，图上的符号往往是电路元件的实物的外形图。装配图一目了然地表明了元器件的实物形状、安装位置和电路的实际走线方式等。它提供较直观的接线和组装工艺的图样，主要为电路制作提供方便，如图 6.3.4 所示。

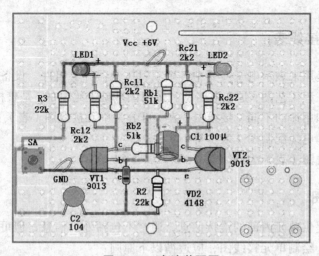

图 6.3.4　电路装配图

我们只要照着图上画的样子，把一些电路元器件连接起来就能够完成电路的装配。这种电路图一般是供初学者使用的。装配图根据装配模板的不同而各不一样，大多数使用电子产品的场合，用的都是下面要介绍的印刷线路板，所以印制板图是装配图的主要形式。

6.3.4 印制电路板图

印制电路板也称印制线路板，简称印制板，英文简称 PCB（Printed Circuit Board）。印制电路板图是表示各种元器件和结构件等与印制板连接关系的图样，它是在绝缘基板上，有选择地加工安装孔、连接导线和装配焊接电子元器件的焊盘，以实现元器件间的电气连接的组装板。它和装配图其实属于同一类的电路图，都是供装配实际电路使用的，如图 6.3.5所示。

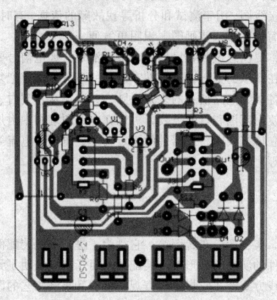

图 6.3.5　印制电路板图

6.3.5 接线图和接线表

接线图（表）是用来表示电子产品中各个项目（元器件、组件、设备等）之间的连接以及相对位置的一种工程工艺图，是在电路图和逻辑图基础上绘制的，是整机装配的主要依据。

根据表达对象和用途的不同，接线图（表）可分为单元接线图（表）、互联接线图（表）、端子接线图（表）和电缆配制图（表）等。

下面以单元接线图（表）为例简要介绍。

1. 单元接线图

单元接线图只提供单元内部的连接信息，通常不包括外部信息，但可注明相互连接线图的图号，以便查阅。绘制单元接线图，应遵循以下原则：

（1）按照单元内各项目的相对位置布置图形或图形符号。

（2）选择最能清晰地显示各个项目的端子和布线的面来绘制视图。对多面布线的单元，可用多个视图来表示。视图只要画出轮廓即可，但要标注端子号码。

176

（3）当端子重叠时，可用翻转、旋转和位移等方法来绘制，但图中要加注释。

（4）在每根导线两端要标注相同的导线号。

2. 单元接线表

单元接线表是将各零部件标以代号或序号，再编出它们接线端子的序号，把编好号码的线依次填在接线表表格中，其作用与上述的接线图相同。这种方法在大批量生产中使用较多。

6.4 电路图的识图方法

识图是分析电路原理的基础，识图能力体现了对知识的综合应用能力。掌握基本识图知识，不仅可以开阔视野，提高分析电路性能的能力，而且可以为电子电路的应用提供有益的帮助。

6.4.1 识图的基本要求与方法

1. 识图的基本要求

（1）熟悉每个元器件的电路符号。

元器件是组成各种电子线路及设备的基本单元，熟悉元器件的电路符号是识读电路图的基本要求。电路符号包括图形符号、文字符号和回路符号三种。图形符号通常用于电路图或其他文件以表示一个元器件或概念的图形、标记。文字符号是用来表示电器设备、装置和元器件种类和功能的字母代码。回路标号主要用来表示各回路的种类和特征等。

（2）根据图纸查找到元器件在电子设备中的具体位置。

这是一个由理论到实践的过程。电路图提供了电子设备组成和工作原理的理论依据，根据电路图迅速、准确地判断出有关电路在整机结构中的部位，乃至查找到元器件的实际位置是识读电路图的主要目的之一。

对于电子产品的维修人员来说，达到此项要求尤为重要。在维修时，通常首先根据故障现象，参阅电路原理图分析出可能产生故障的部位；然后准确迅速地查找到相关部位，对有关元器件进行必要的测试；最后确认产生故障的真正原因并设法予以排除。

（3）能够看懂方框图。

方框图勾画出了电子设备组成和工作原理的大致轮廓。能够看懂方框图，是掌握整个电子设备工作原理和工作特点的基础。对于具体电子设备及电路的识别方法，一般是由简单到复杂、由整体到局部地逐步摸索规律。因此，要了解和掌握具体设备的电路原理必须先读懂方框图。

（4）具有一定的识别能力。

一个电子设备通常是由许许多多元器件组成的单元电路所构成的。在读图过程中，还要求具有对单元电路、元器件的识别能力。即确认各单元电路的性质、功能及组成元器件。比如：在电视机电路中有若干个放大电路，在读图时必须区分清高频放大器、中频放大器、视频放大器、功率放大器等不同类型和功能的放大器，同时还必须搞清每个单元放大器由哪些元器件组成。识别能力还体现在对元器件的实物识别等方面。

2. 识图的基本方法

（1）认准两头、弄清用途。

我们知道，任何一个电子设备，无论其电路复杂程度如何，都是由单元电路组成的。在对单元电路进行分析时，要认准"两头"(即输入端和输出端)，进而分析两端口信号的演变、阻抗特性，从而达到弄清电路作用、用途的目的。

各种功能的单元电路都有它的基本组成形式，而各单元电路的不同组合，构成了不同类型的整机电路。在了解各单元电路信号变换作用的基础上，再来分析整机电路的信号流程，就能对整机电路的工作过程有全面的了解。

（2）化繁为简、器件为主。

我们的识图对象是较复杂电子产品的电路原理图。要一下子读懂有成百上千个元器件组成的复杂电路确有困难，但只要我们遵循化繁为简、由表及里、逐级分析的识图原则，读懂、走通电路就变得容易了。

化繁为简，即为将复杂电路看成是由主要元器件组成的简单基本电路。而基本电路的核心又是各种电子元器件，如放大器中的三极管、检波器中的二极管都是对电路工作原理起主要作用的器件。所以在分析电路时要注意把握以器件为主的要领。

（3）找到电源和地线。

每个电子设备都少不了电源，每个电子电路的工作都需要有电源来提供能量。在识图时找到电源，不仅能了解各电子电路的供电情况，而且还能以此为线索对电路进行静态分析。对于检修来说，通常应了解电路中各点工作电压的情况，分析时要紧紧抓住地线，并以此作为测量各点工作电压的基准。

（4）功能开关、走通回路。

许多电子设备中都有控制其实现多种功能的功能开关。功能开关的切换可使电子设备工作于不同的状态，在其内部形成不同的工作回路。因此，读图时必须弄清功能开关在不同位置时的电路特点、工作情况。

6.4.2　电路图识图的基本技能

1. 整机电路识图技能

（1）整机电路图功能。

整机电路图具有下列一些功能：

① 它表明整个机器的电路结构、各单元电路的具体形式和它们之间的连接方式，从而表达了整机电路的工作原理，这是电路图中最复杂的一张电路图。

② 它给出了电路中各元器件的具体参数，如型号、标称值和其他一些重要数据，为检测和更换元器件提供了依据。例如，更换某个三极管时，可以查阅图中的三极管型号标注就能

知道要更换什么样的三极管了。

③ 许多整机电路图中还给出了有关测试点的直流工作电压，为检修电路故障提供了方便，例如集成电路各引脚上的直流电压标注，三极管各电极上的直流电压标注等，都为检修这些部分电路提供了方便。

④ 它给出了与识图相关的有用信息。例如，通过各开关件的名称和图中开关所在位置的标注，可以知道该开关的作用和当前开关状态；当整机电路图分为多张图纸时，引线接插件的标注能够方便地将各张图纸之间的电路连接起来。一些整机电路图中，将各开关件的标注集中在一起，标注在图纸的某处，标有开关的功能说明，识图中若对某个开关不了解时可以去查阅这部分说明。

（2）整机电路图特点。

整机电路图与其他电路图相比具有下列一些特点：

① 它包括了整个机器的所有电路。

② 不同型号的机器其整机电路中的单元电路变化是十分丰富的,这给识图造成了不少困难，要求识图人员有较全面的电路知识。同类型的机器其整机电路图有其相似之处，不同类型机器之间则相差很大。

③ 各部分单元电路在整机电路图中的画法有一定规律，了解这些规律对识图是有益的，其分布规律的一般情况是：电源电路画在整机电路图右下方；信号源电路画在整机电路图的左侧；负载电路画在整机电路图的右侧；各级放大器电路是从左向右排列的，双声道电路中的左、右声道电路是上下排列的；各单元电路中的元器件相对集中在一起。

（3）整机电路图识图方法和注意事项。

关于整机电路图的识图和注意事项如下：

① 对整机电路图的分析主要是：各部分单元电路在整机电路图中的具体位置；单元电路的类型；直流工作电压供给电路分析；交流信号传输分析；对一些以前未见过的、比较复杂的单元电路的工作原理进行重点分析。

② 对于分成几张图纸的整机电路图可以一张一张地进行识图，如果需要进行整个信号传输系统的分析，则要将各图纸连起来进行分析。

③ 对整机电路图的识图，可以在学习了一种功能的单元电路之后，分别在几张整机电路图中去找到这一功能的单元电路进行分析。由于在整机电路图中的单元电路变化较多，且电路的画法受其他电路的影响而与单个画出的单元电路不一定相同，所以加大了识图的难度。

④ 一般情况下，信号传输的方向是从整机电路图的左侧向右侧。

⑤ 直流工作电压供给电路的识图方向是从右向左进行,对某一级放大电路的直流电路识图方向是从上而下。

⑥ 分析整机电路过程中，若对某个单元电路的分析有困难，例如，对某型号集成电路应用电路的分析有困难，可以查找这一型号集成电路的识图资料（内电路方框图、各引脚作用等），以帮助识图。

⑦ 一些整机电路图中会有许多英文标注，能够了解这些英文标注的含义，对识图是相当有利的。在某型号集成电路附近标出的英文说明就是该集成电路的功能说明。

在整机电路图中，电源电路中的元器件画在一起，各种类型的电子电器电源电路图在整机电路图中的位置也有一定的规律。例如，音响中电源电路图一般画在整机电路图的右下方，掌握了这样的规律比较容易从整机电路图中很快找到电源电路。

根据电源电路中的元器件电路符号能准确地在整机电路中确定电源电路的位置，关于这一问题主要说明下列几点：

• 在电源电路中设有电源变压器、电源开关，根据电源变压器的电路符号、电源开关的电路符号比较容易找到整机电路图中的电源电路位置。因为电源变压器、电源开关电路符号在整机电路图中只有一个，且特征明显，很容易找到。

• 在整机电路图中，如果有数只二极管在一起（通常是四只），这很可能就是电源电路，这些二极管是电源电路中的整流二极管，根据这一电路特征可以很容易找到电源电路所在。

• 当发现整机电路图中有只容量非常大的电解电容器时（数千微法），那是电源电路中的滤波电容，在它附近的电路则是电源电路。

2. 单元电路的识图技能

单元电路是指某一级控制器电路，或某一级放大器电路，或某一个振荡器电路、变频器电路等，它是能够完成某一电路功能的最小电路单位。从广义角度上讲，一个集成电路的应用电路也是一个单元电路。

单元电路图是学习整机电子电路工作原理过程中，首先遇到的具有完整功能的电路图，这一电路图概念的提出完全是为了方便电路工作原理分析之需要。

（1）单元电路图功能。

单元电路图具有下列一些功能：

① 单元电路图主要用来讲述电路的工作原理。

② 它能够完整地表达某一级电路的结构和工作原理,有时还全部标出电路中各元器件的参数，如标称阻值、标称容量和三极管型号等。

③ 它对深入理解电路的工作原理和记忆电路的结构、组成很有帮助。

（2）单元电路图特点。

单元电路图具有下列一些特点：

① 单元电路图主要是为了分析某个单元电路工作原理的方便而单独将这部分电路画出的电路，所以在图中已省去了与该单元电路无关的其他元器件和有关的连线、符号，这样单元电路图就显得比较简洁、清楚，识图时没有其他电路的干扰。单元电路图中对电源、输入端和输出端已经加以简化。电路图中，用 + V 表示直流工作电压（其中正号表示采用正极性直流电压给电路供电，地端接电源的负极）；Vi 表示输入信号，是这一单元电路所要放大或处理的信号；Vo 表示输出信号，是经过这一单元电路放大或处理后的信号。通过单元电路图中的这样标注可方便地找出电源端、输入端和输出端，无疑大大方便了对电路工作原理的分析。而在实际电路中，电路的这三个端点均与整机电路中的其他电路相连，没有 + V、Vi、Vo 的标注，给初学者识图造成了一定的困难。

② 单元电路图采用习惯画法，一看就明白，例如元器件采用习惯画法，各元器件之间采用最短的连线；而在实际的整机电路图中，由于受电路中其他单元电路中元器件的制约，有关元器件画得比较乱，有的在画法上不是常见的画法，有的个别元器件画得与该单元电路相距较远，这样电路中的连线很长且弯弯曲曲，造成识图和理解电路工作原理的不便。

③ 单元电路图只出现在讲解电路工作原理的书刊中，实用电路图中是不出现的。对单元电路的学习是学好电子电路工作原理的关键。只有掌握了单元电路的工作原理，才能去分析整机电路。

（3）单元电路图识图方法。

单元电路的种类繁多，而各种单元电路的具体识图方法各有不同，这里只对共同性的问题说明几点：

① 有源电路识图方法。

所谓有源电路就是需要直流电压才能工作的电路，例如放大器电路。对有源电路的识图首先分析直流电压供给电路，此时将电路图中的所有电容器看成开路（因为电容器具有隔直特性），将所有电感器看成短路（电感器具有通直的特性）。直流电路的识图方向一般是先从右向左，再从上向下。

② 信号传输过程分析。

信号传输过程分析就是信号在该单元电路中如何从输入端传输到输出端，信号在这一传输过程中受到了怎样的处理（如放大、衰减、控制等）。信号传输的识图方向一般是从左向右进行。

③ 元器件作用分析。

元器件作用分析就是电路中各元器件起什么作用，主要从直流和交流两个角度去分析。

整机电路中的各种功能单元电路繁多，许多单元电路的工作原理十分复杂，若在整机电路中直接进行分析就显得比较困难，通过单元电路图分析之后再去分析整机电路就显得比较简单，所以单元电路图的识图也是为整机电路分析服务的。

3. 集成电路应用电路的识图方法

在无线电设备中，集成电路的应用越来越广泛，对集成电路应用电路的识图是电路分析中的一个重点，也是难点之一。

（1）集成电路应用电路图的功能。

集成电路应用电路图具有下列一些功能：

① 它详细表达了集成电路各引脚外电路结构、元器件参数等，从而表示了某一集成电路的完整工作情况。

② 有些集成电路应用电路中，画出了集成电路的内电路方框图，这对分析集成电路应用电路是相当方便的，但这种表示方式不多。

③ 集成电路应用电路有典型应用电路和实用电路两种，前者在集成电路手册中可以查到，后者出现在实用电路中，这两种应用电路相差不大，根据这一特点，在没有实际应用电路图时可以用典型应用电路图作参考，这一方法在修理中常常采用。

④ 一般的集成电路应用电路能表达一个完整的单元电路或电路系统，但有些情况下一个完整的电路系统要用到两个或更多的集成电路。

（2）集成电路应用电路特点。

集成电路应用电路图具有下列一些特点：

① 大部分应用电路不画出内电路方框图，这对识图不利，尤其对初学者进行电路分析时更为不利。

② 对初学者而言，分析集成电路的应用电路比分析分立元器件的电路更为困难，这是对集成电路内部电路不了解的结果；实际上识图也好、修理也好，集成电路比分立元器件电路更为方便。

③ 对集成电路应用电路而言，在大致了解了集成电路内部电路和详细了解了各引脚作用的情况下，识图是比较方便的。这是因为同类型集成电路具有规律性，在掌握了它们的共性后，可以方便地分析许多同功能不同型号的集成电路应用电路。

（3）集成电路应用电路识图方法和注意事项。

分析集成电路的方法和注意事项主要有下列几点：

① 了解各引脚的作用是识图的关键。

了解各引脚的作用可以查阅有关集成电路应用手册。知道了各引脚作用之后，分析各引脚外电路工作原理和元器件作用就方便了。例如，知道"1"脚是输入引脚，那么与"1"脚所串联的电容是输入端耦合电容，与"1"脚相连的电路是输入电路。

② 了解集成电路各引脚作用的三种方法。

了解集成电路各引脚作用有三种方法：一是查阅有关资料；二是根据集成电路的内电路方框图分析；三是根据集成电路的应用电路中各引脚外电路特征进行分析。对第三种方法要求识图人员要有比较好的电路分析基础。

③ 电路分析步骤。

集成电路应用电路分析步骤如下：

（1）直流电路分析。这一步主要是进行电源和接地引脚外电路的分析。注意：电源引脚有多个时要分清这几个电源之间的关系，例如是否是前级、后级电路的电源引脚，或是左、右声道的电源引脚；对多个接地引脚也要这样分清。分清多个电源引脚和接地引脚，对修理与检测是必要的。

（2）信号传输分析。这一步主要分析信号输入引脚和输出引脚外电路。当集成电路有多个输入、输出引脚时，要搞清楚是前级还是后级电路的输出引脚；对于双声道电路还要分清左、右声道的输入和输出引脚。

（3）其他引脚外电路分析。例如，找出负反馈引脚、消振引脚等，这一步的分析是最困难的，对初学者而言要借助于引脚作用资料或内电路方框图。

（4）有了一定的识图能力后，要学会总结各种功能集成电路的引脚外电路规律，并要掌握这些规律，这对提高识图速度是有用的。例如，输入引脚外电路的规律是：通过一个耦合电容或一个耦合电路与前级电路的输出端相连；输出引脚外电路的规律是：通过一个耦合电路与后级电路的输入端相连。

（5）分析集成电路的内电路对信号放大、处理过程时，最好是查阅该集成电路的内电路方框图。分析内电路方框图时，可以通过信号传输线路中的箭头指示，知道信号经过了哪些电路的放大或处理，最后信号是从哪个引脚输出。

（6）了解集成电路的一些关键测试点、引脚直流电压规律对检修电路是十分有用的。OTL电路输出端的直流电压等于集成电路直流工作电压的一半；OCL电路输出端的直流电压等于0 V；BTL电路两个输出端的直流电压是相等的，单电源供电时等于直流工作电压的一半，双电源供电时等于0 V。当集成电路两个引脚之间接有电阻时，该电阻将影响这两个引脚上的直流电压；当两个引脚之间接有线圈时，这两个引脚的直流电压是相等的，不等时必是线圈开路了；当两个引脚之间接有电容或接 RC 串联电路时，这两个引脚的直流电压肯定不相等，若相等说明该电容已经击穿。

（7）一般情况下不要去分析集成电路的内电路工作原理，这是相当复杂的。

4. 印刷电路图的识图技能

印刷电路图与装配、检测、修理密切相关，其重要性仅次于整机电路原理图。

（1）印刷电路图的种类。

① 图纸表示方式。

用一张图纸（称之为印刷线路图）画出各元器件的分布和他们之间的连接情况，这是传统的表示方式，在过去大量使用。

② 直标方式。

这种方式没有一张专门的印刷电路图纸，而是采取在线路板上直接标注元器件编号的方式，如在线路板某三极管附近标有"1VT2"，"1VT2"是该三极管在电原理图中的编号，同样方法将各种元器件的电路编号直接标注在线路板上。这种表示方式在进口机器中广泛采用，近年来国产机器中也大量采用这种表示方式。

这两种印刷电路图各有优缺点。

前者，由于印刷电路图可以拿在手中，在印刷电路图中找出某个所要找的元器件相当方便，但是在图上找到元器件后还要用印刷电路图到电路板上对照后才能找到元器件实物，有两次寻找、对照过程，比较麻烦。另外，图纸容易丢失。

后者，在电路板上找到了某元器件编号便找到了该元器件，所以只有一次寻找过程。另外，这份"图纸"永远不会丢失。不过，当电路板较大、有数块电路板或电路板在机壳底部时，寻找就比较困难。

（2）印刷电路图功能。

印刷电路图是专门为元器件装配和机器修理服务的图，它与各种电路图有着本质上的不同。印刷电路图的主要功能如下：

① 印刷电路图起到电原理图和实际电路板之间的沟通作用，是方便检测、修理不可缺少的图纸资料之一，没有印刷电路图将影响检测、修理速度，甚至妨碍正常检修思路的顺利展开。

② 印刷电路图是一种十分重要的修理资料，它将电路板上的情况 1∶1 地画在印刷电路图上。

③ 印刷电路图表示了电原理图中各元器件在电路板上的分布状况和具体位置，给出了各元器件引脚之间连线（铜箔线路）的走向。

④ 通过印刷电路图可以方便地在实际电路板上找到电原理图中某个元器件的具体位置，没有印刷电路图时的查找就不方便。

（3）印刷电路图特点。

① 印刷电路图表示元器件时用电路符号,表示各元器件之间连接关系时不用线条而用铜箔线路，有些铜箔线路之间还用跳线导通连接，此时又用线条连接，所以印刷线路图看起来很"乱"，这些都影响识图。

② 从印刷电路设计的效果出发,电路板上的元器件排列、分布不像电原理图那么有规律,这给印刷电路图的识图带来了诸多不便。

③ 铜箔线路排布、走向比较"乱",而且经常遇到几条铜箔线路并行排列,给观察铜箔线路的走向造成不便。

④ 印刷电路图上画有各种引线,而这些引线的画法没有固定的规律,给识图造成不便。

(4)印刷电路图识图方法和技巧。

由于印刷电路图比较"乱",采用下列一些方法和技巧可以提高识图速度。

① 尽管元器件的分布、排列没有什么规律而言,但同一个单元电路中的元器件相对而言是集中在一起的。

② 根据一些元器件的外形特征可以找到这些元器件,例如,集成电路、功率放大管、开关件、变压器等。对于集成电路而言,根据集成电路上的型号可以找到某个具体的集成电路。

③ 一些单元电路是比较有特征的,根据这些特征可以方便地找到它们。如整流电路中的二极管比较多,功率放大管上有散热片,滤波电容的容量最大、体积最大等。

④ 找某个电阻器或电容器时,不要直接去找它们,因为电路中的电阻器、电容器很多,找起来很不方便,可以间接地找到它们,方法是先找到与它们相连的三极管或集成电路,再找到它们。

⑤ 找地线时,电路板上大面积铜箔线路是地线,一块电路板上的地线是相连的。另外,一些元器件的金属外壳是接地的。找地线时,上述任何一处都可以作为地线使用。在一些机器的各层线路板之间,它们的地线也是相连接的,但是当每层之间的接插件没有接通时,各层之间的地线是不通的,这一点在检修时要注意。

⑥ 观察线路板上元器件与铜箔线路连接情况以及铜箔线路走向时,可以用灯照着,将灯放置在有铜箔线路的一面,在装有元器件的一面可以清晰、方便地观察到铜箔线路与各元器件的连接情况,这样可以省去电路板的翻转。不断翻转电路板不但麻烦,而且容易折断电路板上的引线。

⑦ 印刷电路图与实际电路板对照过程中,在印刷电路图和实际电路板上分别画上一致的识图方向,以便拿起印刷电路图就能与实际电路板有同一个识图方向,省去每次都要对照识图的方向。

6.4.3 根据产品实物绘制电路原理图的方法

在电子产品的维修过程中,时常会碰到没有任何技术资料的情况。特别是产品的电原理图,作为维修工作中的主要技术依据,其重要性是可想而知的。这就要求维修人员必须具备一定的绘图能力,即根据实际电子产品整机,画出相应的电路原理图。

1. 根据产品实物绘制电路原理图的步骤

(1)确认产品的类型和型号。

首先必须确认产品的类型,这是绘制电路原理图的重要前提。目前电子产品种类繁多,外形各异,结构复杂,必须经过认真观察来确认是何类电子产品,并尽可能确认其型号。这就给后续工作带来方便。

（2）描绘安装接线图。

根据电子产品整机结构，描绘各种元器件、零部件之间接线图的过程应注意：根据各元器件的实物外形，确认其类型，画出其电路符号，切不可张冠李戴；认真、细致地摸清整机结构中复杂导线的走向，并分类描绘各类导线的连接情况；不管整机中的导线多么繁杂，但均可分为电源线、地线和信号线，因此，我们可以分门别类地描绘各导线与各器件之间的连接情况。

（3）根据安装接线图画出电路原理图。

为了更明确地表明电路原理和元器件间的控制关系，还必须在接线图的基础上画出其电路原理图。对于所画的电路原理图要尽量做到规范，电路中的元器件用标准的电路符号来替代，信号流程以水平方向从左至右,基本单元电路的各元器件相对集中。

2. 按实物画出电路原理图的技巧

（1）选择体积大、引脚多并在电路中起主要作用的元器件如集成电路、变压器、晶体管等作画图基准件，从选择的基准件各引脚或按照由电源向负载的顺序开始画图，以减少出错。

（2）若印制板上标有元件序号（如 VD870、R330、C466 等），由于这些序号有特定的规则，英文字母后首位阿拉伯数字相同的元件属同一功能单元，因此画图时应充分利用。正确区分同一功能单元的元器件，是画图布局的基础。

（3）如果印制板上未标出元器件的序号，为便于分析与校对电路，最好自己给元器件编号。制造厂在设计印制板排列元器件时，为使铜箔走线最短，一般把同一功能单元的元器件相对集中布置。找到某单元起核心作用的器件后，只要顺藤摸瓜就能找到同一功能单元的其他元件。

（4）正确区分印制板的地线、电源线和信号线。以电源电路为例，电源变压器次级所接整流管的负端为电源正极，与地线之间一般均接有大容量滤波电容，该电容外壳有极性标志。也可从三端稳压器引脚找出电源线和地线。工厂在印制板布线时，为防止自激、抗干扰，一般把地线铜箔设置得最宽（高频电路则常有大面积接地铜箔），电源线铜箔次之，信号线铜箔最窄。此外，在既有模拟电路又有数字电路的电子产品中，印制板上往往将各自的地线分开，形成独立的接地网，这也可作为识别判断的依据。

（5）为避免元器件引脚连线过多使电路图的布线交叉穿插，导致所画的图杂乱无章，电源和地线可大量使用端子标注与接地符号。如果元器件较多，还可将各单元电路分开画出，然后组合在一起。

（6）画草图时，应用铅笔轻轻绘出，以便修改。

（7）熟练掌握一些单元电路的基本组成形式和经典画法，如整流桥、稳压电路、运放和数字集成电路等。先将这些单元电路直接画出，形成电路图的框架，可提高画图效率。

（8）画电路图时，应尽可能地找到类似产品的电路图做参考，会起事半功倍的作用。

（9）检查整理，使电路图规范、美观。

实训 识图技能实训

一、实训目的

（1）了解常用电子元器件的电路符号、连接关系；

（2）掌握电子电路图与 PCB 图的关系；

（3）掌握电子电路图的识图方法；

（4）掌握 PCB 图的识图方法；

（5）了解查找电子器件资料的其他途径。

二、实训器材

实际电子产品的电路原理图、方框图和印制电路板（PCB）图等。

三、实训内容

1. 熟悉各种电子元器件的符号

熟悉各种常用电子元器件的电路和电气符号。

2. 电子电路原理图的识读练习

收音机的电路原理图如图 1 所示。电路由输入、变频、中频放大、检波、音频放大等电路组成。

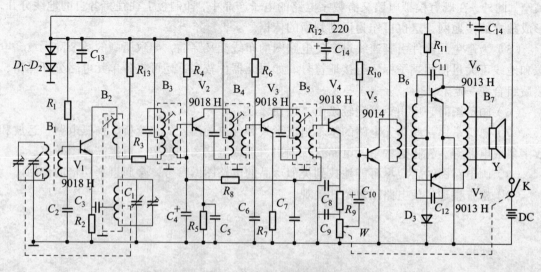

图 1　收音机电路原理图

3. PCB 图的识读练习

收音机电路原理图 1 对应的印制板电路图如图 2 所示。

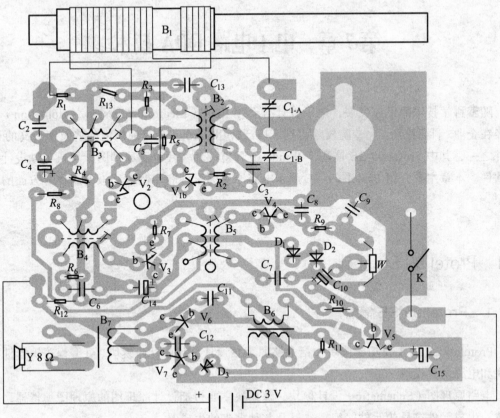

图 2　收音机印制板电路图

四、实训报告

根据分析实际电路图的实践和体会写出实训报告,总结识读电子电路图和 PCB 图的方法和步骤,总结查找器件资料的方法和途径。

第7章 电子电路EDA技术

随着科学技术的迅速发展，电子设计自动化EDA（Electronic Design Automation）技术已经在企业、科研院所、大专院校等得到了广泛应用。Protel是目前国内外普及率最高的EDA软件之一，其中Protel 99 SE是基于Windows环境的新一代电路原理图计算机辅助设计与绘制软件。本章主要介绍Protel 99 SE用于电路原理图设计和印制电路板的制作等方面的基本知识。

7.1 Protel 99 SE 基础

7.1.1 Protel 99 SE 简介

Protel 99 SE的主要功能模块包括电路原理图设计、PCB设计模块、可编程逻辑器件设计模块和电路仿真模块。

电路原理图（Schematic）设计模块：该模块主要包括设计原理图的原理图编辑器，用于修改、生成元件符号的元件库编辑器以及各种报表的生成器。

印刷电路板（PCB）设计模块：该模块主要包括用于设计电路板图的PCB编辑器，用于PCB自动布线的Route模块，用于修改、生成元件封装的元件封装库编辑器以及各种报表的生成器。

可编程逻辑器件（PLD）设计模块：该模块主要包括具有语法意识的文本编辑器，用于编译、仿真设计结果的PLD模块。

电路仿真（Simulate）模块：该模块主要包括一个功能强大的数/模混合信号电路仿真器，能提供连续的模拟信号和离散的数字信号仿真。

7.1.2 启动 Protel 99 SE

1. 启动 Protel 99 SE

启动方法有两种：

（1）双击桌面上的图标 ，即可启动Protel 99 SE软件。

（2）单击桌面左下角的"开始"按钮，然后依次单击"程序→Protel 99 SE→Protel 99 SE"，即可启动Protel 99 SE软件，如图7.1.1所示。

图 7.1.1　启动步骤

Protel 99 SE 启动后的主窗口为如图 7.1.2 所示的新建设计数据库对话框。

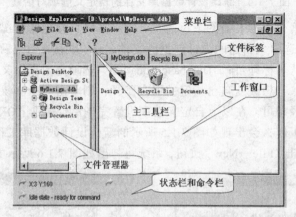

图 7.1.2　进入 Protel 99 SE 设计环境

2. 创建一个新的设计数据库

在图 7.1.2 所示的对话框中依次执行"File→New Design",如图 7.1.3 所示,系统将弹出如图 7.1.4 所示的"新建设计数据库文件"对话框。在该对话框中,"Design Storage T"选项

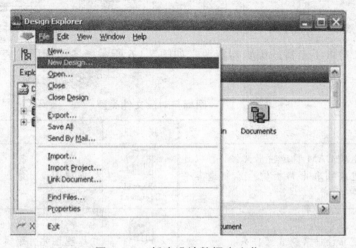

图 7.1.3　新建设计数据库文化

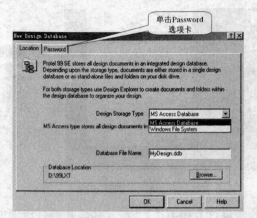

图 7.1.4　新建设计数据库文件的自定义选项对话框

是文件保存选项选择框，单击右面的下拉箭头，即可选择，在通常情况下选择默认值即可，"Database File Name"选项是新建的设计数据库文件名称，默认文件名称为"MyDdsign.ddb"，在通常情况下，用默认名称即可；"Database Location"选项是数据库文件的保存路径。通常情况下选择默认路径，若想改变自己指定的保存路径，则单击"Browse"按钮后，在出现的对话框中选择一个路径即可。在以上自定义选项设置完毕后，单击"OK"按钮，就完成了设计数据库文件的创建工作，会出现如图 7.1.5 所示的新建设计数据库工作界面。

在图 7.1.5 中，单击"File→New"按钮，系统将弹出如图 7.1.6 所示的建立新文件对话框。

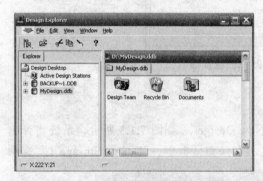

图 7.1.5　新建设计数据库工作界面

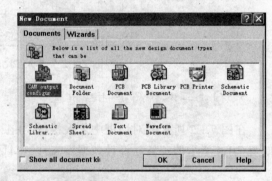

图 7.1.6　建立新文件对话框

Protel 99 SE 提供了丰富的编辑器资源，如图 7.1.6 所示。各图标所代表的文件类型如表 7.1.1 所示。

表 7.1.1　图标与对应文件类型

按　钮	功　能	按　钮	功　能
CAM output configur...	生成 CAM 制造输出文件，可以连接电路图和电路板的生产制造各个阶段	Schematic Document	原理图设计编辑器
Document Folder	建立设计文档或文件夹	Schematic Librar...	原理图元件编辑器

190

按　钮	功　能	按　钮	功　能
PCB Document	印制电路板设计编辑器	Spread Sheet...	表格处理编辑器
PCB Library Document	印制电路板元件封装编辑器	Text Document	文字处理编辑器
PCB Printer	印制电路板打印编辑器	Waveform Document	波形处理编辑器

3. 启动原理图编辑器

在图 7.1.6 所示新建文件对话框中，选取"Schematic Document"图标，然后单击"OK"按钮，即可启动原理图编辑器。启动原理图编辑器后的工作界面如图 7.1.7 所示。新建立的文件将包含在当前的设计数据库中，系统默认的文件名为"Sheet1"，用户可以在设计管理器中更改文件的文件名，更改文件名后将显示在设计数据库中，如图 7.1.7 所示的"Sheet1.sch"，单击此文件，系统将进入原理图编辑器，此时可以用来实现电路原理图设计绘制的工具菜单全部显示出来，如图 7.1.8 所示。

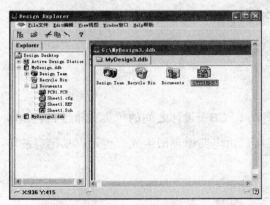

图 7.1.7　启动原理图编辑器工作界面　　　　图 7.1.8　原理图编辑器工作界面

4. 启动印制电路板编辑器

在图 7.1.6 所示新建文件对话框中，选取"PCB Document"图标，然后单击"OK"按钮，即可启动印制电路板编辑器。新建立的文件将包含在当前的设计数据库中，系统默认的文件名为"PCB1"，用户可以在设计管理器中更改文件的文件名，更改文件名后将显示在设计数据库中，如图 7.1.9 所示的"PCB1.PCB"，单击此文件，系统将进入印制电路板编辑器。印制电路板编辑器的工作界面如图 7.1.10 所示。

图 7.1.9　生成 PCB1.PCB 文件后的视图　　　　图 7.1.10　PCB 编辑器界面

启动其他编辑器的操作方法与上面两种编辑器启动一样。

7.1.3　电路板设计的一般步骤

1. 电路原理图的设计

电路原理图的设计主要是利用 Protel 99 SE 的原理图设计系统（Advanced Schematic）绘制一张电路原理图。设计者应充分利用 Protel 99 SE 所提供的强大而完善的原理图绘图工具、测试工具、模拟仿真工具和各种编辑功能，来实现其目的，最终获得一张准确、精美的电路原理图，以便为接下来的工作做好准备。

2. 生成网络表

网络表是电路原理图（sch）设计与印制电路板（PCB）设计之间的桥梁和纽带，它是印制电路板设计中自动布线的基础和灵魂。网络表可以由电路原理图生成，也可以从已有的印制电路板文件中提取。

3. 印制电路板的设计

印制电路板的设计主要是针对 Protel 99 SE 的另外一个强大的设计系统——印制电路板设计系统 PCB 而言的，设计者可以充分利用 Protel 99 SE 所提供的强大的 PCB 功能来实现印制电路板的设计工作。

4. 生成印制电路板报表

设计了印制电路板后，还需要生成印制电路板的有关报表，并打印印制电路图。

7.2 电路原理图设计

7.2.1 电路原理图设计的一般步骤

电路原理图设计是整个电路设计的基础，它决定了后面工作的进展。电路原理图的设计过程一般可以按图 7.2.1 所示的设计流程进行。

（1）开始：启动 Protel 99 SE 原理图编辑器。

（2）设置图纸大小：包括设置图纸尺寸、网格和光标等。

（3）加载元件库：在 Protel 99 SE 中，原理图中的元器件符号均存放在不同的原理图元件库中，在绘制电路原理图之前，必须将所需的原理图元件库装入原理图编辑器。

（4）放置元器件：将所需的元件符号从元件库中调入到原理图中。

（5）调整元器件布局位置：调整各元器件的位置。

（6）进行布线及调整：将各元器件用具有电气性能的导线连接起来，并进一步调整元器件的位置、元器件标注的位置及连线等。

（7）最后存盘打印。

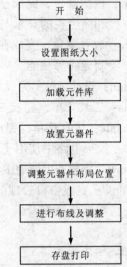

图 7.2.1 电路原理图的设计过程

7.2.2 电路原理图设计界面

启动原理图编辑器后的工作界面，会出现图 7.2.2 所示的电路原理图设计界面。

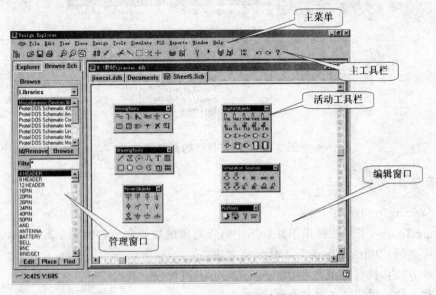

图 7.2.2 电路原理图设计界面

1. 主菜单

各菜单命令如下：

File：文件菜单，完成文件方面的操作，如新建、打开、关闭、打印文件等功能。

Edit：编辑菜单，完成编辑方面的操作，如拷贝、剪切、粘贴、选择、移动、拖动、查找替换等功能。

View：视图菜单，完成显示方面的操作，如编辑窗口的放大与缩小、工具栏的显示与关闭、状态栏和命令栏的显示与关闭等功能。

Place：放置菜单，完成在原理图编辑器窗口放置各种对象的操作，如放置元件、电源接地符号、绘制导线等功能。

Design：设计菜单，完成元件库管理、网络表生成、电路图设置、层次原理图设计等操作。

Tools：工具菜单，完成 ERC 检查、元件编号、原理图编辑器环境和默认设置的操作。

Simulate：仿真菜单，完成与模拟仿真有关的操作。

PLD：如果电路中使用了 PLD 元件，可实现 PLD 方面的功能。

Reports：完成产生原理图各种报表的操作，如元器件清单、网络比较报表、项目层次表等。

Window：完成窗口管理的各种操作。

Help：帮助菜单。

2. 主工具栏

图 7.2.3 所示为主工具栏。打开与关闭主工具栏可执行菜单命令"View→Toolbars→Main Tools"，如图 7.2.4 所示，该命令是一个开关。

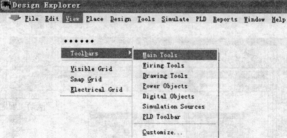

图 7.2.3　主工具栏

图 7.2.4　主工具栏的开关菜单

3. 活动工具栏

（1）"Wiring Tools"工具栏。

"Wiring Tools"工具栏提供了原理图中电气对象的放置命令，如图 7.2.5 所示。

打开或关闭"Wiring Tools"工具栏的方法：

第一种方法：执行菜单命令"View→Toolbars→Wiring Tools"。

第二种方法：单击主工具栏中的 按钮。

（2）"Drawing Tools"工具栏。

"Drawing Tools"工具栏提供了绘制原理图所需要的各种图形，如直线、曲线、多边形、文本等，如图 7.2.6 所示。

打开或关闭 Drawing Tools 工具栏的方法：

第一种方法：执行菜单命令"View→Toolbars→Drawing Tools"。

第二种方法：单击主工具栏中的圆按钮。

　　　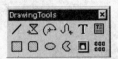

图 7.2.5　"Wiring Tools"工具栏　　图 7.2.6　"Drawing Tools"工具栏

（3）"Power Objects"工具栏。

"Power Objects"工具栏提供了一些在绘制电路原理图中常用的电源和接地符号，如图 7.2.7 所示。

打开或关闭"Power Objects"工具栏的方法：执行菜单命令"View→Toolbars→Power Objects"。

（4）"Digital Objects"工具栏。

"Digital Objects"工具栏提供了一些常用的数字器件，如图 7.2.8 所示。

打开或关闭 Digital Objects 工具栏的方法：执行菜单命令"View→Toolbars→Digital Objects"。

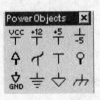

图 7.2.7　"Power Objects"工具栏　　　图 7.2.8　"Digital Objects"工具栏

（5）"Simulation Sources"工具栏。

"Simulation Sources"工具栏提供了各种各样的模拟信号源，如图 7.2.9 所示。

打开或关闭"Simulation Sources"工具栏的方法：执行菜单命令"View→Toolbars→Simulate Sources"。

（6）"PLD Tools"工具栏。

"PLD Tools"工具栏可以在原理图中支持可编程设计，如图 7.2.10 所示。

打开或关闭"PLD Tools"工具栏的方法：执行菜单命令"View→Toolbars→PLD Toolbar"。

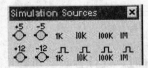　　　

图 7.2.9　"Simulation Sources"工具栏　　　图 7.2.10　"PLD Tools"工具栏

7.2.3 加载元件库

1. 原理图元件库简介

原理图元件库的扩展名是.ddb。此.ddb 文件是一个容器，它可以包含一个或几个具体的元件库，这些包含在.ddb 文件中的具体元件库的扩展名是.Lib。

原理图元件库文件在系统中的存放路径是："\Program Files\Design Explorer 99 SE\Library\Sch"。

2. 加载原理图元件库

加载元件库的方法：
（1）打开（或新建）一个原理图文件。
（2）在"Design Explore"管理器中选择"Browse Sch"选项卡。
（3）在"Browse"下面的下拉列表框中选择"Libraries"。
（4）单击"Add→Remove"按钮，如图 7.2.11 所示。

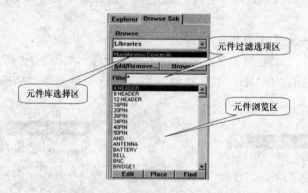

图 7.2.11 "Browse Sch"选项卡

图 7.1.11 显示的是加载了元件库"Miscellaneous Devices.ddb"后的情况，其中有 3 个区域可以浏览元件库。

元件库选择区：显示的是所有加载的元件库文件名。

元件过滤选项区：可以设置元件列表的显示条件，在条件中可以使用通配符"*"和"？"。

元件浏览区：显示元件库选择区所选中的元件库中符合过滤条件的元件列表。

如图 7.2.12 所示，元件过滤条件为"C*"，则在元件浏览区内显示"Miscellaneous Devices.Lib"中所有 C 打头的元件名。

若从原理图中移出元件库，仍要在"Browse Sch"选项卡中单击"Add/Remove"按钮，在弹出的图 7.2.13"Selected Files"显示框中选中文件名，单击"Remove"按钮即可。

7.2.4 放置元件

绘制原理图首先要进行元件的放置，在放置元件时，设计者必须知道元件所在的库并从中取出或者制作原理图元件，并装载这些元器件库到当前设计管理器。

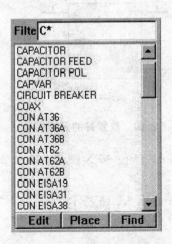

图 7.2.12 设置过滤条件

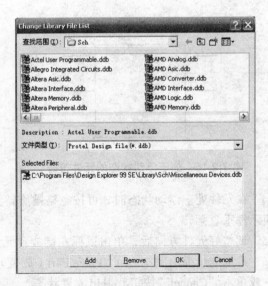

图 7.2.13 "Change Library File List" 对话框

1. 加载元件库

加载所需的元件库，如 "Protel DOS Schematic Libraries.ddb" 和 "Miscellaneous Devices. ddb"。

2. 放置元件

放置元件的方法有多种。

第一种方法：

（1）按两下 P 键，系统弹出图 7.2.14 所示 "Place Part（放置元件）" 对话框。

Lib Ref（元件名称）：元件符号在元件库中的名称。如图 7.2.14 中的电阻符号在元件库中的名称是 555，在放置元件时必须输入，但不会在原理图中显示出来。

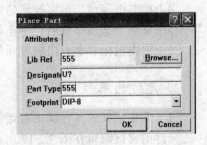

图 7.2.14 "Place Part" 对话框

Designator（元件标号）：元件在原理图中的标号，如 R1、C1、U1 等。此项可以不输入，即直接使用系统的默认值。等到完成电路全图之后，再使用 "Schematic" 内置的重编标号（通过菜单命令 "Tools/Annotate"）功能，就可以轻易地将电路图中所有元件的标号重新编号一次。但要注意：无论是一张或多张图纸的设计，都绝对不允许两个元件具有相同的序号。

Part Type（元件标注或类别）：如 10K、0.1 uF、555 等。

Footprint（元件的封装形式）：是元件的外形名称。一个元件可以有不同的外形，即可以有多种封装形式。元件的封装形式主要用于印刷电路板图。这一属性值在原理图中不显示。

（2）在对话框中依次输入元件的各属性值后单击 "OK" 按钮。

（3）光标变成十字形，且元件符号处于浮动状态，随十字光标的移动而移动，如图 7.2.15 所示。

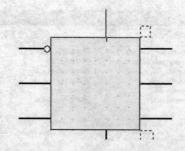
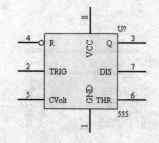

图 7.2.15　处于浮动状态的元件符号　　　图 7.2.16　放置好的元件符号

（4）在元件处于浮动状态时，可按空格键旋转元件的方向、按 X 键使元件水平翻转、按 Y 键使元件垂直翻转。

（5）调整好元件方向后，单击鼠标左键放置元件，如图 7.2.16 所示。

（6）系统继续弹出图 7.2.14 "Place Part（放置元件）"对话框，重复上述步骤，放置其他元件，或单击 "Cancel" 按钮，退出放置状态。

第二种方法：

单击 "Wiring Tools" 工具栏中的 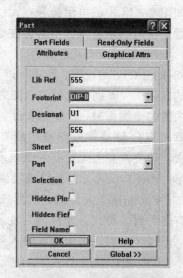 图标，系统弹出图 7.2.14 所示对话框，以下操作同第一种方法。

第三种方法：

执行菜单命令 "Place|Part"，系统弹出图 7.2.14 所示对话框，以下操作同第一种方法。

第四种方法（以放置 U1 为例）：

（1）在图 7.2.11 所示的元件库选择区中选择相应的元件库名 "Protel DOS Schematic Linear.lib"。

（2）在元件浏览区中选择元件名 "555"。

（3）单击 "Place" 按钮，则该元件符号附着在十字光标上，处于浮动状态。

（4）此时可移动，也可按空格键旋转，按 X 键或 Y 键翻转。

（5）移动到适当位置后，单击鼠标左键放置元件。

（6）单击鼠标右键退出放置元件状态。

3. 元件的属性编辑

（1）调出元件的属性编辑对话框。

元件的属性编辑在图 7.2.17 所示的 Part（元件属性）对话框中进行。调出元件属性对话框的方法有四种。

第一种方法：在放置元件过程中元件处于浮动状态时，按 Tab 键。

第二种方法：双击已放置好的元件。

第三种方法：在元件符号上单击鼠标右键，在弹出的快捷菜单中选择 "Properties"。

第四种方法：执行菜单命令 "Edit/Change"，用十字光标单击对象。

图 7.2.17　"Part" 对话框

所有对象的属性对话框均可采用这四种方法调出。

（2）元件的属性编辑。

① Attributes 选项卡：

Lib Ref：元件名称。

Footprint：元件的封装形式。

Designator：元件标号。

Part Type：元件标注或类别。

Part：元件的单元号。

Selection：确定元件是否处于选中状态，√表示选中。

Hidden Pin：是否显示引脚号，√表示显示。

Hidden Fields：是否显示标注选项区内容，√表示显示，每个元件有 16 个标注，可输入有关元件的任何信息，如果标注中没有输入信息，则显示"*"。

Field Name：是否显示标注的名称，√表示显示，标注区名称为 Part Field 1 ~ Part Field 16。

② 要修改元件标号的显示属性，如元件标号的内容、显示方向、字体及颜色、是否被隐藏等，可在元件标号属性对话框中进行。

双击某元件标号如 R1，系统弹出"Part Designator（元件标号）"属性对话框，如图 7.2.18 所示。

Text：元件标号。

X-Location、Y-Location：元件标号的位置。

Orientation：元件标号的摆放方向。有 "0 Degrees" "90 Degrees" "180 Degrees" "270 Degrees" 4 个方向。

Color：元件标号的颜色。单击蓝颜色处，在弹出的 "Choose Color" 对话框中选择所需颜色，而后单击 "OK" 按钮关闭 "Choose Color" 对话框。系统默认颜色为蓝色。

Font：设置元件标号的字体，单击 "Change" 按钮，在弹出的字体对话框中进行设置，而后单击确定按钮关闭字体对话框。

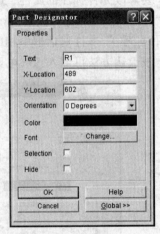

图 7.2.18　"Part Designator（元件标号）"属性对话框

Selection：元件标号是否处于选中状态，√表示选中。

Hidden：元件标号是否隐藏，√表示隐藏。

③ 全局修改方法（将当前原理图中所有元件标号的字体均设置为粗斜体）：

• 双击某元件标号如 R1，系统弹出 "Part Designator（元件标号）" 属性对话框。

• 在对话框中单击 "Change" 按钮，在字体对话框中将字体改为粗斜体，字号改为 14 后，单击 "OK" 按钮关闭字体对话框。

• 在 "Part Designator（元件标号）" 属性对话框中单击 "Global" 按钮，此时 "Part Designator（元件标号）" 属性对话框变为图 7.2.19 所示。

• 在 "Attributes To Match By（匹配对象和匹配条件）" 区域中，匹配对象选择 "Font（字体）" 在 "Font" 旁边的匹配条件中选择 "Same"。

• 在 "Change Scope（设置操作范围）" 中选择 "Change Matching Item In Current Doument"。

• 设置完毕单击 "OK" 按钮，系统弹出 "Confrim" 对话框，要求用户确认，选择 "Yes"

后，当前原理图上与 R1 字体相同的元件标号，全部变为粗斜体，字号变为 14，如图 7.2.20 所示。

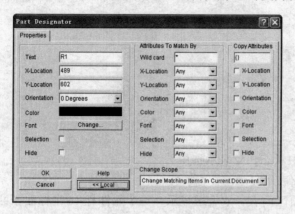 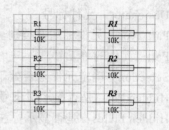

图 7.2.19 "Part Designator" 属性对话框　　　图 7.2.20 元件标号修改前后

（3）元件标注的属性编辑。

要修改元件标注的属性，可在元件标注属性对话框中进行。双击某元件标注如 10 K，弹出 "Part Type（元件标注）" 属性对话框，如图 7.2.21。这些选项的设置均与 "Part Designator（元件标号）" 属性对话框中相同。

按上述方法可调入 555 电路元器件，如图 7.2.22 所示。

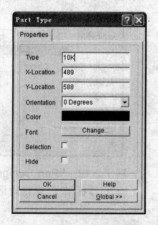 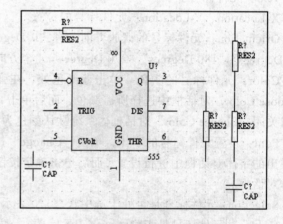

图 7.2.21 "Part Type" 属性对话框　　　图 7.2.22 555 电路元器件

7.2.5 放置电源和接地符号

（1）电路的工作除了必要的元器件外，还需要电源及接地。放置电源和接地符号的方法：

① 单击 Wiring Tools 工具栏中的 ⏚ 图标或通过菜单命令 "Place→Power Port"，此时出现对话框如图 7.2.23 所示。

② 此时光标变成十字形，电源/接地符号处于浮动状态，与光标一起移动。

③ 可按空格键旋转、X 键水平翻转或 Y 键垂直翻转。

④ 单击鼠标左键放置电源（接地）符号。

⑤ 系统仍为放置状态，可继续放置，也可单击鼠标右键退出放置状态。

（2）Power Port 属性对话框中的内容说明如下：

Net：电源的网络标号，如图 7.2.24 中用 "GND" 表示接地。如果是电源可输入 VCC 等名称。

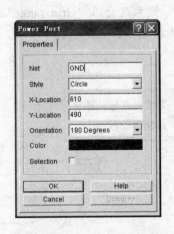 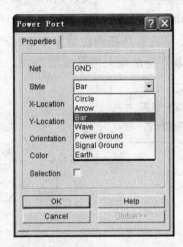

图 7.2.23　电源/接地符号设置　　图 7.2.24　"Power Port" 属性对话框显示类型

Style：电源符号的显示类型，如图 7.2.25 所示。用户可根据自己的需要选择不同的类型。

X-Location、Y-Location：电源符号的位置。

Orientation：电源符号的放置方向。有 "0 Degrees" "90 Degrees" "180 Degrees" "270 Degrees" 共 4 个方向。

Color：电源符号的显示颜色。

Selection：电源符号是否被选中。

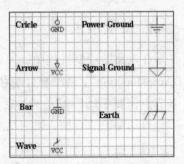

图 7.2.25　电源符号类型

7.2.6　绘制导线和放置节点

1. 绘制导线

当所有电路对象与电源元件放置完毕后，就可以着手进行电路图中各对象间的连线。连线的最主要目的是按照电路设计的要求建立网络的实际连通性。其方法如下：

（1）单击 "Wiring Tools" 工具栏中的 图标或执行菜单命令 "Place→Wire"，将编辑状态切换到连线模式，此时光标变成十字形。

（2）单击鼠标左键确定导线的起点。

（3）在导线的终点处单击鼠标左键确定终点。

（4）单击鼠标右键，则完成了一段导线的绘制，如图 7.2.26 所示。

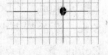

图 7.2.26　绘制一段导线

（5）此时仍为绘制状态，将光标移到新导线的起点，单击鼠标左键，按前面的步骤绘制另一条导线，最后单击鼠标右键两次退出绘制状态。

绘制折线：

在导线拐弯处单击鼠标左键确定拐点，如图 7.2.26 所示，然后继续绘制即可。

绘制导线时应注意的问题：

导线的端点要与元件引脚的端点相连，不要重叠。在放置导线状态下，如果在执行菜单命令"Design→Options"后，系统弹出的"Document Options"对话框中选择"Sheet Options"选项卡里的"Enable"，将连线光标移至元件引脚的端点，则系统会以"Grid range"中设置的值为半径，以十字光标所在的位置为中心，出现一个大的黑点，如图7.2.27所示。如果不选中"Enable"，就不会出现大黑点。

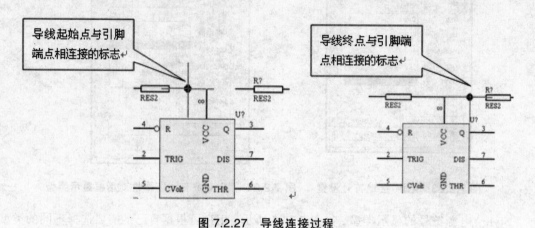

图 7.2.27　导线连接过程

2. 放置节点

在电路图绘制过程中，如果执行了"Tools/Preferences/Schematic/Options"命令，选取了"Auto-Junction"，系统会自动在连线上加上节点。但通常许多节点需要手动添加，例如默认情况下十字交叉的连线是不会自动加上节点的，如图7.2.28所示。其放置方法如下：

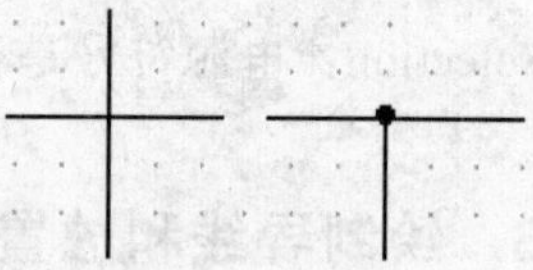

图 7.2.28　导线交叉时有无节点

（1）电气节点的放置。

① 单击 ⊤ 图标，或执行菜单命令"Place→Junction"。

② 在两条导线的交叉点处单击鼠标左键，则放置好一个节点。

③ 此时仍为放置状态，可继续放置，单击鼠标右键，退出放置状态。

（2）电气节点属性编辑。

双击已放置好的电路节点，在弹出的"Junction（节点）"属性设置对话框中进行设置，如图7.2.29所示。属性对话框中各项的含义：

X-Location、Y-Location：设置节点位置。

Size：设置节点大小，共有4种选择。

Color：设置节点颜色。

Selection：确定节点是否被选中。

Locked：确定节点是否被锁定。若不选定此属性，当导线的交叉不存在时，该处原有的节点自动删除；如果选定此属性，当导线的交叉不存在时，节点仍继续存在。

按照上述绘制电路的一般方法可绘制出如图7.2.30所示的555振荡电路。

图 7.2.29　"Junction"属性设置对话框

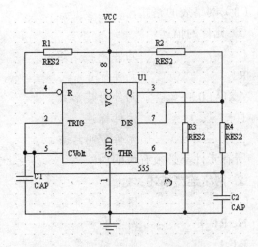

图 7.2.30　555 振荡电路

7.2.7　报表文件生成和原理图打印

1. 网络表的生成

网络表是表示电路原理图或印刷电路板元件连接关系的文本文件。它是原理图设计软件 Advanced Schematic 和印刷电路板设计软件 PCB 的接口。网络表文件的主文件名与电路图的主文件名相同，扩展名为.NET。

（1）网络表的作用。

① 可用于印刷电路板的自动布局、自动布线和电路模拟程序。

② 可以检查两个电路原理图或电路原理图与印刷电路板图之间是否一致。

（2）网络表的生成步骤。

① 打开原理图文件。

② 执行菜单命令"Design→Create Netlist"，系统弹出"Netlist Creation"网络表设置对话框，如图 7.2.31 所示。

"Netlist Creation"网络表设置对话框中各选项的含义：

Output Format：设置生成网络表的格式。这里一般选择"Protel"格式。

Net Identifier Scope：设置项目电路图网络标识符的作用范围，本项只对层次原理图有效。

Only Ports Global：只有端口在整个项目中有效，即项目中不同电路图之间同名端口是相互连接的。

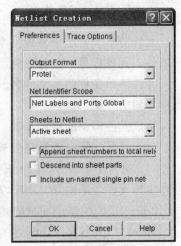

Sheets to Netlist：设置生成网络表的电路图范围，有 3 种选择。

Append sheet numbers to local nets：生成网络表时，自动将原理图编号附加到网络名称上。

Descend into sheet parts：对电路图式元件的处理方法。

图 7.2.31　网络表设置对话框

（3）网络表的格式。

① 元件的描述：

[	元件声明开始
R1	元件标号
AXIAL0.3	元件封装形式
10K	元件标注
]	元件声明结束

所有元件都必须有声明。

② 网络连接描述：

(	网络定义开始
NetR1_1	网络名称
R1_1	此网络的第一个端点
R2_1	此网络的第二个端点
C1_2	此网络的第三个端点
)	网络定义结束

2. 生成元件引脚列表

元件引脚列表是将处于选中状态元件的引脚进行列表。

操作步骤：

（1）选中要产生元件引脚列表的元件。可执行菜单命令 "Edit→Select"，选中有关元件。

（2）执行菜单命令 "Reports→Selected Pins"，系统弹出 Selected Pins 对话框，如图 7.2.32 所示。

（3）选中列表中的某一引脚，单击 "OK" 按钮，则该元件放大后，所选引脚显示在编辑窗口的中央。

图 7.2.32 "Selected Pins" 对话框

3. 生成元件清单

元件清单主要用于整理一个电路或一个项目文件中所有的元件。元件清单中主要包括元件名称、元件标号、元件标注、元件封装形式等内容。

元件清单文件的主文件名同原理图文件，不同格式的元件清单文件的扩展名不同，将在操作步骤中介绍。

生成元件清单的操作步骤：

（1）打开一张电路原理图或一个项目中的所有文件。

（2）执行菜单命令 "Reports→Bill of Material"，系统弹出 "BOM Wizard" 向导窗口之一，进入生成元件清单向导，如图 7.2.33 所示。

Project：产生整个项目的元件清单。

Sheet：产生当前打开电路图的元件清单。对于单张原理图选择 "Sheet" 即可，单击 "Next"。

（3）系统弹出 "BOM Wizard" 向导窗口之二，如图 7.2.34 所示。

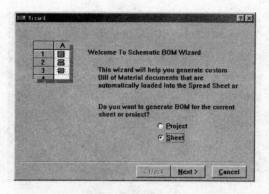

图 7.2.33 "BOM Wizard" 向导窗口之一

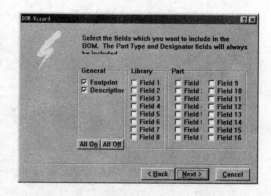

图 7.2.34 "BOM Wizard" 向导窗口之二

BOM Wizard 向导窗口之二的功能是设置元件清单中包含哪些元件信息。

图中选中的内容分别为"Footprint（封装形式）"和"Description（元件描述）"，单击"Next"。

（4）系统弹出"BOM Wizard"向导窗口之三，如图 7.2.35 所示。

设置元件清单的栏目标题。

Part Type：元件标注；

Designator：元件标号。这两项在所有元件清单中都有。

Footprint：元件封装形式；

Description：元件描述。这两项是在前一窗口中选择的内容。

（5）系统弹出"BOM Wizard"向导窗口之四，如图 7.2.36 所示。

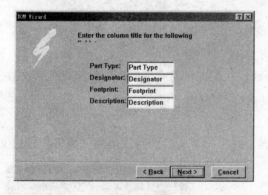

图 7.2.35 "BOM Wizard" 向导窗口之三

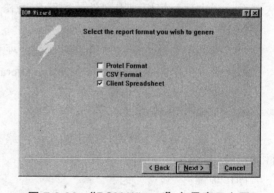

图 7.2.36 "BOM Wizard" 向导窗口之四

选择元件清单格式：

Protel Format：生成 Protel 格式的元件列表，文件扩展名为.BOM。

CSV Format：生成 CSV 格式的元件列表，文件扩展名为.CSV。

Client Spreadsheet：生成电子表格格式的元件列表，文件扩展名为.XLS。

本例选择"Client Spreadsheet"，而后单击"Next"。

（6）系统弹出"BOM Wizard"向导窗口之五，如图 7.2.37 所示。单击"Finish"按钮，系统生成电子表格格式的元件清单，并自动将其打开，如图 7.2.38 所示。

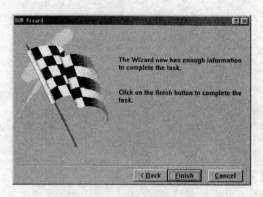
图 7.2.37 "BOM Wizard" 向导窗口之五

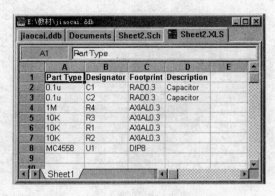
图 7.2.38 系统生成的元件清单

4. 生成交叉参考元件列表

交叉参考元件列表可以列出每个元件的标号、标注和元件所在的原理图文件名。交叉参考元件列表多用于层次原理图。交叉参考元件列表文件的扩展名是.xrf。

操作步骤：

（1）打开需要生成交叉参考元件列表的项目文件或原理图文件。

（2）执行菜单命令"Reports→Cross Reference"，系统自动产生交叉参考元件列表文件。

5. 生成层次项目组织列表

层次项目组织列表主要用于描述指定的项目文件中所包含的各原理图文件名和相互的层次关系。层次项目组织列表文件的扩展名是.rep。

操作步骤：

（1）打开需要建立层次项目组织列表的项目文件。

（2）执行菜单命令"Reports→Design Hierarchy"，系统自动产生层次项目组织列表文件。

6. 产生网络比较表

网络比较表可以比较用户指定的两份网络表，并将二者的差别列成文件。网络比较表文件的扩展名是.rep。

操作步骤：

（1）打开原理图文件。

（2）执行菜单命令"Reports→Netlist Compare"，系统弹出"Select"对话框，如图 7.2.39 所示。用户可在对话框中选择一个网络表文件，或单击"Add"按钮，从其他位置选择一个设计数据库文件，加入到该对话框中，再从中选择有关的网络表文件。选择完毕，单击 OK 按钮。

（3）此时系统会再次弹出图 7.2.39 所示的对话框，重复"（2）"中的步骤，选择第 2 个网络表文件，选择完毕，单击"OK"按钮。

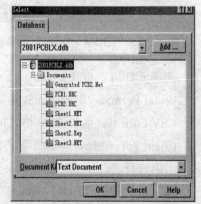
图 7.2.39 "Select" 对话框

下面是对一个电路原理图和印刷电路板图分别产生的两个网络表文件进行比较后产生的比较报表文件。

两个网络表中互相匹配的网络：

Matched Nets	VCC and VCC
Matched Nets	NetR4_1 and NetR4_1
Matched Nets	NetR2_1 and NetR2_1
Matched Nets	NetC1_2 and NetC1_2
Matched Nets	GND and GND

互相匹配的网络和不匹配的网络统计：

Total Matched Nets	= 5
Total Partially Matched Nets	= 0

网络表中多余的网络统计：

Total Extra Nets in Sheet2.NET	= 0
Total Extra Nets in Generated PCB2.Net	= 0

网络表中的网络总数：

Total Nets in Sheet2.NET	= 5
Total Nets in Generated PCB2.Net	= 5

8. 原理图打印

操作步骤：

（1）打开一个原理图文件。

（2）执行菜单命令"File→Setup Printer"，系统弹出"Schematic Printer Setup"对话框，如图 7.2.40 所示。

"Schematic Printer Setup"对话框中各选项的含义：

Select Printer：选择打印机。

Batch Type：选择准备打印的电路图文件。

Current Document：打印当前原理图文件。

All Documents：打印当前原理图文件所属项目的所有原理图文件。

Color Mode：打印颜色设置。

Color：彩色打印输出。

Monochrome：单色打印输出，即按照色彩的明暗度将原来的色彩分成黑白两种颜色。

Margin：设置页边空白宽度，单位是 in（英寸）。共有 4 种页边空白宽度，Left（左）、Right（右）、Top（上）、Bottom（下）。

Scale：设置打印比例，范围是 0.001% ~ 400%。Scale to fit Scale 复选框的功能是"自动充满页面"。若选中"Scale to fit Scale"，则打印比例设置将不起作用。

Preview：打印预览。若改变了打印设置，单击"Refresh"按钮，可更新预览结果。

Properties 按钮：单击此按钮，系统弹出打印设置对话框，如图 7.2.41 所示。

（3）打印：单击图 7.2.40 中的"Print"按钮。

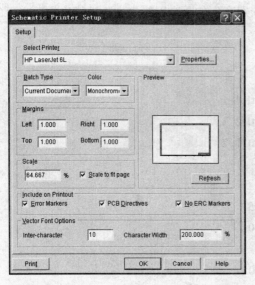

图 7.2.40　"Schematic Printer Setup"对话框　　　　图 7.2.41　打印设置对话框

7.3　制作印制电路板

7.3.1　印制电路板设计的一般步骤

1. 绘制电路图

这是电路板设计的先期工作，主要是完成电路原理图的绘制，包括生成网络表。当所设计的电路图非常简单时，也可以不进行原理图的绘制，而直接进入 PCB 设计系统。

2. 规划电路板

在绘制印制电路板之前，用户要对电路板有一个初步的规划，比如说电路板采用多大的物理尺寸，采用几层电路板（单面板还是双面板），各元件采用何种封装形式及其安装位置等。它是确定电路板设计的框架。

3. 设置参数

主要是设置元件的布置参数、层参数、布线参数等。有些参数用其默认值即可，有些参数在 Protel 99 SE 使用过以后，即第一次设置后，几乎无需修改。

4. 装入网络表及元件封装

该步的主要工作就是将已生成的网络表装入，若前面没有生成网络表，则可以用手工的方法放置元件。封装就是元件的外形，对于每个装入的元件必须有相应的外形封装，才能保证电路板布线的顺利进行。

208

5. 元件的布局

布局有自动布局和手工布局两种方式。规划好电路板并装入网络表后，可以让程序自动装入元件，并自动将元件布置在电路板边框内。也可以用户手工布局，将元件封装放置在电路板的合适位置，再进行下一步的布线工作。

6. 布　　线

布线就是完成元件之间的电路连接，其也有自动布线和手工布线两种方式。若在之前装入了网络表，则在该步中就可采用自动布线方式。在布线之前，还要设定好设计规则。

7. 文件保存及输出

完成电路板的布线后，保存完成的 PCB 图，然后利用图形输出设备，如打印机或绘图仪输出电路板的布线图。

7.3.2　印刷电路板的设计基础

1. 印刷电路板的结构

（1）单面板。

指仅一面有导电图形的电路板，也称单层板。单面板的特点是成本低，但仅适用于比较简单的电路设计，如收音机、电视机。对于比较复杂的电路，采用单面板往往比双面板或多层板要困难。

（2）双面板。

指两面都有导电图形的电路板，也称双层板。其两面的导电图形之间的电气连接通过过孔来完成。由于两面均可以布线，对比较复杂的电路，其布线比单面板布线的布通率高，所以它是目前采用最广泛的电路板结构。

（3）多层板。

由交替的导电图形层及绝缘材料层叠压黏合而成的电路板。除电路板两个表面有导电图形外，内部还有一层或多层相互绝缘的导电层，各层之间通过金属化过孔实现电气连接。其主要应用于复杂的电路设计，如在微机中，主板和内存条的 PCB 采用 4~6 层电路板设计。

2. 元件的封装（Footprint）

（1）元件封装的分类。

针脚式元件封装：常见的元件封装，如电阻、电容、三极管、部分集成电路的封装，如图 7.3.1 所示。这类封装的元件在焊接时，一般先将元件的管脚从电路板的顶层插入焊盘通孔，然后在电路板的底层进行焊接。由于针脚式元件的焊盘通孔贯通整个电路板，故在其焊盘的属性对话框内，"Layer（层）"的属性必须为"Multi Layer（多层）"。

表面粘贴式元件封装：现在，越来越多的元件采用此类封装。这类元件在焊接时元件与其焊盘在同一层。故在其焊盘属性对话框中，Layer 属性必须为单一板层（如 Top layer 或 Bottom layer）。

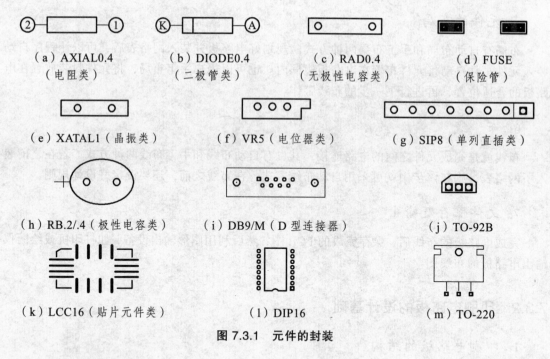

（a）AXIAL0.4　（b）DIODE0.4　（c）RAD0.4　（d）FUSE
（电阻类）　　（二极管类）　　（无极性电容类）　（保险管）

（e）XATAL1（晶振类）　（f）VR5（电位器类）　（g）SIP8（单列直插类）

（h）RB.2/.4（极性电容类）　（i）DB9/M（D型连接器）　（j）TO-92B

（k）LCC16（贴片元件类）　（1）DIP16　（m）TO-220

图 7.3.1　元件的封装

（2）元件封装的编号。

元件封装的编号规则一般为元件类型+焊盘距离（或焊盘数）+元件外形尺寸。根据元件封装编号可区别元件封装的规格。如 AXIAL0.6 表示该元件封装为轴状，两个管脚焊盘的间距为 0.6 in（600 mil）；RB.3/.6 表示极性电容类元件封装，两个管脚焊盘的间距为 0.3 in（300 mil），元件直径为 0.6 in（600 mil）；DIP14 表示双列直插式元件的封装，两列共 14 个引脚。

3. 焊盘（Pad）与过孔（Via）

焊盘（Pad）的作用是用来放置焊锡、连接导线和焊接元件的管脚。根据元件封装的类型，焊盘也分为针脚式和表面粘贴式两种，其中针脚式焊盘必须钻孔，而表面粘贴式无需钻孔。图 7.3.2 所示为常见焊盘的形状及尺寸。

图 7.3.2　常见焊盘的形状与尺寸

对于双层板和多层板，各信号层之间是绝缘的，需在各信号层有连接关系的导线的交汇处钻上一个孔，并在钻孔后的基材壁上淀积金属（也称电镀）以实现不同导电层之间的电气连接，这种孔称为过孔（Via）。

过孔有三种，即从顶层贯通到底层的穿透式过孔；从顶层通到内层或从内层通到底层的盲过孔；在内层间的隐藏过孔。过孔的内径（Hole size）与外径尺寸（Diameter）一般小于焊盘的内外径尺寸。图 7.3.3 所示为过孔的尺寸与类型。

图 7.3.3　过孔的尺寸与类型　　　　图 7.3.4　安全间距

4. 铜膜导线（Track）

印刷电路板上，在焊盘与焊盘之间起电气连接作用的是铜膜导线，简称导线（Track）。它也可以通过过孔把一个导电层和另一个导电层连接起来。

5. 安全间距（Clearance）

进行印刷电路板设计时，为了避免导线、过孔、焊盘及元件间的距离过近而造成相互干扰，就必须在他们之间留出一定的间距，这个间距就称为安全间距。图 7.3.4 为安全间距示意图。

7.3.3　PCB 绘图工具

Protel 99 SE 的绘图工具基本包括在放置工具栏（Placement Tools）中，如图 7.3.5 所示。工具栏中每一项都与 "Place" 菜单下的各项命令对应。

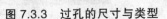

图 7.3.5　放置工具栏

1. 绘制导线

（1）绘制导线的步骤。

① 单击放置工具栏中的 图标或选择绘制导线命令 "Place→Line"，光标变成了十字形状。

② 将光标移到所需的位置，单击鼠标左键，确定导线的起点。

③ 然后将光标移到导线的终点，再单击鼠标，即可绘制出一条导线，如图 7.3.6 所示。

④ 将光标移到新的位置，按照上述步骤，再绘制其他导线。

⑤ 双击鼠标右键，光标变成箭头后，退出该命令状态。

（2）设置导线的属性。

用鼠标双击已布置的导线，或者在进入绘导线状态时按 Tab 键，或者选中导线后单击鼠标右键，从弹出的快捷菜单中选取 "Properties" 命令，系统都将弹出导线属性设置对话框，如图 7.3.7 所示。对话框中的各个选项说明如下：

Width：设置导线宽度；

Layer：设置导线所在的层；

Net：设置导线所在的网络；

Locked：设置导线位置是否锁定；

Selection：设置导线是否处于选取状态；

Start-X：设置导线起点的 X 轴坐标；

Start-Y：设置导线起点的 Y 轴坐标；

End-X：设置导线终点的 X 轴坐标；

End-Y：设置导线终点的 Y 轴坐标；

Keepout：该复选框选中后，则此导线具有电气边界特性。

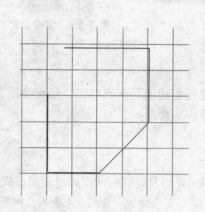

图 7.3.6　绘制出一条导线

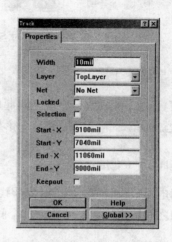

图 7.3.7　导线属性设置对话框

（3）删除导线。

单击要删除的导线，然后按 Delete 键。也可以执行"Edit→Delete"命令，光标变为十字状，然后单击要删除的导线即可。

2. 放置焊盘

（1）放置焊盘的步骤。

① 单击放置工具栏上的 ⊙ 图标，或执行"Place→Pad"命令。

② 执行命令后，光标变成了十字形状，而且在光标的中央粘有一焊盘，如图 7.3.8 所示。将光标移到所需的位置，单击鼠标左键，即可放置焊盘。

③ 将光标移到新的位置，按照上述步骤再放置其他焊盘，如图 7.3.9 所示。单击鼠标右键，光标变成箭头后，退出该命令状态。

图 7.3.8　执行放置焊盘命令后光标状态　　图 7.3.9　放置焊盘

（2）设置焊盘属性。

在焊盘没有放下的状态时按 Tab 键或在已放下的焊盘上双击鼠标左键，都可以打开焊盘属性设置对话框，如图 7.3.10 所示。对话框中包括 3 个标签页，分别为："Properties"属性标签页、"Pad Stack"焊盘形状标签页和"Advanced"高级标签页。

212

① "Properties"属性标签页，如图 7.3.10 所示。

Use Pad Stack：设置采用特殊焊盘，选择此复选框则本标签页中的以下三项将不用设置。

X-Size：设置焊盘的 X 轴尺寸。

Y-Size：设置焊盘的 Y 轴尺寸。

Shape：设置焊盘形状。从右侧的下拉列表框可选焊盘形状，系统提供了 3 种焊盘形状，即 Round（圆形）、Rectangle（正方形）和 Octagonal（八角形）。

Designator：设置焊盘序号。

Hole Size：设置焊盘通孔直径。

Layer：设置焊盘所在层。针脚类元件设为多层，表面粘贴类元件设为顶层或底层。

Rotation：设置焊盘旋转角度，对圆形焊盘没有意义。

X-Location：设置焊盘位置的 X 轴坐标。

Y-Location：设置焊盘位置的 Y 轴坐标。

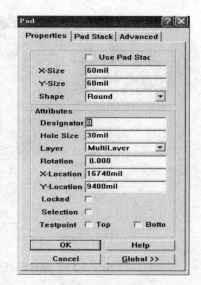

图 7.3.10　焊盘属性设置对话框

Locked：设置是否锁定焊盘位置。选中则表示在移动焊盘时将出现确认对话框，以免无意中的错误移动。

Selection：设置是否将此焊盘处于选取状态。

Testpoint：有两个选项，即 Top 和 Bottom，如果选择了这两个复选框，则可以分别设置该焊盘的顶层或底层为测试点。

② "Pad Stack"焊盘形状标签页，如图 7.3.11 所示。

"Pad Stack"标签页中共有 3 个区域，分别控制焊盘的顶层（Top）、中间层（Middle）、底层（Bottom）的尺寸形状。每个区域的选项都具有相同的 3 个设置项。

X-Size：设置焊盘 X 轴尺寸。

Y-Size：设置焊盘 Y 轴尺寸。

Shape：设置焊盘形状。从右侧的下拉列表框可选择焊盘形状，系统提供了三种焊盘形状，即 Round（圆形）、Rectangle（正方形）和 Octagonal（八角形）。

③ "Advanced"高级标签页，如图 7.3.12 所示。

此标签页共有 3 个选项。

Net：设置焊盘所在网络。单击右边的下拉式按钮，将列出当前印制电路板上的所有网络名称，选择即可。

Electrical type：设置焊盘在网络中的电气属性，单击右边的下拉式按钮，将出现 3 个选项："Load（中间点）""Source（起点）""Terminator（终点）"。

Plated：设置此焊盘是否将通孔的孔壁电镀，选中为是。

Paste Mask：设置焊盘阻焊膜的属性，可以修改 Override 阻焊延伸值。

Solder Mask：设置焊盘助焊膜的属性，选择 Override 可设置助焊延伸值，这对于设置 SMT（贴片封装）式的焊点非常有用。如果选中 Tenting，则助焊膜是一个隆起，此时不能设置助焊延伸值。

设置完成以后，单击"OK"按钮即可。

图 7.3.11 焊盘形状标签页

图 7.3.12 焊盘高级标签页

3. 放置过孔

（1）放置过孔的步骤。

① 单击放置工具栏中的 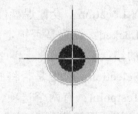 图标，或执行"Place→Via"命令。

② 执行命令后，光标变成了十字形状，而且在光标的中央粘有一个过孔，如图 7.3.13 所示。将其移到所需的位置，单击鼠标，即可放置过孔。

图 7.3.13 执行放置过孔命令后光标状态

③ 将光标移到新的位置，按照上述步骤即可放置多个过孔。

④ 单击鼠标右键，光标变成箭头后，退出该命令状态。

（2）设置过孔属性。

在过孔没有放下状态时按 Tab 键，或在已放下的过孔上双击鼠标左键，都可以设置过孔的属性。过孔的属性对话框如图 7.3.14 所示。

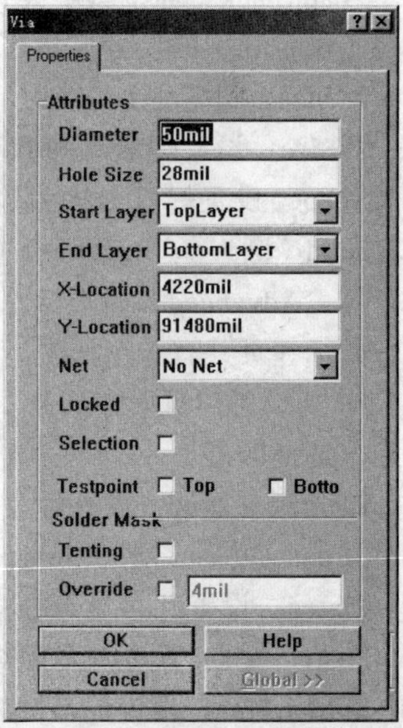

过孔的属性对话框各项介绍如下：

Diameter：设置过孔直径。

Start Layer：设置过孔从哪个信号板层开始放置。

End Layer：设置过孔放置到哪个信号板层终止。过孔如果从顶层到底层，则为穿透式过孔；从顶层（或底层）到中层信号层则为盲孔；从中间某层到中间其他层则为隐藏式过孔。

X-Location：设置过孔位置的横坐标。

Y-Location：设置过孔位置的纵坐标。

图 7.3.14 设置过孔属性对话框

Net：设置此过孔所在地的网络。单击右边的下拉式按钮，将列出当前印制电路板上的所有网络名称，选择即可。

Locked：设置是否锁定焊盘位置。选中则表示锁定过孔的位置，在移动过孔时将出现确认对话框，以免无意中的错误移动。

Selection：设置是否将此过孔处于选取状态。

Testpoint：设置过孔的测试点在顶层或是底层。

Solder Mask：设置过孔的助焊膜属性，可以选择 Override 设置助焊延伸值。如果选中 Tenting，则助焊膜是一个隆起，此时不能设置助焊延伸值。

设置完成以后，单击"OK"按钮即可。

4. 放置字符串

（1）放置字符串的步骤

① 单击放置工具栏上的 **T** 图标。

② 光标将变成十字形状，而且在光标上粘有一个缺省的字符串，如图 7.3.15 所示。将鼠标移动到合适的位置，然后单击鼠标左键即可放置字符串。

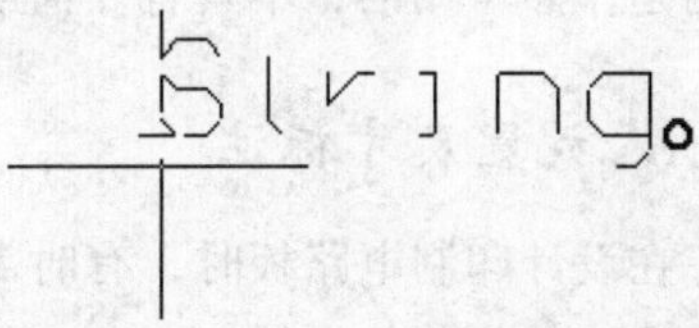

③ 将光标移到新的位置，重复操作，即可在编辑区内放置多个字符串。

④ 单击鼠标右键，光标变成箭头后，退出该命令状态。

图 7.3.15　光标上粘有一个字符串

（2）设置字符串属性。

缺省字符串放置后，必须在属性对话框中输入其文字内容。在字符串没有放下状态按动键盘的 Tab 键，或在已放下的字符串双击鼠标左键，都可设置字符串的属性。

字符串的属性对话框如图 7.3.16 所示。

字符串一般不具有任何电气特性，只作为说明之用，所以经常放置在丝印层。如果放置到信号层，不要让其与导线相连，以防短路。

（3）旋转字符串。

旋转字符串的方法：

① 光标移到字符串文字上单击鼠标左键，文字的右下角会出现一个小的圆圈。

② 光标移至字符串文字的小圆圈上单击鼠标左键，光标会变成十字形状。移动鼠标，文字会随之转动。

③ 在合适的位置，单击鼠标左键，完成文字的旋转。

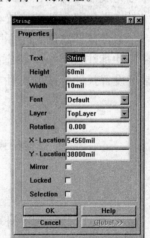

图 7.3.16　设置字符串属性对话框

5. 放置坐标

此命令是将当前鼠标所处位置的坐标放置在工作平面上。其具体步骤如下：

（1）单击放置工具栏上的 图标，启动放置坐标命令。

（2）执行命令后，光标将变成十字形状，并带着当前位置的坐标出现在编辑区，如图 7.3.17 所示，随着光标的

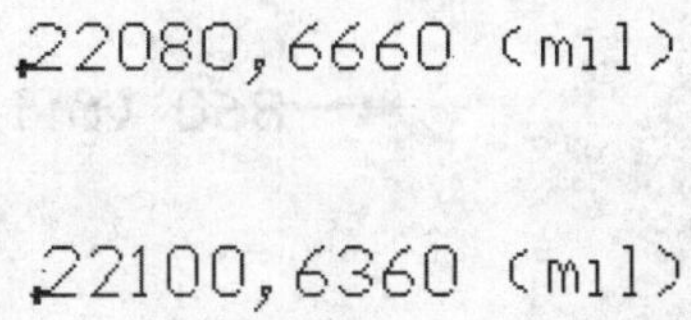

22080,6660（mil）

22100,6360（mil）

图 7.3.17　光标上当前位置的坐标

215

移动，坐标值也相应地改变。

（3）单击鼠标左键，把坐标放到相应的位置。

（4）用同样的方法放置其他坐标。

在坐标没有放下状态按动键盘的 Tab 键，或在已放下的坐标上双击鼠标左键，都可设置坐标的属性。坐标的属性对话框如图 7.3.18 所示。

在对话框中，可以对坐标大小（Size）、文字的线宽度（Line Width）、单位的显示方式（Unit Style）、文字的高度（Height）、文字的宽度（Width）、文字的字体（Font）、文字所在的板层（Layer）、坐标文字的坐标值（X-Location，Y-Location）、锁定坐标位置（Locked）、选择状态（Selection）等进行选择或设置。光标当前所在位置的坐标放置在编辑区内是作参考用的，不具有任何电气特性，所以一般放置在丝印层。

图 7.3.18　设置坐标属性对话框

6. 放置尺寸标注

在设计印制电路板时，有时需要标注某些尺寸的大小，以方便印制电路板的制造。放置尺寸标注的步骤如下：

（1）用鼠标左键单击放置工具栏中的 图标，光标成为如图 7.3.19 所示的状态。

（2）移动光标到尺寸的起点，单击鼠标，便可确定标注尺寸的起始位置。

（3）移动光标，中间显示的尺寸随着光标的移动而不断地发生变化，到合适的位置单击鼠标即可完成尺寸标注，如图 7.3.20 所示。

（4）将光标移到新的位置，按照上述步骤，再放置其他标注。

（5）单击鼠标右键，光标变成箭头后，退出该命令状态。

在尺寸标注没有放下状态按动键盘的"Tab"键，或在已放下的尺寸标注上双击鼠标左键，都可设置尺寸标注的属性。尺寸标注的属性对话框如图 7.3.21 所示。

图 7.3.19　执行放置尺寸标注命令后光标形状

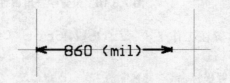

图 7.3.20　完成的标注尺寸　　　　图 7.3.21　尺寸标注属性对话框

在该对话框中可以对尺寸标注的高度（Height）、文字的宽度（Width）、单位的显示方式（Unit Style）、标注文字的宽度（Width）、文字字体（Font）、所在的板层（Layer）、起点坐标、终点坐标、锁定（Locked）和选择状态（Selected）等进行设置。

7. 设置相对原点

在印制电路板设计系统中有两个原点：一个是系统原点，是绝对原点，位于设计窗口的左下角；第二个是相对原点，是在设计时为了方便定位而自行设置的坐标原点。在没有定义相对原点时，相对原点和绝对原点重合。

设置相对原点具体步骤如下：

（1）单击工具栏中的⊠图标，或者执行"Edit→Origin→Set"命令。

（2）执行命令后，光标变成了十字形状，将光标移到所需的位置，单击鼠标左键，即可放置相对原点。

若想恢复原来的坐标系，执行"Edit→Origin→Reset"命令即可。

8. 放置房间定义

在对电路图布线获取 PCB 图形时，可能将元件、元件类或封装分配给一个房间，房间可以定义在顶层或底层，并且可以确定目标保持在其内或其外。当移动房间时，房间内的实体也随之移动。房间定义可以设定无效，也可以被锁定。放置房间定义的步骤如下：

（1）单击放置工具条上的⊠图标，或执行"Place→Room"命令，光标变成十字形状。

（2）在合适的位置单击鼠标左键确定房间定义起点，而后移动鼠标到合适位置，此时出现一个带控制点的矩形，可以根据需要确定其大小。

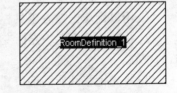

（3）再次单击鼠标左键，即可放置一个房间定义，如图7.3.22 所示。

（4）单击鼠标右键，取消放置状态。

图 7.3.22　放置房间定义

将光标移到该房间定义上双击鼠标左键，调出图 7.3.23 所示对话框。

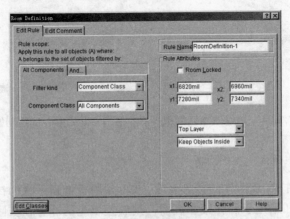

图 7.3.23　设置房间定义规则

在此对话框的左边可以按照元件名称、封装形式或按类设置该区域有效范围；右边可以设置房间定义的规则名（Rule Name）、通过坐标值（x1/y1/x2/y2）设置该区域大小、选择房间定义的位置是顶层（Top Layer）还是底层（Bottom Layer）以及设置有效范围内的元件是在区域内或是区域外（选择 Keep Object Inside 或 Keep Object Outside）。

设置完成单击"OK"按钮即可。

9. 绘制圆弧或圆

Protel 99 SE 提供了三种绘制圆弧的方法（中心法、边缘法和角度旋转法）和一种绘制整圆的方法。

（1）边缘法 Arc（Edge）。

边缘法是用来绘制 90° 圆弧的，它通过圆弧上的两点即起点与终点来确定圆弧的大小。其绘制过程如下：

① 用鼠标左键单击放置工具栏中的 图标，或执行"Place→Arc（Edge）"命令。

② 执行该命令后，光标变成了十字形状，将光标移到所需的位置，单击鼠标左键，确定圆弧的起点。

③ 再次移动光标到适当位置，单击鼠标左键，确定圆弧的终点。

④ 单击鼠标确认，即得到一个圆弧。图 7.3.24 所示为使用边缘法绘制的圆弧。

（2）中心法 Arc（Center）。

中心法绘制圆弧就是通过确定圆弧中心、圆弧的起点和终点来确定一个圆弧。它可以绘制任意半径和弧度的圆弧。

绘制过程如下：

① 用鼠标单击放置工具栏中的 图标，或执行"Place→Arc（Center）"命令。

② 执行该命令后，光标变成十字形状，将光标移到所需的位置，单击鼠标左键，确定圆弧的中心。

③ 将光标移到所需的位置，单击鼠标左键，确定圆弧的起点。

④ 再次移动光标到适当位置单击鼠标，确定圆弧的终点。

⑤ 单击鼠标左键确认，即得到一个圆弧。图 7.3.25 所示为使用中心法绘制的圆弧。

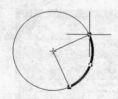

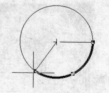

图 7.3.24　边缘法绘制圆弧　　图 7.3.25 中心法绘制圆弧

10. 放置矩形填充

填充一般用于制作 PCB 插件的接触表面，或者是用于增强系统的抗干扰性而设置的大面积电源或接地。填充如果用于制作接触表面，则放置填充的部分在实际的电路板上是一个裸露的覆铜区，表面没有绝缘漆。如果是作为大面积的电源或接地，或者仅为元器件、导线间抗干扰而用，则表面会涂上绝缘漆。填充通常放置在 PCB 的顶层、底层或内部的电源/接地

218

层上，放置填充的方式有两种：矩形填充（Fill）和多边形填充（Polygon Plane）。放置矩形填充的步骤如下：

（1）用鼠标单击放置工具栏上的 □ 图标，或执行 "Place→Keepout→Fill" 命令，此时光标变成十字形状。

（2）移动光标，依次确定矩形区域对角线的两个顶点即可完成对该区域的填充，如图7.3.26 所示。

（3）单击鼠示右键或按 Esc 键即可退出命令状态。

可根据需要改变矩形填充，具体方法是：

在矩形填充上单击鼠标左键，矩形填充的中心会出现一个小十字形状，其一边有个小圆圈，周边出现 8 个控制点，如图 7.3.26 所示。

移动：在矩形填充的任何位置单击鼠标左键，光标都将自动移到矩形填充中心的小十字上，此时的光标会变成十字形状，而且矩形填充会粘在光标上随之移动，在合适的位置，单击鼠标左键，放下矩形填充。

图 7.3.26　放置矩形填充

旋转：在矩形填充的小圆圈上单击左键，光标会变成十字形状。移动鼠标，矩形金属填充会随之转动，在合适的位置，单击鼠标左键，完成矩形填充的旋转。

修改大小：单击矩形填充四周出现的某个控制点，可以改变控制点所在边的位置，如果控制点在角上，则可同时改变两条边的位置。在合适的位置单击鼠标左键可修改矩形填充的大小。

如果需要对填充进行编辑，在矩形填充没有放下时按动 "Tab" 键，或者用鼠标双击放下后的矩形填充，都可以设置矩形填充的属性。矩形填充属性对话框如图7.3.27 所示。

在对话框中可以对矩形填充所处的板层（Layer）、连接的网络（Net）、旋转角度（Rotation）、两个角的坐标等参数进行设置。

设置完毕后单击 "OK" 按钮即可。

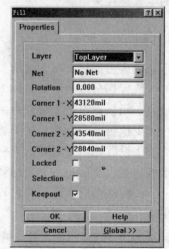

图 7.3.27　矩形填充属性对话框

11. 放置多边形填充

放置多边形填充，也称放置敷铜。就是为了提高电路板的抗干扰能力，将电路板中空白的地方铺满铜膜。放置多边形填充的步骤如下：

（1）单击放置工具栏上的 ⌐ 图标，或执行菜单命令 "Place→Polygon Planc"，将出现如图 7.3.28 所示的设置多边形填充属性对话框。

（2）设置完对话框后，光标变成了十字形状，将光标移到所需的位置，单击鼠标左键确定多边形的起点。

（3）移动光标到其他位置，单击鼠标左键，依次确定多边形的其他顶点。

（4）在多边形终点处单击鼠标右键，程序会自动将起点和终点连接起来形成一个封闭的多边形区域，同时在该区域内完成金属填充，如图 7.3.29 所示。

矩形填充和多边形填充的区别：

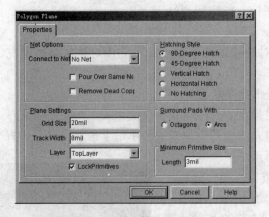

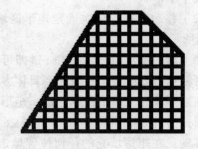

图 7.3.28　多边形填充属性对话框　　　　　图 7.3.29　多边形填充

（1）矩形填充填充的是整个区域，没有任何遗留的空隙。多边形填充则是用铜膜线来填充区域，线与线之间是有空隙的。当然，如果将多边形填充的线宽（Track Width）的值设置为大于或等于格点尺寸（Grid Size）的值，也可以得到矩形填充相同的外观效果。

（2）矩形填充会覆盖该区域内的所有导线、焊盘和过孔，使他们具有电气连接关系，而多边形填充则会绕开区域内的所有导线、焊盘、过孔等具有电气意义的图件，不改变他们原有的电气连接关系。

12. 放置切分多边形填充

切分多边形填充与多边形类似，不过它是用来切分内部电源层（Internal Plane）或接地层的。放置切分多边形的具体方法如下：

（1）用鼠标单击工具栏中的 圖 图标，或执行 "Place→Split Plane" 命令。

（2）执行此命令后，系统将会弹出如图 7.3.30 所示的设置切分多边形属性对话框。

（3）设置完对话框后，光标变成了十字形状，将光标移到所需的位置，单击鼠标确定多边形的起点，然后再移动光标到适当位置单击鼠标，依次确定多边形的其他顶点。

（4）在终点处右击鼠标，程序会自动将终点和起点连接在一起，形成一个封闭切分多边形平面，如图 7.3.31 所示。

注意：要设置切分多边形填充，必须已经设置了内部电源或接地层，否则该命令不起作用。

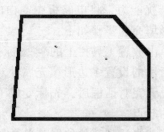

图 7.3.30　切分多边形填充属性对话框　　　图 7.3.31　切分多边形填充

13. 放置泪滴设置

泪滴是指导线与焊盘或过孔的连接处逐步加大形成泪滴状，使其连接更为牢固，防止在钻孔时候的应力集中而使接触处断裂。放置泪滴的方法是：

（1）执行"Tools→Teardrop Options"菜单命令，调出放置泪滴对话框，如图 7.3.32 所示。

（2）在对话框中左边区域中指定选项，在右边"Action"作用区域中选中"Add"，在"Teardrops Style"泪滴类型区域中选中任一项。

（3）单击"OK"按钮，程序立即对所有焊盘和过孔添加上泪滴。

若取消泪滴，调出图 7.3.32 对话框，在右边"Action"作用区域中选中"Remove（删除）"按钮，然后单击"OK"按钮即可。

图 7.3.32　放置泪滴对话框

14. 放置屏蔽导线

为了防止相互干扰，而将某些导线用接地线包住，称为屏蔽导线（或包地）。放置屏蔽导线的方法是：

（1）执行"Edit→Select"命令，再选取"Net（网络）"命令或"Connected Copper（连接导线）"命令，将光标指向所要屏蔽的网络或连接导线上，单击鼠标左键选取。

（2）单击鼠标右键结束选取状态。然后执行"Tools→Outline Selected Objects（屏蔽导线）"命令，该网络或连接导线周围就放置了屏蔽导线。最后取消选取状态，恢复原来导线。屏蔽导线的外形如图 7.3.33 所示。

当取消屏蔽时，执行"Edit→Select→Connected Copper"命令，将光标移至屏蔽导线上，单击鼠标左键选中屏蔽导线，然后单击鼠标右键，最后按动"Crtl + Delete"组合键即可删除。

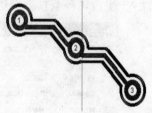

图 7.3.33　屏蔽导线的外形

7.3.4　电路板的规划

对于要设计的电子产品，需要设计人员首先确定其电路板的尺寸，因此首要的工作就是电路板的规划，即电路板板边的确定，还要确定电路板的电气边界。

在执行 PCB 布局处理前，必须创建一个 PCB 板的电气定义。一个电气板定义涉及一个元件的生成和 PCB 板的跟踪路径轮廓，PCB 板的布局将在这个轮廓中进行，规划 PCB 板的布局有两种方法：一是手动设计规划电路板和电气定义，另一种是利用 Protel 的 Wizard。

1. 手动规划电路板

元件布置和路径安排的外层限制一般由 Keep Out Layer 中放置的轨迹线或圆弧所确定，这也就确定了 PCB 板的电气轮廓。一般电气轮廓与 PCB 板的物理边界相同，设置电路板电气边界时，必须确保轨迹线和元件不会距离边界太近，该电气轮廓边界为设计规则检查器、自动布局器和自动布线器所用。

电路板规划并定义电气边界的一般步骤如下：

（1）用户用鼠标单击编辑区下方的标签"KeepOutLayer"，如图 7.3.34 所示，即可将当前的工作层设置为 KeepOutLayer。该层为禁止布线层，一般用于设置电路板的板边界，以将元件限制在某个范围之内。

（2）执行命令"Place→Eeepout→Track"或单击"Pacement Tools"工具栏中相应的按钮。

（3）执行该命令后，光标会变成十字。将光标移动到适当的位置，单击鼠标左键，即确定第一条板边的起点。然后拖动鼠标，将光标移动到合适的位置，单击鼠标左键，即确定第一条板边的终点。

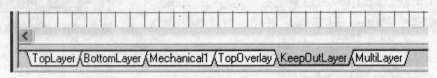

图 7.3.34　当前的工作层设置为 KeepOutLayer

如果用已经绘制了封闭的 PCB 板的限制区域，则使用鼠标双击区域的板边，系统将会弹出如图 7.3.35 所示的"Track"属性对话框，在该对话框中可以很精确地进行定位，并且可以设置工作层和线宽。

（4）用同样的方法绘制其他三条板边，并对各边进行精确编辑，使之首尾相连，绘制完成的电路板边框如图 7.3.36 所示。

（5）单击鼠标右键，退出该命令状态。

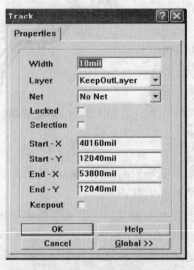

图 7.3.35　"Track"属性对话框

图 7.3.36　电路板边框示意图

2. 使用向导生成电路板

使用向导生成电路板的步骤：

222

（1）执行"File→New"命令，在弹出的对话框中选择"Wizards"选项卡，如图 7.3.37 所示。

（2）选择"Print Circuit Board Wizard（印刷电路板向导）"图标，单击"OK"按钮，将弹出如图 7.3.38 所示的对话框。

图 7.3.37　新建 PCB 文件的 Wizards 选项卡　　　　图 7.3.38　电路板向导

（3）单击"Next"按钮，将弹出如图 7.3.39 所示的选择预定义标准板对话框。在列表框中可以选择系统已经预先定义好的板卡类型。如选择"Custom Made Board"，则设计作者自行定义电路板的尺寸等参数。

（4）选择"Custom Made Board"项，单击"Next"按钮，系统弹出设定电路板相关参数的对话框，如图 7.3.40 所示。

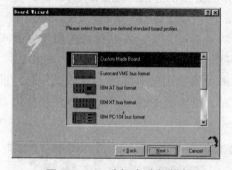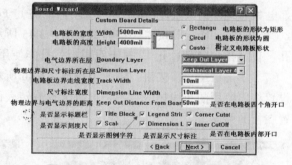

图 7.3.39　选择电路板模板　　　　　图 7.3.40　自定义电路板的参数设置

设置完成后，系统将弹出几个有关电路板尺寸参数设置的对话框，对所定义的电路板的形状、尺寸加以确认或修改，如图 7.3.41 和图 7.3.42 所示。

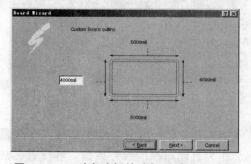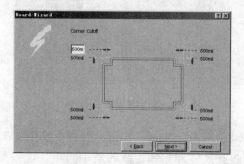

图 7.3.41　对电路板的边框尺寸进行设置　　　图 7.3.42　对电路板的 4 个角的开口尺寸进行设置

223

如果在图 7.3.40 中的"Title Block"项被选中，系统将弹出如图 7.3.43 所示的对话框。

（5）单击"Next"按钮，将弹出如图 7.3.44 所示对话框，可设置信号层的数量和类型，以及电源/接地层的数目。各项含义如下：

图 7.3.43　输入标题块中的有关信息

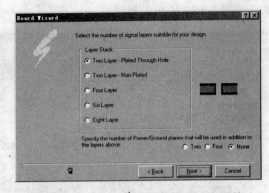

图 7.3.44　设置信号层的层数及类型等

Two Layer-Plated Through Hole：2 个信号层，过孔电镀。

Two Layer-Non Plated：2 个信号层，过孔不电镀。

Four Layer：4 层板。

Six Layer：6 层板。

Eight Layer：8 层板。

Specify the number of Power/Ground plates that will be used in addition to the layers above：选取内部电源/接地层的数目，包括 Two（2 个内部层）、Four（4 个内部层）和 None（无内层）。

（6）单击"Next"按钮，将弹出如图 7.3.45 所示的对话框，可设置过孔的类型（穿透式过孔、盲过孔和隐藏过孔）。对于双层板，只能使用穿透式过孔。

（7）单击"Next"按钮，将弹出如图 7.3.46 所示的设置使用的布线技术对话框，此时可以设置将要使用的布线技术，用户可以选择旋转表面贴元件多还是插孔式元件多，元件是否放置在板的两面。

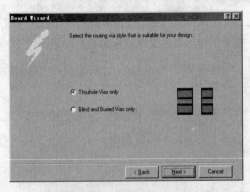

图 7.3.45　设置过孔类型

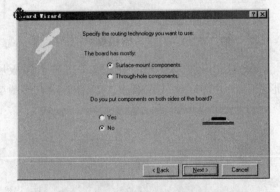

图 7.3.46　设置使用的布线技术对话框

（8）单击"Next"按钮，将弹出如图 7.3.47 所示的对话框，可设置最小的导线宽度、最小的过孔尺寸和相邻走线的最小间距。这些参数都会作为自动布线的参考数据。各设置参数含义如下：

Minimum Track Size：设置最小的导线尺寸。

Minimum Via Width：设置最小的过孔外径直径。

Minimum Via HoleSize：设置过孔的内径直径。

Minimum Clearance：设置相邻走线的最小间距。

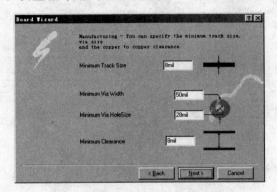

图 7.3.47   设置最小的尺寸限制

（9）单击"Next"按钮，弹出完成对话框；单击"Finish"按钮，结束生成电路板的过程，如图 7.3.48 所示，该电路板已经规划完毕。

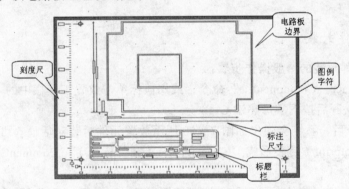

图 7.3.48   新生成的 PCB 板

7.3.5   元件封装的放置

在放置元件封装之前，先要装入所需的元件封装库，如果没有装入元件封装库，在装入网络表及元件的过程中程序将会提示找不到元件封装，从而导致装入过程失败。

1. 装入元件库

根据设计的需要，装入设计印制电路板所需要使用的几个元件库。其基本步骤如下：

（1）执行"Design→Add→Remove Library"命令。

（2）系统弹出"添加/删除元件库"对话框，如图 7.3.49 所示。在该对话框中，找出原理图中的所有元件所对应的元件封装库，选中这些库，用鼠标单击按钮"Add"，即可添加这些元件库。在制作 PCB 时比较常用的元件封装库有：Advpcb.ddb、DC to DC.ddb、GeneralIC.ddb 等，用户还可以选择一些自己所需的元件库。

图 7.3.49   添加/删除元件库对话框

③ 添加完所有需要的元件封装库后，单击"OK"按钮完成该操作，程序即可将所选中的元件库装入。

2. 放置元件封装

（1）放置元件封装的一般操作步骤：

① 执行"Place→Component…"命令，或用鼠标单击放置工具栏中的 ⅢⅢ 图标，或先按下字母热键 P，松开后按下字母热键 C。

② 执行命令后，系统会弹出如图 7.3.50 所示放置元件封装对话框。可以在该对话框中输入元件的"Footprint（封装形式）""Designator（元件标号）""Comment（元件注释）"等参数。

如果不熟悉元件封装的，可以单击该对话框中的"Browse（浏览）"按钮，从装入的元件封装库中浏览、选择所需元件，如图 7.3.51 所示。单击"Place"按钮，选中元件，可将选择的元件放置到编辑器中。

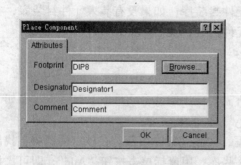

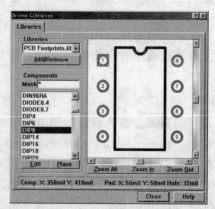

图 7.3.50   放置元件封装对话框   **图 7.3.51   浏览元件库对话框**

③ 设置完参数后，单击"OK"按钮即可调出元件。此时元件黏着在光标上，只要在编辑区中单击鼠标左键，就可将元件放置，即可把元件放置到工作区中。

注意：选择的元件封装一定要符合实际焊接元件的需要，形状和焊盘位置尽可能相符，焊盘的尺寸尽可能与实际元件相符。对于针脚式元件，焊盘的内孔尺寸一定不能小于实际元件管脚尺寸，否则无法将实际元件焊接到印制电路板上。

（2）使用设计管理器"Browse PCB"标签页调用元件放置。

放置方法是：

① 先将"Browse"栏内设为"Libraies"，在库文件列表中选择所需库文件；

② 在"Components"列表中选中要放置的元件，之后将光标指针移至"Place"按钮上单击鼠标左键，如图 7.3.52 所示；

③ 在编辑区中适当位置单击鼠标左键放置。

3. 设置元件封装属性

在放置元件封装时按 Tab 键，或者双击在电路板上已经放置的元件封装，或者选中封装，然后单击鼠标右键，从快捷菜单中选取"Properties"命令，均可打开元件封装属性对话框，如图 7.3.53 所示。

图 7.3.52　设计管理器放置元件

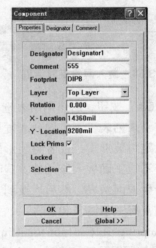

图 7.3.53　元件封装属性对话框

元件封装属性对话框中有 3 个标签页，分别为"Properties"属性标签页、"Designator"元件标号标签页和"Comment"标注标签页。单击不同的标签即可进入相应的标签页。

7.3.6　元件的自动布局

1. 装入网络表

为了能够充分利用 Protel 99 SE 的自动布局和布线功能，网络表本身一定要包括所有电路原理图中的元件，而且必须为其中的所有元件指定管脚封装，否则加载网络表时将出现元件不能放置到布局区域的错误信息。装入网络表步骤：

（1）打开已经创建的 PCB 文件。

（2）执行 "Design→Load Nets" 命令，或先按下 D 键，松开后再按下 N 键，系统会弹出如图 7.3.54 所示装入网络表对话框。

（3）在 "Netlist File" 框中直接输入网络表文件名。

如果不知道网络表文件所在的位置，可以单击对话框中的 "Browse...（浏览）" 按钮，系统将弹出如图 7.3.55 所示网络表文件选择对话框，在该对话框中找到网络表文件所在的位置，然后选取网络表目标文件（网络表文件具有 "NET" 的扩展名）。

图 7.3.54　装入网络表对话框

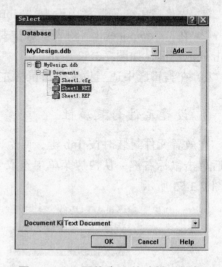
图 7.3.55　网络表文件选择对话框

（4）单击 "OK" 按钮，退出网络表选择对话框。退出后，系统将指定的网络表装入并进行分析，同时将结果列表于下方的列表框中，如图 7.3.56 所示。

如果没有设定封装形式，或者封装形式不匹配，则在装入网络表时，会在列表框中显示错误信息，这将不能正确装入该元件。这时应该返回电路原理图，修改该元器件的属性或电路连接，再重新生成网络表，然后切换到 PCB 文件中进行操作。

在该表中经常有一些错误和警告：

"Error: Footprint ××× not fount in Library"，意思为 "错误：在库中没有发现封装×××"。这个错误的原因是系统在装入的元件封装库中没有发现元件的封装形式，而且也没有发现此元件可选的其他封装形式。解决的方法是用鼠标单击图 7.3.56 中 "Cancel" 按钮，找到该元件所在的封装库文件，将其装入即可。

"Error：Component not found"，意思为 "错误：没有发现元件封装"。发生错误的原因可能是没有加载库文件，也可能是在原理图设计时没有指定该元件的封装形式。解决的方法是用鼠标单击图 7.3.56 中 "Cancel" 按钮，回到原理图设计器，检查一下是否某个元件没有指定管脚封装。最后重新生成网络表，装入所需元件封装库文件，重复装入网络表操作。

"Warning：Alternative footprint ×××"，意思为 "警告：封装×××管脚悬空的"。如果是原理图中该管脚实际就没有用到，不必理会这个警告；如果该管脚用到了，现在系统提出了警告，应该用鼠标单击图 7.3.56 中 "Cancel" 按钮，回到原理图设计器，检查一下该管脚上的布线，最后重新生成网络表，重复装入网络表操作。

（5）如果在装入网络表时没有出现错误信息，则单击"Execute"按钮，即可装入网络表与元件，如图 7.3.57 所示。

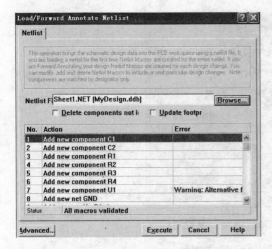

图 7.3.56　装入网络表后的对话框

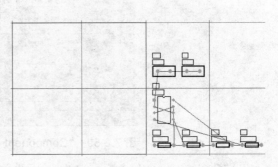

图 7.3.57　装入网络表与元件

2. 设置自动布局设计规则

如果装入网络表后直接进行布局，系统将使用缺省的自动布局设计规则。为了使自动布局的结果更符合要求，可以在自动布局之前设置一些规则。

设置自动布局设计规则的操作步骤：

（1）执行"Design→Rules"菜单命令，系统弹出设计规则对话框，选择"Placement"选项卡，如图 7.3.58 所示。

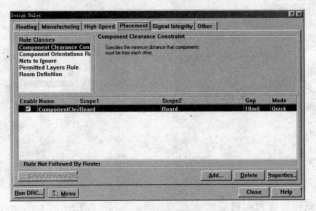

图 7.3.58　自动布局的设计规则

（2）在"Placement"选项卡左上方的列表框中有 5 类自动布局的设计规则："Component Clearance Constraint（元件间距约束）""Component Orientations Rule（元件方位约束）""Nets To Lgnore（忽略网络）""Permitted Layers Rule（允许放置元件工作层）""Room Definition"（放置房间定义）。

①　"Component Clearance Constraint（元件间距约束）"规则。

用于设置元件之间的最小间距，如图 7.3.58 所示。在默认状态下，设计规则列表中已经存在一条设计规则，单击右下角的"Properties（属性）"按钮，弹出如图 7.3.59 所示的"Component Clearance"设置对话框。在"Gap（间隙）"文本框输入元件间距设定值，默认值为 10 mil。

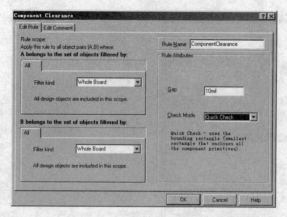

图 7.3.59 "Component Clearance"设置对话框

② "Component Orientations Ruler（元件放置角度）"规则。

用于设置布置元件时的放置角度。在图 7.3.58 中的规则类别框中选取"Component Orientations Ruler"项，单击右下角的"Add"按钮，弹出如图 7.3.60 所示的元件放置方向对话框。

③ "Net to Ignore（网络忽略）"规则。

用于设置在利用 Cluster Placer 方式进行自动布局时，应该忽略哪些网络走线造成的影响，这样可以提高自动布局的速度与质量，如图 7.3.61 所示。

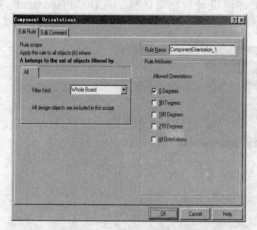

图 7.3.60 元件放置方向对话框

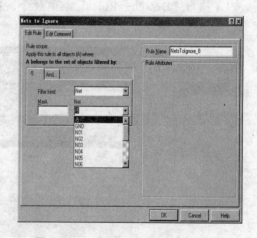

图 7.3.61 "Net to Ignore"对话框

④ "Permitted Layer Ruler（允许元件放置层）"规则。

用于设置允许元件放置的电路板层。在图 7.3.58 中的规则类别框中选取"Permitted Layer Ruler"项，单击"Add"按钮，弹出如图 7.3.62 所示的"Permitted Layer Ruler"对话框。在左边的"Filter kind"下拉列表框选择用于该规则的适用范围，右边栏中的"Top Layer 和 Bottom Layer"复选框用于设置是否允许在顶层和底层放置元件。这里，我们设置所有的元件都放在顶层。

230

⑤ "Room Definition（定义房间）"规则。

用于设置定义房间的规则。在图 7.3.58 中的规则类别框中选取 "Room Definition" 项，单击 "Add" 按钮，弹出如图 7.3.63 所示的 "Room Definition" 对话框。在 "Ruler Attribute" 选项区设置房间的范围，在 "x1" "y1" 文本框中指定房间的顶点坐标，在 "x2" "y2" 文本框中指定房间的顶点对角点的坐标。在下边的第一个下拉列表框设置适用的层，默认为顶层。第二个下拉框中有两个选项，"Keep Objects Inside（将对象限制在房间的内部）" 和 "Keep Objects Outside（将对象限制在房间的外部）"。

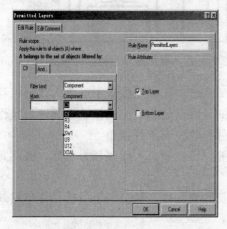

图 7.3.62 "Permitted Layer Ruler" 对话框

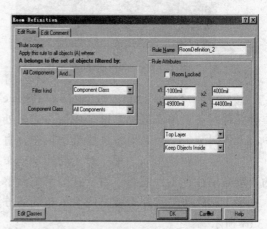

图 7.3.63 "Room Definition" 对话框

3. 自动布局

在装入网络表，设置自动布局设计规则之后，就可以执行自动布局操作了。自动布局操作步骤如下：

（1）执行 "Tools→Auto Placement→Auto Placer…" 命令，弹出如图 7.3.64 所示对话框。

在该对话框中，可以设置自动布局有关的参数。系统提供了两种自动布局方式 "ClusterPlacer（成组布局方式）" 和 "Statistical Placer（统计布局方式）"。

"Cluster Placer"：这种布局方式将元件分为组，并连接成元件串，然后按照几何关系在布局区域内放置元件组。一般适合于元件数量较少（少于 100）的 PCB 制作。

"Statistical Placer"：这种布局方式根据统计算法来放置元件，以便使元件间用最短的导线连接。一般适合元件数目较多（大于 100）的 PCB 制作。

（2）设置完成，单击 "OK" 按钮，退出对话框，系统开始自动布局。如果在自动布局过程中想终止自动布局，可选择 "Tools→Auto Placement→Stop Auto Placer" 菜单命令。经过自动布局后获得的元件布局如图 7.3.65 所示。

当网络表装入后，有些元件封装是重叠在一起的，可以用推挤法（Shove）将元件封装排列开来。推挤法（Shove）是指固定一个元件封装，其他与它重叠的元件封装被推开。使用推挤法一般可以加大推挤的深度。通过一次推挤就将所有的元件封装分离开，以免这一次分离出来的元件封装，在下一次推挤时又被推挤。操作步骤如下：

① 执行 "Tools→Auto Placement→Set Shove Depth…" 菜单命令，将弹出如图 7.3.66 所示设置推挤深度对话框。在框中输入数字，范围是 1 ~ 1 000，然后单击 "OK" 按钮即可。

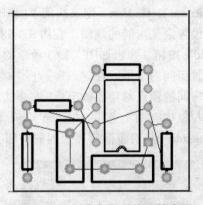

图 7.3.64　自动布局对话框　　　　图 7.3.65　自动布局后的元件布局

② 执行"Tools→Auto Placement→Shove"菜单命令，光标变成十字形状，将光标移至重叠元件封装上单击鼠标左键，而后在光标处出现的元件封装列表中选择一个元件封装作为中心元件封装，然后系统将进行推挤工作，直到元件封装没有重叠现象。

（3）手工调整布局。程序对元件的自动布局一般以寻找最短布线路径为目标，因此元件的自动布局往往不太理想，需要进行手工调整。

手工调整布局实际上就是用手工布局的方法重新放置元件。经过调整后的元件布局如图7.3.67 所示。

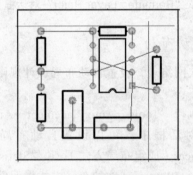

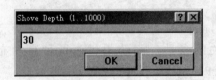

图 7.3.66　推挤深度对话框　　　　图 7.3.67　调整后的元件布局

7.3.7　自动布线

从图 7.3.65 可以看出，各元件焊盘之间已经存在连线（Connection），但这种线，俗称叫飞线。飞线只是在逻辑上表示各元件焊盘间的电气连接关系，利用主菜单的"View→Connections"下的"Show（显示）/Hide（隐藏）"命令可显示/隐藏全部或部分飞线。布线是根据飞线指示的电气连接关系来放置铜膜导线。

1. 设置自动布线设计规则

设置自动布线设计规则的操作步骤如下：
（1）执行 "Design→Rules"命令，也可以用字母热键 D、R 完成。

（2）在弹出的对话框中单击"Routing（布线）"标签，进入如图 7.3.68 所示的"Routing"对话框，即可进行布线参数的设置。自动布线总共有 10 个参数组可以设置，用户可以在 10 个参数组中设置任意个约束。

10 个参数组介绍如下：

① "Clearance Constraint（走线间距约束）"：该项用于设置走线与其他对象之间的最小安全距离。选中该项后单击"Add"按钮或直接用鼠标双击该项，将弹出如图 7.3.69 所示的安全间距设置对话框。

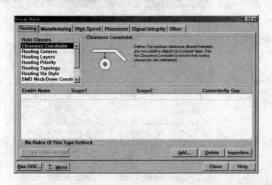

图 7.3.68　设计规则对话框

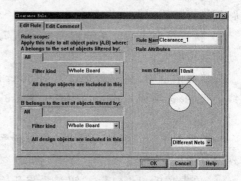

图 7.3.69　设置走线间距约束对话框

该对话框主要设置两部分内容：

左边为规则范围（Rule scope），用于指定本规则适用的范围，一般情况下，指定该规则适用于整个电路板（Whole Board）；

右边为规则属性（Rule Attributes），可以设置最小间距的数值和针对哪些网络。

设置完成后，单击"OK"按钮，返回如图 7.3.68 所示对话框，可以看出在其下面的列表中将增加一项走线间距约束。约束项的增加、修改和删除等操作与设置自动布局规则时一样。

② "Routing Corners（布线拐角模式）"：用来设置走线拐弯的样式。

③ "Routing Layers（布线工作层）"：用来设置自动布线过程中哪些信号层可以使用。

④ "Routing Priority（布线优先级）"：用来设置布线的优先权，即布线的先后顺序。

⑤ "Routing Topology（布线拓扑结构）"：用来设置以何种形状进行布线。

⑥ "Routing Via Style（过孔类型）"：用来设置自动布线过程中使用的过孔的样式。

⑦ "SMD Neck-Down Constraint（SMD 瓶颈限制）"：设置表面粘贴式焊盘 SMD 颈状收缩，即 SMD 的焊盘宽度与引出导线宽度的百分比。

⑧ "SMD To Corner Constraint（SMD 元件到导线转角间距离限制）"：用来设置 SMD 元件到导线转角间的最小距离限制。

⑨ "SMD To Plane Constraint（SMD 到地电层的距离限制）"：用来设置表面粘贴式焊盘 SMD 到地电层的距离限制。

⑩ "Width Constraint（走线宽度）"：用来设置走线的最大和最小宽度。

（3）在设置了各个设计规则之后，单击图 7.3.68 中的"Close"按钮，完成自动布线的设计规则设置工作。

需要说明的是，在所有的 10 个参数组中，"Routing Layers（布线层）"是必须设置的。另外"Clearance Constraint（走线间距约束）"和"Width Constraint（走线宽度约束）"中至少设置一项，否则执行自动布线时将出现错误或毫无结果。

2. 自动布线

执行自动布线的方法主要有以下几种：

（1）全局布线（All）。

全局布线是由系统完成所有的布线工作，不需要中途干预。其操作如下：

① 执行"Auto Route→All"菜单命令，对整个电路板进行布线；

② 执行该命令后，系统将弹出如图 7.3.70 所示自动布线设置对话框；

在该对话框中，可以分别设置"Router Passes（可走线通过）"选项和"Manufacturing Passe"（可制造通过）"选项。

一般情况下，采用对话框中的默认设置，就可以实现 PCB 的自动布线。

③ 单击"Route All"按钮，系统开始对电路板进行自动布线。布线结果如图 7.3.71 所示。布线结束

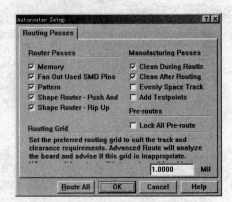

图 7.3.70　自动布线设置对话框

后系统弹出如图 7.3.72 所示的布线信息对话框，从中可以了解到布线的情况。

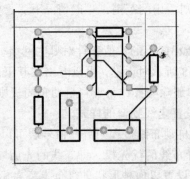

图 7.3.71　完成自动布线

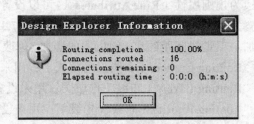

图 7.3.72　布线信息对话框

（2）指定网络布线（Net）。

指定网络布线是由用户选择需要布线的网络。一般以"Net"进行布线时，当选中某网络连线，则与该网络连线相连接的所有网络线均被布线。

① 执行"Auto Route→Net"菜单命令。

② 执行该命令后，光标变成十字形状，移动光标到需要布线的网络，并单击鼠标左键，系统便开始自动对该网络布线。当单击的地方靠近焊盘时，系统可能会弹出菜单（该菜单对于不同焊盘可能不同），如图 7.3.73 所示。一般应该选择"Pad"和"Connection"选项，而不选择"Component"选项，因为"Component"选项仅仅局限于当前元件的布线。继续选择其他的网络，直到完成所有的网络布线。

③ 单击鼠标右键，取消选择网络的布线命令状态。

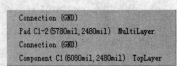

图 7.3.73　焊盘的快捷菜单

（3）指定两连接点布线（Connection）。

指定两连接点布线是由用户指定某条连线，使系统仅对该条连线进行自动布线，即对两连接点之间进行布线。

① 执行"Auto Route→Connection"菜单命令。

② 执行该命令后，光标变成十字形状，移动光标到需要布线的连接线，并单击鼠标左键，系统便开始自动对该连接线布线。该连接线布完后，继续选择其他的连接线，直到布完所有的连接线。

③ 单击鼠标右键，取消选择连接线的布线命令状态。

（4）指定元件布线（Component）。

"Component"是由用户指定元件，使系统仅对与该元件相连的网络进行布线。

① 执行"Auto Route→Component"菜单命令。

② 执行该命令后，光标变成十字形状，移动光标到需要布线的元件，并单击鼠标左键，系统便开始自动对该元件的所有管脚布线。该元件布完后，继续选择其他的元件，直到布完所有的元件。

③ 单击鼠标右键，取消选择元件的布线状态。

（5）指定区域布线（Area）。

"Area"方式是由用户划定区域，使系统的自动布线范围仅限于该划定区域内。

① 执行"Auto Route→Area"菜单命令。

② 执行该命令后，光标变成十字形状，移动光标到需要布线的元件左上角，并单击鼠标左键，然后拖动鼠标使得出现的矩形框包含需要布线的元件，之后单击鼠标左键，以构造一个布线区域，系统便开始自动对该区域的所有元件进行布线。

③ 单击鼠标右键，取消选择元件布线命令状态。

（6）其他布线命令。

还有一些与自动布线相关的命令，各命令功能如下：

Stop：终止自动布线过程。

Reset：对电路重新布线。

Pause：暂停自动布线过程。

Restart：重新开始自动布线过程。

3. 手工调整布线

（1）电源/接地线的加宽。

为了提高抗干扰能力，增加系统的可靠性，往往需要将电源/接地线和一些过电流较大的线加宽。只要双击需要加宽的电源/接地线或其他线，在弹出的导线属性对话框中输入实际需要的宽度值即可。操作方法与导线属性修改相同。

（2）调整元件文字标注。

在进行自动布局时，一般元件的标号以及注释等将从网络表中获得，并被自动放置到PCB上。经过自动布局后，元件的相对位置与原理图中的相对位置将发生变化，在经过手工布局调整后，有时元件的序号会变得很杂乱，所以需要对部分元件标注进行调整，使文字标注排列整齐、字体一致，从而使电路板更加美观。

7.3.8 打印电路板图

1. 打印机的设置

（1）打开要打印的 PCB 文件，如 Scb.pcb。

（2）执行菜单命令"File→Printer→Preview"。

（3）命令执行后，系统生成 Preview scb.PPC 文件，如图 7.3.74 所示。

（4）进入 Preview scb.PPC 文件，然后执行菜单命令"File→Setup Printer"，系统弹出打印设置对话框，可以设置打印的类型、打印方向、打印比例等。

（5）设置完毕后，单击"OK"按钮，完成打印机设置。

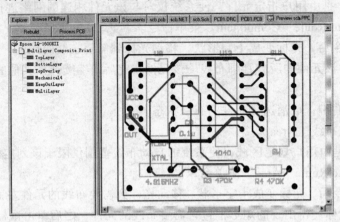

图 7.3.74　Preview scb.PPC 文件

2. 设置打印模式

系统提供了一些常用的打印模式。可以从"Tools"菜单项中选取，如图 7.3.75 所示。

Create Final：主要用于分层打印。

Create Composite：主要用于叠层打印。

Create Power-Plane Set：主要用于打印电源/接地层的场合。

Create Mask Set：主要用于打印阻焊层与助焊层的场合。

Create Drill Drawings：主要用于打印钻孔层的场合。

图 7.3.75　"Tools"功能菜单中的打印模式

Create Assembly Drawings：主要用于打印与 PCB 顶层和底层相关层内容的场合。

Create Composite Drill Guide：主要用于 Drill Guide、Drill Drawing、Keep-Out、Mechanical 这几个层组合打印的场合。

3. 打印输出

设置好打印机，确定打印模式后，就可执行主菜单"File"中的 4 个打印命令，进行打印输出。

"File→Print All"：打印所有的图形。

"File→Print Job"：打印操作对象。

"File→Print Page"：打印指定页面。执行该命令后，系统弹出如图 7.3.76 所示的页码输入对话框，以输入需要打印的页号。

"File→Print→Current"：打印当前页。

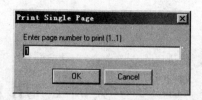

图 7.3.76　打印页码输入对话框

实训 1　用 Protel 99 SE 绘制电路原理图

一、实训目的

（1）了解电子电路设计自动化（EDA）技术；
（2）掌握 Protel 99 SE 软件的基本使用方法；
（3）掌握 Protel 99 SE 绘制原理图的方法；
（4）掌握用 Protel 99 SE 绘制电路原理图所需各种工具的使用方法。

二、实训器材

（1）已经安装了 Protel 99 SE 的计算机；
（2）实际电子产品的电路原理图。

三、实训步骤

（1）学习 Protel 99 SE 的基本知识；
（2）学习使用 Protel 99 SE 绘制电路原理图的方法与步骤；
（3）在计算机上建立绘图文件；
（4）进行电路原理图的绘制。

四、实训报告

总结用 Protel 99 SE 绘制电路原理图的方法与步骤。

五、思考题

找一个计数器的电路图，用 Protel 99 SE 绘制出该电路原理图，并标注文字"计数器"。

实训 2　用 Protel 99 SE 绘制印制电路板图

一、实训目的

（1）了解用计算机绘制印制电路板图的功能，学习用 Protel 99 SE 绘制 PCB 的方法；
（2）掌握建立 PCB 图文件的方法；
（3）掌握绘制 PCB 图所用工具的使用方法；
（4）掌握修改 PCB 图的方法；
（5）实际绘制一个电路的 PCB 图。

二、实训器材

（1）已经安装了 Protel 99 SE 的计算机；
（2）实际电子产品的电路原理图。

三、实训步骤

（1）学习 Protel 99 SE 关于绘制印制电路板图的基本知识；
（2）学习使用 Protel 99 SE 绘制电路印制板图的方法与步骤；
（3）在计算机上建立绘制 PCB 图的文件；
（4）实际操作，进行电子产品电路印制板图的绘制。

四、实训报告

总结用 Protel 99 SE 绘制电路印制板图的方法与步骤。

五、思考题

找一个计数器的电路图，用 Protel 99 SE 绘制出 PCB 图。

第8章　PCB 制板与 SMT 技术

印制电路板（PCB，Printed Circuit Board）又称印刷线路板，简称印制板，它是由绝缘基板、印制导线、焊盘和印制元件组成的，是电子设备中的重要组成部分，被广泛地用于家用电器、仪器仪表、计算机等各种电子设备中。它可以实现电路中各个元器件之间的电气连接或电气绝缘，可提供电路中各种元器件的固定和装配的机械支撑。

随着电子技术的飞速发展及电子工艺制造技术的不断提高，电子元器件逐渐向体积小型化、制造安装自动化方向发展，从而出现了表面安装元件（SMC）和表面安装器件（SMD），这种元器件是无引线或短引线的新型微小型元器件，在安装时不需要在印制板上打孔，而是直接安装在印制板表面上，因此出现了表面安装技术（SMT）。

8.1　PCB 制作技术

8.1.1　普通铜板制板技术

1. 打印印制电路底图

用 Protel 软件设计好印制电路板图（注意：用软件进行印制电路板设计时，不要把导线画得太细、焊盘画得过小）并打印，如图 8.1.1 所示。

2. 下料清洗覆铜板

利用相应的工具根据所设计的电路图尺寸大小进行下料，用棉纱蘸去污粉擦洗覆铜板，使覆铜板的铜箔露出原有的光泽，再用清水清洗，然后晾干或烘干，如图 8.1.2 所示。

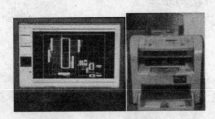

图 8.1.1　打印电路图　　　　　　　图 8.1.2　覆铜板

3. 印制线路

将打印出来的电路图用复写纸复写在覆铜板的铜箔表面上，注意检查，以防止漏描。

4. 覆盖保护材料

将松香压碎泡在酒精里面，用毛笔将松香水按打印出的印制线路涂在铜箔上，并晾干。图 8.1.3 所示为覆盖保护材料。

5. 腐蚀或刀刻

（1）腐蚀。

把需要腐蚀的印制电路板放入装有三氯化铁溶液的容器中进行腐蚀，为了缩短腐蚀时间，可在三氯化铁溶液中加入过氧化氢或对三氯化铁溶液适当加热，以提高腐蚀速度。

（2）刀刻。

用小刀将需要腐蚀的铜箔逐一刻除。首先用小刀刻出线条的轮廓，刻轮廓时第一刀要轻，用力不能过猛，线条要直；然后将已经刻好轮廓的印制导线用刀的后端用力往下按，并且缓慢进刀，直到刻透铜箔为止；最后将刻透的铜箔用刀尖挑起一个端，再用尖嘴钳夹住撕下，撕下时要特别小心，否则容易把需要保留的部分也撕下。

对于腐蚀或刀刻后的印制电路板，用棉纱蘸去污粉或用酒精、汽油擦洗印制电路板，去掉防酸涂料，最后用清水将印制电路板清洗干净。

腐蚀所用的材料如图 8.1.4 所示。

图 8.1.3　覆盖保护材料　　　　图 8.1.4　腐蚀材料

6. 钻　孔

按印制电路板设计图样的要求，在需要钻孔的位置中心打上定位标志，然后用钻头钻孔。注意安装元器件的孔径与形状，在打孔前，最好用冲样头先在需要打孔的位置上冲样，以便于打孔，打孔台钻如图 8.1.5 所示。

7. 磨　平

用带水的水磨砂纸将打好孔的印制电路板磨平。

8. 脱　水

将磨平洗净的印制电路板浸没在酒精中浸泡 0.5 h 后，取出晾干。

图 8.1.5　打孔台钻

9. 涂　漆

将遗留的印制导线的铜箔表面用毛笔涂一层漆，注意焊盘部分不能涂漆，如果不小心涂上，可用有机溶剂清洗。图 8.1.6 所示为涂漆材料。

10. 涂助焊剂

为了便于焊接，在腐蚀好的铜箔上用毛笔蘸上松香水轻轻涂上一层助焊剂，晾干即可。

11. 焊 接

根据电子元件的特点选用不同功率的电烙铁，将元件进行焊接，焊接材料如图 8.1.7 所示。

图 8.1.6　涂漆材料　　　　　　　图 8.1.7　焊接材料

8.1.2　感光板制板技术

利用感光板制作 PCB 的工艺步骤：
单面板制作工艺：打菲林片→裁板→曝光→显影→蚀刻→钻孔；
双面板制作工艺：打菲林片→裁板→曝光→显影→蚀刻→钻孔→孔金属化。

1. 菲林出图

通过专业设计软件将线路层使用激光打印机打印在菲林膜的粗糙面上，如图 8.1.8 所示。

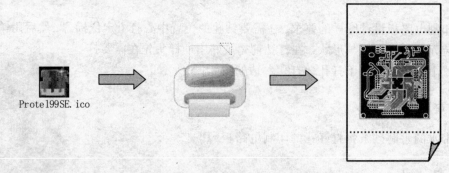

图 8.1.8　激光打印机打印出图

2. 裁 板

板材准备又称下料，在 PCB 板制作前，应根据设计好的 PCB 图大小来确定所需 PCB 板基的尺寸规格，并根据具体需要进行裁板。裁板机如图 8.1.9 所示。

图 8.1.9　裁板机示意图

1—上刀片；2—下刀片；3—压杆；4—底板；5—定位尺

3. 图形转移

对于单层板，将打印线路的一面压在撕去表面保护膜的感光板上。如果制作的是双层板则用剪刀把菲林膜线路图的顶层和底层剪得比覆铜板大，然后把顶层和底层对齐（顶层焊盘对齐底层焊盘）并用透明胶带将一边贴好，再将感光板撕去表面保护膜插入其中，用透明胶带固定，如图 8.1.10 所示。

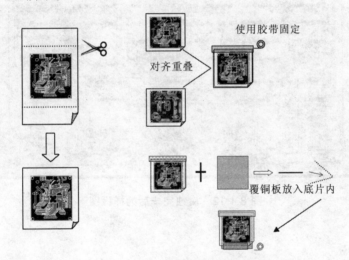

使用胶带固定

对齐重叠

覆铜板放入底片内

图 8.1.10　图形转移示意图

4. 曝　光

图 8.1.11 所示为曝光过程。

5. 显　影

将曝光后的覆铜板放入配对好的显影液，显影液将被曝光后无线路区的油墨冲洗掉，保留保护线路的油墨不被腐蚀。

显影温度：45 ℃ 左右。

显影浓度：1% 左右。

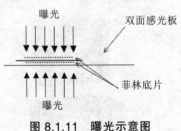

曝光

双面感光板

菲林底片

曝光

图 8.1.11　曝光示意图

6. 线路腐蚀

（1）配制腐蚀液（碱性）。

将自来水加入腐蚀机槽内，直至液体高出腐蚀槽底 2 cm 左右，将腐蚀剂倒入腐蚀槽内。

（2）预热。

给腐蚀液通电预热 30 min 左右，使温度达到 45~50 ℃。

（3）腐蚀。

把显影完毕的 PCB 板放进腐蚀液里，将微型气泵通电（气泵产生的气体使腐蚀液流动，以加快腐蚀速度），当线路板非线路部分铜箔被腐蚀掉后将其取出来。

（4）冲洗。

将腐蚀完全的 PCB 板用自来水冲洗干净。

如图 8.1.12 所示为腐蚀完毕后的样板图，可用无水乙醇将线路上的油墨擦除。

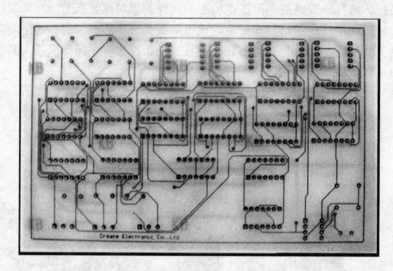

图 8.1.12　腐蚀完毕后的样板图

7. 钻　孔

钻孔的主要目的是在线路板上插装元件。常用的手动打孔设备有：高速视频钻床（图 8.1.13）、高速微型钻床（图 8.1.14）、钻头（图 8.1.15）。

  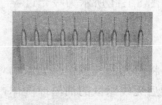

图 8.1.13　高速视频钻床　　图 8.1.14　高速微型钻床　　　图 8.1.15　钻头

8. 孔金属化

过孔的主要目的是使得多个电气层进行电气连接。使孔金属化的过孔方式有：物理方式（沉铜环、过孔栓）和化学方式（化学金属化过孔）。

8.2 表面安装技术

表面安装技术又称表面贴装技术，是将电子元器件直接安装在印制电路板或其他基板导电表面的装接技术，简称 SMT（Surface Moumt Technology）。图 8.2.1 所示为电子元件在印制板上的表面安装。

在电子工业生产中，SMT 实际是包括表面安装元件（SMC）、表面安装器件（SMD）、表面安装印制电路板（SMB）、普通混装印制电路板（PCB）、点黏合剂、涂焊接膏、元器件安装设备、焊接以及测试等技术在内的一整套工艺技术的统称。表面安装技术中所用元器件即为表面安装元器件，包括表面安装元件和表面安装器件两大类。表面安装元器件（SMC 和 SMD）又称为片式元器件或贴片元器件，当前 SMT 产品的形式有多种，如表 8.2.1 所示。

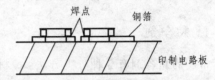

图 8.2.1　电子元件在印制板上的表面安装

表 8.2.1　当前 SMT 产品的安装形式

类型	组装方式		组件结构	电路基板	元器件	特　征
I A	全表面装	单面表面组装		PCB 单面陶瓷基板	表面组装元器件	工艺简单，适用于小型、薄型化的电路组装
I B		双面表面组装		PCB 双面陶瓷基板	表面组装元器件	高密度组装，薄型化
II A	双面混装	SMC/SMD 和 THT 都在 A 面		双面 PCB	表面组装元器件及通孔插装元器件	先插后贴，工艺较复杂，组装密度高
II B		THT 在 A 面，A、B 两面都有 SMD		双面 PCB	表面组装元器件及通孔插装元器件	THT 和 SMC/SMD 组装在 PCB 同一侧
II C		SMC/SMD 和 THT 在双面		双面 PCB	表面组装元器件及通孔插装元器件	复杂，很少用
III	单面混装	先贴法		单面 PCB	表面组装元器件及通孔插装元器件	先贴后插，工艺简单，组装密度低
		后贴法		单面 PCB	表面组装元器件及通孔插装元器件	先插后贴，工艺较复杂，组装密度高

注：THT（Through Hole Technology）为通孔插装技术。

表面安装技术的优点主要是元件的高密集性、产品性能的高可靠性、产品生产的高效率性和产品生产的低成本性，但也存在如下问题：

（1）表面安装元器件本身的问题；

（2）表面安装元器件对安装设备要求比较高；

（3）表面安装技术的初始投资比较大。

8.2.1　表面安装材料

表面安装元器件是表面安装技术的主要材料，但除了元器件外还有些其他的材料。

1. 黏合剂

常用的黏合剂有 3 种分类方法：按材料分有环氧树脂、丙烯酸树脂及其他聚合物黏合剂；按固化方式分有热固化、光固化、光热双固化及超声波固化黏合剂；按使用方法分有丝网漏印、压力注射、针式转移所用的黏合剂。除对黏合剂的一般要求外，SMT 使用的黏合剂要求快速固化（固化温度 < 150 ℃，时间 ≤ 20 min）、触变性好（触变性是胶体物质的黏度随外力作用而改变的特性）、耐高温（能承受焊接时 240 ~ 270 ℃ 的温度）、化学稳定性和绝缘性好（要求体积电阻率 ≥ 1 013 Ω·cm）。

2. 焊锡膏

焊锡膏由焊料合金粉末和助焊剂组成，简称焊膏。焊膏是由专业工厂生产的成品，使用者应掌握选用方法。

（1）焊膏的活性，根据 SMB 的表面清洁度确定，一般可选中等活性，必要时选高活性或无活性级、超活性级。

（2）焊膏的黏度，根据涂覆法选择，一般液料分配器用 100 ~ 200 Pa，丝印用 100 ~ 300 Pa，漏模板印刷用 200 ~ 600 Pa。

（3）焊料粒度选择，图形越精细，焊料粒度应越高。

（4）电路采用双面焊时，板两面所用的焊膏熔点应相差 30 ~ 40 ℃。

（5）电路中含有热敏感元件时选用低熔点焊膏。

3. 助焊剂和清洗剂

SMT 对助焊剂的要求和选用原则，基本上与 THT 相同，只是更严格，更有针对性。

SMT 的高密度安装使清洗剂的作用大为增加，至少在免清洗技术尚未完全成熟时，还离不开清洗剂。

目前常用的清洗剂有两类：CFC-113（三氟三氯乙烷）和甲基氯仿，在实际使用时，还需加入乙醇酯、丙烯酸酯等稳定剂，以改善清洗剂的性能。

清洗方式则除了浸注清洗和喷淋清洗外，还可用超声波清洗、汽相清洗等方法。

8.2.2　表面安装设备

表面安装设备主要有 3 大类：涂布设备、贴片设备和焊接设备。

1. 涂布设备

涂布设备的作用是往板上涂布黏合剂和焊膏。安装涂布设备有以下 3 种方法。

（1）针印法。

针印法是利用针状物浸入黏合剂中，在提起时针头就挂上一定的黏合剂，将其放到 SMB 的预定位置，使黏合剂点到板上。当针蘸入黏合剂中的深度一定且胶水的黏度一定时，重力保证了每次针头携带的黏合剂的量相等，如果按印制板上元件安装的位置做成针板，并用自动系统控制胶的黏度和针插入的深度，即可完成自动针印工序。

（2）注射法。

注射法以如同医用注射器的方式将黏合剂或焊膏注到 SMB 上，通过选择注射孔的大小和形状，调节注射压力就可改变注射胶的形状和数量。

（3）丝印法。

用丝网漏印的方法涂布黏合剂或焊膏，是现在常用的一种方法。丝网是用 80～200 目的不锈钢金属网，通过涂感光膜形成感光漏孔，制成丝印网板。

丝印方法精确度高，涂布均匀，效率高，是目前 SMT 生产中主要的涂布方法。生产设备有手动、半自动、自动式的各种型号规格商品丝印机。

2. 贴片设备

贴片设备是 SMT 的关键设备，一般称为贴片机，其作用是往 PCB 板上安装各种贴片元器件。

贴片机有小型、中型和大型之分。一般小型机有 20 个以内的 SMC/SMD 料架，采用手动或自动送料，贴片速度较低。中型机有 20～50 个材料架，一般为自动送料，贴片速度为低速或中速。大型机则有 50 个以上的材料架，贴片速度为中速或高速。

贴片机主要由材料储运装置、工作台、贴片头和控制系统组成。

图 8.2.2 所示是本实验室成套表面安装生产设备的生产线流程。

手动高精密贴片机　　　放大台灯

手动高精度丝印机　　精密BGA-SMT定位系统　　回流焊机　　维修工作站

图 8.2.2　表面安装生产线流程

8.2.3 表面安装技术的基本工艺

表面安装技术的基本工艺有两种类型，主要取决于焊接方式。

1. 波峰焊

采用波峰焊的工艺流程如图 8.2.3 所示。从图中可见，采用波峰焊的工艺流程基本上有 4 道工序。

（1）点胶，将胶水点到要安装元器件的中心位置。

方法：手动/半自动/自动点胶机。

（2）贴片，将无引线元器件放到电路板上。

方法：手动/半自动/自动贴片机。

（3）固化，使用相应的固化装置将无引线元器件固定在电路板上。

（4）焊接，将固化了无引线元器件的电路板经过波峰焊机，实现焊接。

这种焊接生产工艺适合于大批量生产，对贴片的精度要求比较高，对生产设备的自动化程度要求也很高。

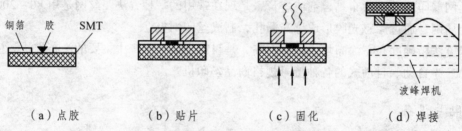

（a）点胶　　　　（b）贴片　　　　（c）固化　　　　（d）焊接

图 8.2.3　电子元器件在印制板上的表面安装流程（波峰焊）

2. 再流焊

采用再流焊的工艺流程如图 8.2.4 所示。

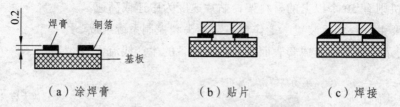

（a）涂焊膏　　　　（b）贴片　　　　（c）焊接

图 8.2.4　电子元器件在印制板上的表面安装流程（再流焊）

从图中可见，采用再流焊的工艺流程基本上有 3 道工序。

（1）涂焊膏，将专用焊膏涂在电路板上的焊盘上。

方法：丝印/涂膏机。

（2）贴片，将无引线元器件放到电路板上。

方法：手动/半自动/自动贴片机。

（3）再流焊，将电路板送入再流焊炉中，通过自动控制系统完成对元器件的加热焊接。

方法：需要有再流焊炉。

这种生产工艺比较灵活，既可用于中小批量生产，又可用于大批量生产，而且这种生产方法由于无引线元器件没有被胶水定位，经过再流焊时，元器件在液态焊锡表面张力的作用下，会使元器件自动调节到标准位置，如图8.2.5所示。

采用再流焊对无引线元器件进行焊接时，因为在元器件的焊接处都已经有预焊锡，印制电路板上的焊接点也已涂上焊膏，通过对焊接点加热，使两种工件上的焊锡重新融化到一起，实现了电气连接，所以这种焊接也称作重熔焊。常用的再流焊加热方法有热风加热、红外线加热和激光加热，其中红外线加热方法具有操作方便、使用安全、结构简单等优点，在实际生产中使用较多。

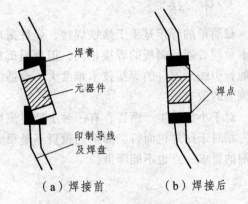

（a）焊接前　　　　（b）焊接后

图 8.2.5　电子元件在印制板上的表面安装示意图

8.3　手工操作 SMT 简介

尽管在现代化生产过程中自动化和智能化是必然趋势，但在研究、试制、维修领域，手工操作方式还是无法取代的。这不仅有经济效益方面的因素，而且所有自动化、智能化方式的基础仍然是手工操作，因此电子技术人员有必要了解手工 SMT 的基本操作方法。

手工 SMT 所用的 SMC/SMD 及 SMB 与自动安装基本相似，以下 3 个方面是其技术关键。

1. 涂布黏合剂和焊膏

最简单的涂布是人工用针状物直接点胶或涂焊膏，经过训练，技术高超的技术人员同样可以达到机械涂布黏合剂的效果。

手动丝网印刷机及手动点滴机可满足小批量生产的要求，我国已有这方面的专用设备生产，可供使用单位选择。

2. 贴　片

贴片机是 SMT 设备中最昂贵的设备。手工 SMT 操作最简单的方法，是用镊子借助于放大镜，仔细将片式元器件放到设定的位置。由于片式元器件的尺寸太小，特别是窄间距的 QFP 引线很细，用夹持的办法很可能损伤元器件，采用一种带有负压吸嘴的手工贴片装置是最好的选择，这种装置一般备有尺寸形状不同的若干吸嘴以适应不同形状和尺寸的元器件，装置上自带视像放大装置。

还有一种半自动贴片机也是投资少而适用广泛的贴片机，它带有摄像系统，通过屏幕放大可准确地将元件对准位置安装，并带有计算机系统可记忆手工贴片的位置，当第一块 SMB

经过手工放置元件后，它就可自动放置第二块 SMB。

3. 焊　接

最简单的焊接是手工烙铁焊接，最好采用恒温或电子控温的烙铁，焊接的技术要求和注意事项同普通印制板的焊接相同，但更强调焊接的时间和温度。短引线或无引线的元器件较普通长引线元器件的焊接技术难度大。合适的电烙铁加上正确的操作，可以达到同自动焊接相媲美的效果。

对于小批量生产而言，有一台小型再流焊机是比较理想的。

相对于贴片机而言，焊剂的投资不是很大，手工操作 SMT 对焊膏、黏合剂、焊剂及清洗剂的要求一点也不能降低。

实训　手工操作 SMT 技能训练

一、实训目的

（1）了解 SMT 技术的特点和发展趋势；

（2）熟悉 SMT 技术的基本工艺过程；

（3）认识 SMT 元件；

（4）会测试 SMT 各种元件的主要参数；

（5）掌握最基本的手工 SMT 操作技艺；

（6）按照技术要求进行 SMT 元器件的手工安装焊接；

（7）制作一台用 SMT 元器件组装的实际产品（如 FM 微型电调谐收音机）。

二、实训器材

（1）各种 SMT 元器件；

（2）放大镜、镊子、负压吸笔；

（3）焊膏；

（4）小型再流焊机；

（5）采用表面安装元器件和通孔安装元器件混合的 FM 微型电调谐收音机套件。

三、实训步骤

1. 调频收音机安装前的检测

（1）对元器件和电路板进行检查。

（2）对通孔元器件进行检查。

2. 收音机表面安装元器件的贴片及焊接

（1）采用丝印焊膏工艺，并检查印刷情况。

（2）按工序流程贴片。顺序为：C_1/R_1，C_2/R_2，C_3/V_3，C_4/V_4，C_5/R_3，$C_6/SC1088$，C_7，C_8/R_4，C_9，C_{10}，C_{11}，C_{12}，C_{13}，C_{14}，C_{15}，C_{16}。

3. 表面元器件安装过程中的注意事项

（1）SMC 和 SMD 不得用手拿取。

（2）用镊子夹持元器件时不可夹到引线上。

（3）集成电路 SC1088 要标记方向。

（4）贴片电容表面没有标志，一定要按照元器件所在的包装编带取用，保证将元器件准确贴到指定位置。

4. 表面元器件安装完成后的工作

（1）检查贴片的数量及位置。

（2）将电路板放入再流焊机进行焊接。

（3）检查电路板的焊接质量，对不合格的焊接进行修补。

5. 安装通孔（THT）元器件

（1）安装并焊接电位器 RP，注意电位器要与印制板平齐。

（2）安装耳机插座。

（3）安装轻触开关 S_1、S_2，焊接跨接线 J_1、J_2（可用剪下的元件引线）。

（4）安装变容二极管 V_1（注意极性方向标记）、R_5、C_{17}、C_{19}。

（5）安装电感线圈 L_1 ~ L_4（磁环 L_1、红色 L_2、8 匝线圈 L_3、5 匝线圈 L_4）。

（6）安装电解电容 C_{18}（100 μF），要贴板安装。

（7）安装发光二极管 V_2，注意高度和极性。

（8）焊接电源连线 J_3、J_4，注意正负极连线的颜色。

6. 调试及总装

FM 微型电调谐收音机的电路图如图 1 所示，要对照电路图进行检查和调试。

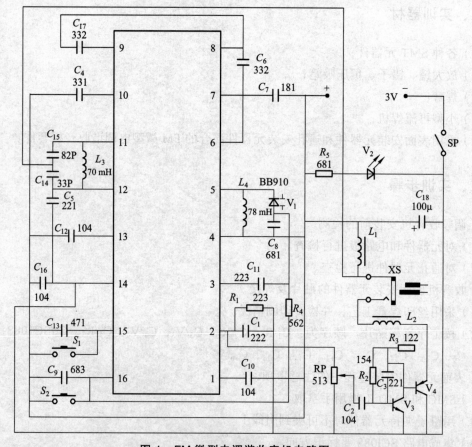

图 1　FM 微型电调谐收音机电路图

252

（1）调试步骤。

① 所有元器件焊接完成后要进行目视检查。

检查元器件的型号、规格、数量及安装位置、安装方向是否与图纸符合，检查焊点看有无虚焊、漏焊、桥接、飞溅等缺陷。

② 测总电流。

上述检查无误后将电源线焊到电池片上，在电位器开关断开的状态下装入电池，插入耳机，用万用表 200 mA（数字表）或 50 mA 挡（指针表）跨接在开关两端测收音机的总电流。

整机的正常电流应为 7 ~ 30 mA（与电源电压有关）并且 LED 正常点亮。可以参考下列测试结果。

工作电压（V）：1.8，2，2.5，3，3.2。

工作电流（mA）：8，11，17，24，28。

注意：如果整机电流为 0 或超过 35 mA 时，应检查电路元件是否安装正确。

③ 搜索电台广播。

如果收音机的总电流在正常范围内，可按 S_1 搜索电台广播。只要元器件质量完好，安装正确，焊接可靠，不用调任何部分即可收到电台广播。

如果收不到广播应仔细检查电路，特别要检查有无错装、虚焊、漏焊等缺陷。

④ 调接收频段（俗称调覆盖）。

我国调频广播的频率范围为 87 ~ 108 MHz，在调试时可找一个当地频率最低的 FM 电台，适当改变 L_4 的匝间距，使按过"Reset"键后第一次按"Scan"键可收到这个电台。由于集成电路 SCl088 的集成度很高，如果元器件的一致性较好，一般在收到低端电台后即可覆盖整个 FM 频段，故可以不调高端频率而仅做检查即可（可用一个成品 FM 收音机对照检查）。

⑤ 调灵敏度。

本机的灵敏度由电路及元器件的质量决定，一般不用调整，调好覆盖后即可正常收听。无线电爱好者可在收听频率在整个频段的中间电台时调整 L_4 的匝距，使灵敏度最高（即使耳机监听的音量最大）。

（2）总装步骤。

① 蜡封线圈。

② 固定电路板、装外壳。

总装完毕后，装入电池，插入耳机，进行检查，有如下要求：

- 电源开关手感良好。
- 音量正常可调。
- 收听正常。
- 表面无损伤。

四、实训报告

写出手工操作 SMT 的体会，总结对 SMT 元件的认识。

第9章　电子产品的组装与调试

无论是产品生产厂家还是业余电子制作人员，在进行电子产品制作时，一般都要对设计或选用的电路方案进行实验，也就是根据设计或选用好的电路原理图，用电子元器件将电路临时搭起来，然后通过对经相应电路处理后的电信号进行测量，以确认设计或选用的电路是否满足设计或实际要求。当未达到要求的性能时，通过调整电路元器件的参数，以使电路设计更加完善。只有经过试验确认所设计或选用的电路满足要求时，才可设计印制电路板，制作实际的电子产品整机。

9.1　产品试验性组装与调试

9.1.1　电子产品试验的常用方法

对电子产品设计或选用的电路方案进行试验时，通常根据具体情况来定。

1．复杂电路

对于某些元器件较多的复杂电路，无论电路有多复杂，均是由单元电路组合或扩展而得到的。因此，可以将复杂的电路划分成若干个单元功能块，然后再分别对这些单元功能块进行方案试验，当确认每一个单元功能块都得到了方案试验无问题后，再将各个单元功能块按电路要求连接起来，进行整个电路的方案试验。

2．简单电路

对于某些元器件较少的简单电路，通常可以将整个电路全部一次连接好，连接方法既可以使用试验板，也可以直接将各个元器件焊连在一起。如图 9.1.1 所示的单管放大电路，由于仅有 8 个元器件，故可以按图 9.1.2 所示，将各个元器件直接搭接在一起来进行试验。

除了将元器件直接搭成试验电路外，也可以直接设计制作出印制电路板，作为样品来进行试验。

9.1.2　常用的电路方案试验板

在进行电子产品制作时，其电路方案试验通常都是在电路试验板上进行。

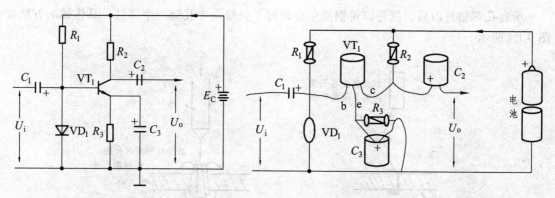

图 9.1.1 单管放大电路   图 9.1.2 直接搭接单管放大电路的示意图

1. 电路试验板的类型

供电路方案试验的电路板既有商品化的产品，也可以自行制作。商品化的电路试验板常见有插接式的面包板和万用印制电路板两种，它们均采用标准的 2.54 mm 为孔间距离，可以插装集成电路及微型电子元器件。

2. 制作电路试验板

自制电路试验板时，应准备一块适当大小的酚醛电木板和数只铜质空心铆钉（如一时找不到该类铆钉，也可以用铜皮剪成"口"形代用）备用。酚醛电木板的大小可根据经常进行实验时的使用要求综合考虑，一般应备大一些的，这样在进行较复杂的电路方案试验时也能用上。铜质空心铆钉的数量可根据试验板上所需的孔数确定，一个孔用一只空心铆钉。

（1）钻孔。

先根据铜质空心铆钉外径的大小选择合适的钻头。如果铜质空心铆钉的外径为 3 mm，如图 9.1.3（a）自制电路板示意图中左上部所示，则选用 3.1 mm 的钻头。

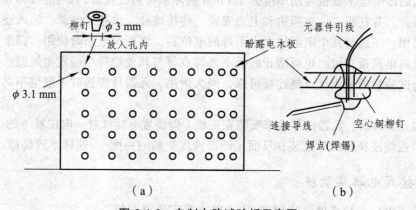

（a）   （b）

图 9.1.3 自制电路试验板示意图

用电钻在酚醛电木板上钻孔，所钻孔的排列方式可根据各自使用要求确定，以使用方便为原则。

（2）铆铜质空心铆钉。

所有孔都钻好以后，就可以铆铜质空心铆钉了，每一个孔铆一个铆钉，具体铆制方法如图 9.1.4 所示。

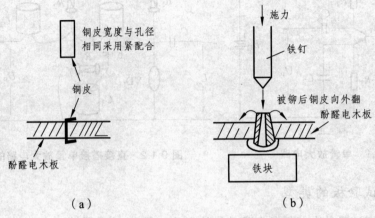

图 9.1.4　铜质空心铆钉铆制方法示意图

（3）使用方法。

自制的电路试验板是利用铆钉孔插焊元器件，用导线将各个焊点及外接电路连接起来，如图 9.1.3（b）所示。

（4）需要说明的问题。

上述自制的电路试验板简单，并且可以多次拆卸电子元器件而反复使用，故特别用于采用分立元器件构成的各种电子电路作为电路试验板，不过，由于这种电路板在制作时，两个孔之间的距离不能做得太近，故对于像集成电路以及各种微型元器件来说，就无法使用了，这就使这种电板的应用受到了一定的限制。

另外，如果没有铜质空心铆钉，也可使用铜皮剪成"口"形状，插入电路板孔中两头弯成如图 9.1.4（a）所示形状来代替空心铆钉。

所使用的酚醛电木板也可用厚度为 1.5 mm 的环氧树脂板代替，尺寸在 200 mm × 200 mm 以上比较适合，并在板左、右两边和上边安装一些接线柱，供接入电源、输入输出信号和连接测量仪表用，下边装几个电阻值大小不等的电位器，供调试电路时使用。四个角上装上橡皮垫脚，以防电路板打滑，也可防止底板下部焊点等与其他物件相碰发生短路。

自制的试验板的最大优点是连接可靠，经久耐用，元器件焊接时一般也不必剪脚，以便多次利用。

在安装元器件时，元器件尽量都安装在正面（即设置有接线柱、电位器等的一面），连接用的单股塑胶线或裸铜线尽量装在反面（即装橡皮垫脚的一面），这样不致搞错。

3. 插接式电路实验板

用插接式电路实验板做设计(或选用)电路方案实验很方便。

（1）优点。

插接式电路实验板可以在实验中随意变更电路接线和元器件，而不需要焊接，底板和元件可以多次使用；插接式电路实验板的布线机构可以采用水平或垂直方向，两孔之间的距离为 2.54 mm。故特别适用于插装集成电路以及其他微型元器件，并且可以组合使用，也就是在做复杂电路方案实验时，用多块这类实验板分别对各单元功能电路进行实验，然后再实现整个电路的统一调试。

（2）缺点。

采用插接式电路试验板进行电路方案试验时，插装元器件必须插到孔底并压牢，否则会产生接触不良现象。由于插接式电路板的布线结构特点——并行引线方式——比较容易产生分布电容，故不宜在高频条件下工作，从而使该电路试验板的应用受到了一定的限制。

（3）需要说明的问题。

目前有些廉价的插接式电路试验板所使用的弹簧片弹性很差，极易变形，造成接触不良，当电路比较复杂时，要找出问题所在是很麻烦的事。故选用插接式电路试验板时，一定要仔细检查一下弹簧的弹性，可试插凭手感确认。采用插接式电路试验板对设计（或选用）电路进行试验时，连接电路的导线应选用直径不大于 0.8 mm 的单股塑胶类导线。

（4）插接式电路试验板的结构。

插接式电路试验的结构如图 9.1.5 所示，其中间有一条间隔槽的上下两侧各有 6 行（即上面的 X、A、B、C、D、E 共六行，下面的 F、G、H、I、J、Y 共六行）、59 列（1-59 列）插孔。

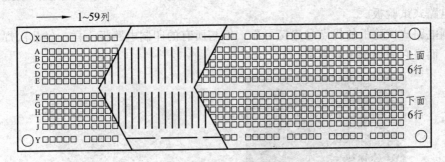

（a）面包板外部和内部图结构

（b）用面包板连接的电路图

图 9.1.5 插接式电路试验板的结构示意图

在每列中，有 5 个行孔在试验板的内部是纵向连接的，即：

第 1 列上面的 A1—B1—C1—D1—E1 是连接的。

第 1 列上面的 F1—G1—H1—I1—J1 是连接的。

第 1 列到第 59 列中的连接规律与第 1 列完全相同。

最上面一行 X 与最下面一行 Y 的插孔为内部横向连接。

（5）插接式电路试验板的使用方法。

使用插接式电路试验板时，可先将双列直插式集成电路插装在间隔槽上方，对于集成电路的每一个引脚，试验板上都有一列4个插孔在内部与其相连接，这4个插孔就可以用来插装其他元器件或连接导线。全部电路连接结束以后还应仔细检查，无误后才可以连接电源进行性能调试。

正、负电源的引线，可以分别插入 X 行与 Y 行的任一插孔中，以使 X 行与 Y 行的插孔与电源接通，再用导线将电源引到板上任一插孔。

调试时，如果要更换元器件，则应在整个电路断电的情况下进行。

4. 印制电路式试验板

（1）类型及特点。

印制电路式实验板常见的有两种类型，如图 9.1.6 所示。他们是将铜箔做成规则的方形或长条形导电图的印制电路板。

图 9.1.6（a）是一种类似于插接式且只能水平插装集成电路的印制电路式试验板。图 9.1.6（b）是一应用较灵活，既可水平插装集成电路或其他电子元器件，又可垂直插装这些元器件的印制电路式试验板。

印制电路式试验板的优点是连接可靠，但与所有的印制电路板一样，经几次焊接后铜箔会脱落，而且它的售价也较高。

（a）水平安装式　　　　　　（b）水平与垂直安装式

图 9.1.6　两种常见的印制电路式试验板示意图

（2）使用方法。

用印制电路式试验板进行电路方案试验时，是将电子元器件焊接在试验板上的，然后根据电路原理图，用导线将各个焊点连接起来，元器件的布局方法与印制电路板设计时对元器件的要求基本相同，故其连接方式十分接近实际电子产品。由于采用焊接方式进行电路的连接，故电路连接十分可靠。在制作少量的电子产品时，就可以直接采用这种试验板来代替印制电路板，因此可以不需要再去设计制板了。

9.2　定型产品的装配与调试

电子电器产品的电气连接是通过电器元件的装配来实现的。产品质量的好坏，除了电路设计的原因外，关键还在于装配技术。装配工艺好，调整就顺利，性能就可以达到要求；装配技术掌握得不好，不仅不美观、元器件参差不齐、电路板脏乱，调整过程中也会故障百出，性能达不到要求。因此，正确的装配，合理地调试，对整机性能的影响至关重要。

9.2.1 装配质量对整机性能的影响

对于一台电子产品整机，不但要有好的设计，而且要有好的装配，装配的好坏直接决定着产品的质量。

电子产品使用范围很广，易受到各种条件的影响，有可能因振动、冲击、离心力、同心力等的影响而受到损坏。例如振动，将会导致以下不良现象：假如没有附加的固定零件，加插座的集成电路会从插座中跳出来；使接、插件脱开，使螺钉、螺母松开、脱落，以至造成短路；锡焊或熔焊处的导体断开；减弱熔焊、锡焊、固定和螺钉连接，破坏密封和外层保护强度；使调谐失谐，从而破坏机器的工作状态等。

因此，在装配时就要考虑这些因素对整机的影响，以提高装配质量。同时不能将电子产品的装配简单地看成一项电子焊接和机械安装工作，尤其是随着电子技术的发展，对整机装配要求越来越高。具备一定的装配基本知识，是提高产品质量的必要条件。

9.2.2 定型产品装配顺序

定型电子产品的装配方式有多种，归纳起来可参考以下顺序。

1. 准备工具与材料

准备好装配电子产品时可能用到的各种工具与材料，如万用表、电烙铁、各种螺丝刀、钳子、镊子、焊锡、断钢锯条、松香、细砂纸等。尽量不要使用某些套装组合工具，这些所谓的套装组合工具用起来往往不太方便。

2. 列出元器件清单

根据电路中元器件的编号，将电阻器、电容器、电感器、晶体管等元器件分类列表，列出编号、型号、主要参数，以便检查与更换。

装配时，在电路板上每安装完一只元器件，就在清单上做出相应的标记，这样可以避免漏装或错装现象的发生，这一点对于初学者来说至关重要。

另外，在列出的清单中，还应留出"备注"（或叫说明）栏，在这一栏中，对型号或数值不完全一致的元器件，还应在"备注"栏中注明，以便作为调试、检修时处理不正常现象的依据或参考。

3. 清理元器件

所谓清理元器件，就是用断钢锯条断面刃口或细砂纸刮去元器件引脚需要焊接部位的氧化层和污物。

4. 镀 锡

镀锡是为了避免虚焊,提高焊接的质量和速度。当元器件引脚刮净以后,就可对元器件的焊接表面进行镀锡了。

（1）镀锡的方法。

镀锡通常是对清洁的元器件引线浸涂助焊剂（松香与酒精的混合物,他们的质量比为松香粉25%、酒精75%,酒精的纯度应在95%以上）后,用蘸锡的电烙铁沿着引线镀锡,但应注意引线上的镀锡要尽量薄而均匀,表面要光亮,然后再浸涂一次阻焊剂。

（2）镀锡应注意的问题。

在镀锡之前,要先对元器件的引脚进行观察,确认其原来是哪一种镀层,以便采取合适的方法对其进行清洁镀锡。元器件引脚常见的镀层有银、金以及铅锡合金等几种材料,尤以铅锡合金居多。

镀银引线。这类引线较容易产生不可焊的黑色氧化膜,必须用钢锯刃口将黑色氧化层刮去,甚至露出紫铜的表面。

镀金引线。由于镀金引线镀金层内的基本材料较难镀上焊锡,故不能将这类元器件引脚上的镀金层刮掉。通常可采用橡皮擦,将镀金层上的污垢擦去即可。

铅锡合金引线。当今的元器件大多采用这类引线。铅锡合金引线可以在较长时间内保持良好的可焊性,新购的（或其可焊性在合格保存期限内的）正品元器件,装配之前可以不用再进行镀锡处理,只要浸涂一次助焊剂即可进行装配。但对于存储时间较长,可焊性超出合格期的铅锡合金引线,则应进行清洁处理。

5. 元器件的再次检测

虽然元器件在购买回来以后已经进行过检测,但经过上述处理后,有必要再检测一次,以确保元器件性能良好。把元器件的各脚对接地引脚间的开路电阻测出来(正、反向均应测出),并记录下来（要注明是正测还是反测,即指明是哪一表笔接地线）,这是业余条件下检测集成电路性能的有效方法,也便于在出现问题时核对。

6. 元器件的整形

元器件经过清洁镀锡以后,多数情况下还需要加工整形,以满足在印制电路板上装配时的要求,并使之工整、美观、可靠。

对元器件的整形是一项精细的工作,可使用镊子和尖嘴钳作整形工具。为防止整形过程中造成元器件的损坏,通常应注意以下几点:

（1）弯曲半径。

对元器件的引脚进行弯曲整形时,引线弯曲的最小半径不得小于引线直径的2倍,也就是不能弯曲成直角,以防引脚被折断。

（2）引脚弯曲处距离元器件本体的距离。

对元器件的引脚进行弯曲整形时,其引脚弯曲处距元器件本体之间的距离至少要有3~4 mm。对于容易崩裂的玻璃封装元器件（例如玻封二极管等）,在进行引脚整形时,务必注意这一点,以免导致元器件损坏。

几种常用元器件引脚的整形方式如图 9.2.1 所示。

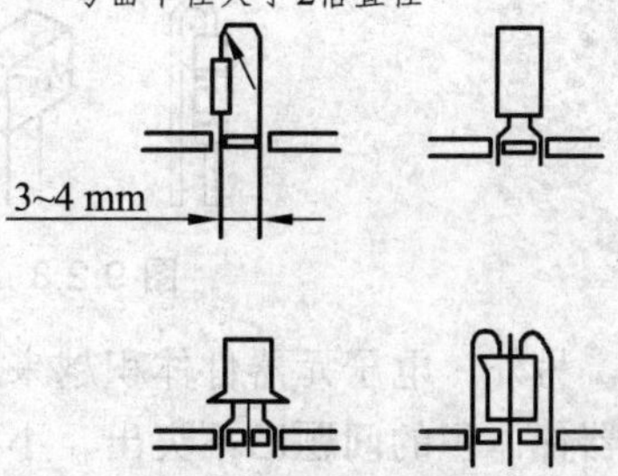

7. 印制电路板的检查

将印制电路板与原理图反复进行对照检查，对制作印制电路板过程中产生的缺陷进行弥补。凡短路处要用小刀划断，开路处要用焊锡搭接（测试用的开路端口除外），并将修补处涂上助焊剂或阻焊剂。

图 9.2.1 几种常用元器件引脚的整形方式示意图

8. 元器件的插装

（1）插装要求。

在电路板上安装元器件时，可先装大的再装小的；先装不容易损坏的元器件，再装容易损坏的元器件。

按一定的顺序插装元器件，并使元器件在电路板上要尽量排列整齐，高低协调一致。插装元器件时，要仔细核对元器件的编号和型号，千万注意不要装错位置或类型，特别是三极管等多脚件和那些有极性的元器件，更要防止各引脚间位置错装。

（2）插装类型。

元器件在印制电路板上的插装类型，常见主要有立式与卧式两种。这两种安装形式都应尽量使元器件的引脚短。

立式插装是指元器件与印制电路板呈垂直形式，如图 9.2.2（a）所示。在印制电路板上采用立式插装时，单位面积上容纳的元器件数量较多，对于紧凑密集的产品较为适合，但立式插装的机械性能较差，抗震能力较弱，如果元器件出现倾斜，就有可能与其靠近的元器件相碰而导致短路故障，如图 9.2.2（b）所示。

卧式插装是指元器件与印制电路板呈平行形式。在单位印制电路板上采用卧式插装时，小功率的元器件通常均可平行地紧贴板面安装。在双面印制电路板上采用卧式插装时，元器件需要离开板面 1 mm 左右，如图 9.2.2（c）所示，以防止元器件发热长期对铜箔烘烤而引起铜箔脱落，同时也可防止短路。

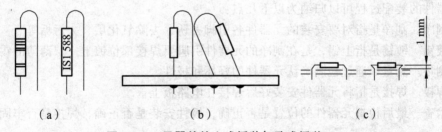

图 9.2.2 元器件的立式插装与卧式插装

随着电子技术的发展，半导体技术的推广应用及大规模集成芯片的使用，现代电子器件多采用直插式引脚密封，如图 9.2.3 所示。其中电阻器、电容器和二极管做成两个直插脚，三极管做成三个直插脚，而集成电路由于引脚较多则形式更加多样。由于这类元器件多以直插式引脚封装，所以印制电路板也作出相应的插脚孔。故这类元器件装配中就不必整形，只要将其引脚插入对应印制电路板插脚孔中然后焊接，再经过修整检查等工序即可。

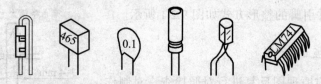

图 9.2.3　电子元器件直插式引脚封装方式示意图

另外，电子元器件体积越来越小，质量也逐步提高，要提高单位面积电子器件的密度，元器件体积的问题已不突出，小型化的电子元器件又采用了成型矮脚方式，如图 9.2.4 所示。它是一种采用专门的设备将电子元器件引脚先成型后，再将多余的引脚除去。

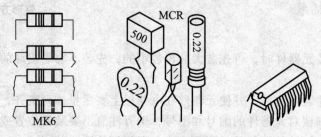

图 9.2.4　小型化电子元器件的成型矮脚方式

成型后的元器件，不仅引脚长度固定，同时在固定的尺寸上打弯。该弯曲部位就可使元器件牢靠地固定在印制电路板上，为以后的焊接工序提供方便。

成型矮脚法克服了立式插装的相碰及元器件高度不等的问题，但一般仅适用于单面装元器件，另一面作焊点且电子元器件密度不高的场合。

9．焊　接

当元器件插进印制电路板上以后，下一步就可进行焊接了，各种元器件的焊接要求详见后面的说明。

10．总　结

元器件的装配过程可以归纳为以下几点：

一刮净。刮净是指对要安装的元器件各引脚去锈、去除氧化层、去污垢等。

二镀锡。镀锡是指上锡，是在刮净的元器件引脚要焊接部位镀上一层薄薄的锡。

三测量。测量是通过检测确认元器件的好坏和极性。

四焊接。焊接是指将元器件安装好后焊接在电路板上。

五检查。最后检查元器件的位置是否正确，极性安装是否正确，焊接是否牢固。

9.3　整机的布线

电子元器件焊接在印制电路板上以后，就要用导线将其与各种外部设备按设计要求连接，形成一个整机电路，这种电路的连接叫布线。对于比较复杂的电路，一般连接导线都比较多，而且布线纵横交替。这些导线的走向及连接方式，对整机的性能指标以及可靠性都有一定的影响。

因此，对于整机的布线，要求元器件之间的电连接必须从电气方面作充分考虑，即要考虑导线本身和相互之间的分布电容和电感的影响，才能保证整机的性能。

整机的布线通常是在产品设计时就应考虑的，业余条件下多是在产品印制电路板焊接结束以后根据整机的实际情况确定。

9.3.1　导线的选择

1. 导线与绝缘套管的颜色

颜色标志作为一种重要的区分手段已广泛地应用于电子产品制作中。电子产品装配中的导线，为了便于区分和便于日后的维修，在国家标准中已作了相应的规定。采用不同的颜色导线进行布线，可以避免混乱，防止错误安装。

（1）类型。导线与绝缘套管的颜色的品种很多，较常用的、国家标准中列出的主要颜色有：红、蓝、白、黄、绿，各种颜色使用的场合参见有关规定。

（2）代用原则。在电子产品布线时，如果一时没有规定的这些颜色导线时，可考虑采用以下方法进行代用：

可用粉红色、天蓝色、灰色、橙色、紫色分别对应代用红、蓝、白、黄、绿色导线或套管。

若仍无法找到代用颜色，也可以自行确定导线或套管的颜色，但必须保证同一批次，同一规格或系列的产品中代用原则的一致性。

（3）日本产品导线的颜色规定。

日本及其合资生产厂家的电子产品有其独特的导线颜色使用规定。

2. 导线使用要求

导线的使用根据不同的场合要求不同，通常可以参考以下原则。

（1）仪器用导线。作为仪器布线用的导线，通常可使用聚乙烯绝缘安装软线，一般负载电流在 1 A 以下时，均可采用 $1 \times 7 / 0.15$ 规格的。

（2）交流电源线。可用较粗的电线，根据需要可选用花线、橡皮外套型电源线等。

（3）地线和高频电路。这两处电路中连接导线多采用直径 1 mm 左右的镀银粗裸铜线。

（4）小信号输入线。可采用金属屏蔽线，以屏蔽掉外界的干扰。

（5）超高频电路输入线。通常应采用外包金属丝编织层且绝缘材料介电常数较小的射频同轴电缆，以屏蔽外界的电磁场，并使高频损耗减至最小。使用射频同轴电缆时，除要考虑其直径外，还要考虑其特性阻抗与电容。

9.3.2　布线的基本原则

整机布线的好坏对整机的电特性及可靠性均有很大的影响，以下是不同电路布线的基本要求和原则。

1. 高频电路

高频电路布线，应尽可能减少线路之间的寄生耦合，以避免引起寄生振荡。例如，他们排列的顺序应尽量和电路顺序一致，而且呈一直线，以缩短元器件之间的连线，并使电路输出与输入级之间的引线尽可能短。同时，尽量多地采用接地的方法，接地线要短而粗。

2. 弱信号电路

弱信号电路，例如输入级、前级放大器等，由于他们容易受到电磁场的干扰，故安装这些单元电路的印制电路板应远离有强电磁场辐射的元器件，如电源变压器、高频变压器、大功率振荡管等。必要时，可将有关元器件用金属屏蔽罩屏蔽起来。

3. 电磁器件

电源变压器，扼流圈，输出、输入变压器等电磁器件等在安装时，应注意它们的安装方向，避免或削弱它们之间的磁耦合。通常采用互相垂直的安装方法，而且不要靠得太近，必要时用金属板隔离开。

4. 耐压与散热

要注意元器件的绝缘和耐压，特别是高压部分还要注意防潮和防尘等，最好加密封罩密封起来。

有些大容量电解电容器的外壳负极不接地，要拥有足够耐压性能的绝缘材料（如黄漆绸）把它和电容器夹（或底板）绝缘。

对于大功率管直接固定在底板或后面板上散热的情况，则它们之间也要用极薄的云母片作电气绝缘，绝缘材料不可太厚，太厚了将会影响大功率管的散热性能。

9.3.3　画布线图的方法

1. 画元器件排列图

在绘制整机的总布线接线图时，不一定非要按比例画，重要的是要保持元器件的大致排列情况（只画出要接地的元器件或印制电路板等）。元器件或印制电路也不一定要完全描绘出来，只要画出一般的轮廓就够了。但是，全部的接线点一定要标明。

如图 9.3.1 是一种空调器室外机电气布线图（也称为电气分布图），图 9.3.2 是其室内机电气布线图，这两种布线图均是采用较简单方框图画法来标明连线的连接关系的。

在画元器件布线用排列图时，由于布线都是在前、后板和底板之间进行，他们往往是立体的，要画成平面图就要将其展开。对于某些需要翻过来（如仪器等）进行布线的产品，通常应将其画成底视图方式。

2. 画元器件间的连线

根据元器件在整个箱内（或盒体）的实际安装位置画好其排列图以后，下一步就可根据

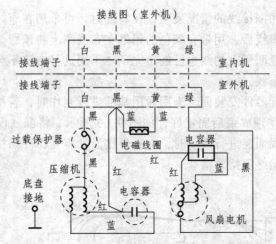

图 9.3.1　某一空调器室外机电气布线示意图

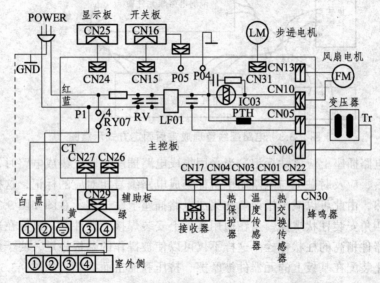

图 9.3.2　某一空调器室内机电气布线示意图

样机的接线，去画上各连接点之间的连接线了。连接线也不要求按实际尺寸或比例绘制，但同一扎线最好画在一起，线扎与线扎之间界限要清楚。分线孔应在这一步后确定下来。

9.3.4　布线的实际操作

布线图画好以后，下一步就是依据布线图进行实际操作。

1. 布线实际操作要求

在对电子产品整机内各印制电路板与分布在机箱内各个不同位置上的元器件（或组件、部件）进行布线实际操作时，通常有以下要求：

（1）接线要正确。一般来说，正确接线比什么都重要，有些人推崇所谓一次性操作，这样很容易导致错误接线和漏接线。当错误接线和漏接线较多时，将会造成严重的后果。

为了防止错误接线和漏接线的情况发生，在装配时，可采用在布线图上边着色、边接线的方法，也就是每接一根线后，用带有颜色的铅笔在布线图上将该线画上颜色。等布线图上所有线条都标上色后，说明所有的线也已经布完了。采用这种方法不会出现漏接线现象，尤其是对复杂电子产品的布线。

　　（2）电路配线应在元器件安装面。当用通用基准进行制作时，若配接线数量较多，为了防止杂乱无章，应将其整理成束后固定好，如图9.3.3所示。将配线设置在元件安装面的优点是：若发现接线有错误而要进行改动时，由于焊接面没有元器件与接线，故用吸锡器拆卸时较为容易，焊接面也始终保持整洁。

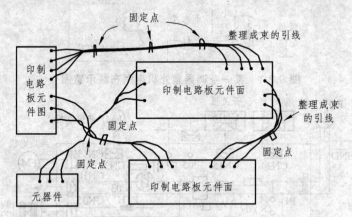

图9.3.3　电路配线整理成束后固定方式示意图

　　（3）集成电路插座上应该贴标记。当采用集成电路插座来装配集成电路时，集成电路的插座装配好以后，应及时贴上与电路图中所标集成电路编号相对应的标记，这样可以使装配和接线一目了然，由此可以减少错误。在集成电路插座上贴标签示意图如图9.3.4所示。

　　（4）基板四角安装柱状螺栓。当在通用基板上安装焊接元器件时，最好在通用基板的四个角安装比元器件稍高的柱状螺栓。这样不仅可以使被操作的基板稳定，便于焊接与接线，而且也可以防止装配在基板上的元器件被摩擦、挤压和撞击而损坏，如图9.3.5所示。

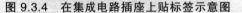

图9.3.4　在集成电路插座上贴标签示意图　　　图9.3.5　在印制电路板四角安装柱状螺栓示意图

　　（5）用白胶布做识别标记。有的组件或元器件常有许多配线，需要与各个不同的组件或者元器件在不同的位置进行连接，为了防止接线错误，除了可使用不同颜色的导线进行区别外，还可在线材（导线）上贴上白胶布或者胶带纸，用铅笔或者油性笔标记上识别序号，再整理成线束的方式，这样可以防止接线错误，也可提高装配速度。用白胶布做识别标记的示意图如图9.3.6所示。

2. 布线基本加工方法

（1）乙烯基导线的加工。从印制电路板向安装在面板上的开关等元器件进行配线时，经常使用柔软的、不会因震动而断线的多股绞合线——乙烯基导线。

对乙烯基导线的加工过程如图 9.3.7 所示。由于乙烯基导线的乙烯层外皮去掉后，导线内部的铜线是松散的，需要用手将松散的铜线绞合紧以便于焊接。当焊接好确认无误后，用斜口钳剪断即可。

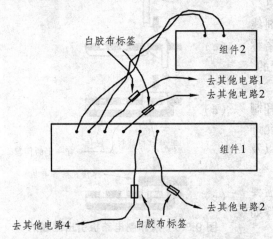

图 9.3.6　用白胶布做识别标记的示意图

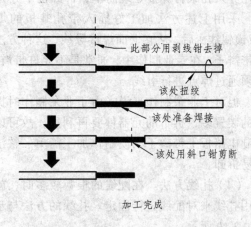

图 9.3.7　乙烯基导线的加工过程示意图

必须注意的是：在剥去乙烯外层以后，扭绞芯线之前，应对裸露的芯线进行简单地去漆除污等清洁处理，以便下一步的焊接。

（2）带孔基板的配线加工。用通用基板制作印制电路板时，焊接面可使用镀锡线进行连接，最好使用直径为 $\phi 0.8\ mm$ 的镀焊剂线。

镀焊剂线虽然比较贵但是却比镀锡线好焊。线径越粗，焊接效果越好。

为了使连接线不弯曲或者少弯曲，其长度不可过长。电路转弯处根据需要用尖嘴钳进行弯曲，以使配线整洁。带孔基板配线连接方式示意图如图 9.3.8 所示。

（3）从印制电路板引出配线的加工。有些时候仅有一根线从印制电路板上引出，又不能使用连接器，此时可以将镀焊剂线弯成一定的形状，安装在带孔基板的孔中，然后在其上面焊接导线。从印制电路板引出配线的加工过程如图 9.3.9 所示。

① 先用尖嘴钳将焊剂线弯曲成如图 9.3.9（a）所示的形状。

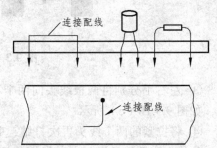

图 9.3.8　带孔基板配线连接方式示意图

② 将上述弯曲好的焊剂线（或镀锡线）插入带孔基板相应的孔内，如图 9.3.9（b）所示。

③ 将插入基板内的焊剂线（或镀锡线）下端较长的一段向右弯曲（紧贴基板）至与基板靠紧，如图 9.3.9（c）所示。

④ 将插入基板内的焊剂线（或镀锡线）下端较短的一段也向右紧贴基板弯曲，使其端部与较长一段处有一定的间隙以便于焊接，如端部太长，也可用斜口钳将较长的一段剪去，如

图 9.3.9（d）所示。

⑤ 用焊锡将成形后的焊剂线（或镀锡线）沿周边焊牢固。这样，就可以在元器件面上的焊剂线（或镀锡线）上焊接乙烯基导线（俗称带辫子）了，如图 9.3.9（e）。

采用这种方法自制引线端子，可不用连接器，且比穿入孔眼再焊接处理简单，拆卸也十分方便。

采用上述方法加工好插入带孔基板的焊剂线（或镀锡线）后，从它上面焊接导线，这种方法俗称为带辫子。在专业制作中，通常是不允许带辫子的，必须通过焊点进行引线。

但对于业余制作来说，由于业余制作时拆卸制作的装置多，拆下的元器件要再利用，故可以允许印制电路板上带辫子，使制作加工简单、整洁以及容易拆卸。

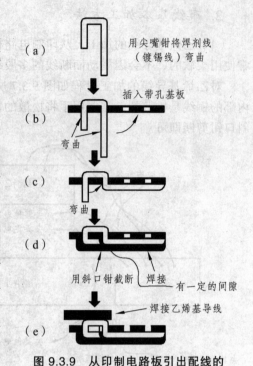

图 9.3.9　从印制电路板引出配线的加工过程

（4）扎线方法。在配线的根数较多时，就需要采用扎线来对配线进行固定。扎线的方法与步骤如图 9.3.10 所示。

① 在所要扎线的多根配线的外面绕一圈，如图 9.3.10（a）所示。

② 用右手拇指和中指从侧面抽出图 9.3.10（a）右边的线头，如图 9.3.10（b）所示，此时左手拿着另一根线。

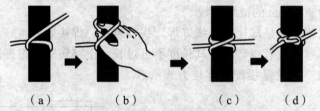

图 9.3.10　扎线的方法与步骤

③ 左右手分别将两根线头向两个不同的方向拉紧，以使被捆的多根配线牢固而不会松动，如图 9.3.10（c）所示。

④ 将拉紧的两个线头再次打结，剪去两端的多余线后即可，如图 9.3.10（d）所示。

扎线应当缓慢地进行，以保证其整洁。为了在扎线时及时看清楚扎线部分导线的情况，通常应使用乙烯基线。当然，使用针织线来作为扎线，强度和扎线效果也不错。

（5）去毛刺。在机壳和印制电路板上钻孔时，容易产生毛刺。可以使用宽刃的小刀去毛刺，其效果较好，用窄刃刀去毛刺效果不如宽刃的小刀。

对于孔口中的毛刺，可使用比孔径大一倍的钻头对其进行去毛刺处理。例如直径为 2 mm 的孔，可以用直径为 5 mm 左右的钻头在其孔口刮几圈以后，毛刺即可被去除。

（6）开关的固定。钮子开关均附有两个螺母，在面板上安装时，钮子开关正确紧固方法示意图如图 9.3.11 所示。为了使开关螺杆部分不过多地露出，如图 9.3.11（a）所示，可用螺母从内侧调整位置，如图 9.3.11（b）所示。固定螺母时，为了不损伤面板，一般的扳手太厚不合适，可采用专用的扳手进行固定。

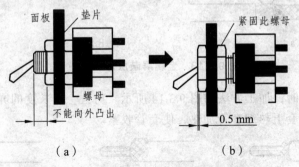

图 9.3.11　钮子开关正确紧固方法示意图

（7）屏蔽导线的加工。在电子制作中，为了防止杂散电磁场感应产生的噪声通过导线混入有用信号中，往往采用屏蔽线作为输入或连接导线。

屏蔽导线是一种在绝缘导线外面套上一层金属屏蔽层的特殊导线，具有抗电磁干扰的能力。屏蔽导线的加工步骤如下：

① 剪裁。

屏蔽导线剪裁的操作方法与绝缘导线的加工方法相同。

② 外绝缘层剥离。

● 热切法。在需要剥去外绝缘层的地方，用热控剥线器烫一圈，深度直达金属屏蔽层，再沿着断裂圈到导线端口烫一条槽，深度也要达到金属屏蔽层。再用尖嘴钳或镊子夹住外绝缘层，撕下即可，如图 9.3.12 所示。

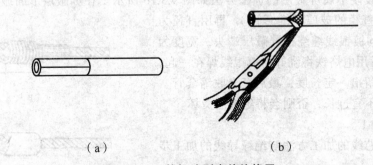

图 9.3.12　热切法剥离外绝缘层

● 刀切法。用电工刀、单面刀片从端头开始用刀刃划开外绝缘层，再从根部划一圈后用手或镊子钳住，即可剥离绝缘层。注意刀刃要斜切，边划边注意，不要伤及屏蔽层。

③ 金属屏蔽层的加工。

● 用镊子或通针把金属屏蔽编织层拆散，分离出内层绝缘导线，如图 9.3.13（a）所示；或者左手拿住屏蔽线的外绝缘层，用右手指向左推金属屏蔽层，使之成为如图 9.3.13（b）所示形状；然后在金属屏蔽层上拔开一个孔，弯曲屏蔽层，从孔中取出内层绝缘导线，如图 9.3.13（c）所示。

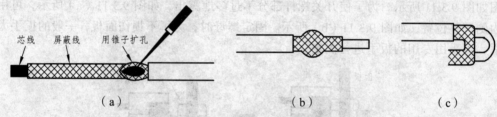

图 9.3.13 金属屏蔽层加工示意图

• 屏蔽层不接地时，加工方法如图 9.3.14 所示。剪去一定长度的屏蔽层，余下的屏蔽层翻转到外绝缘层上，套上热缩套管加热，使套管收紧。

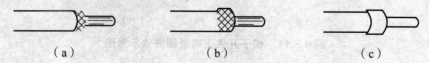

图 9.3.14 屏蔽层不接地的加工

• 屏蔽层接地时，加工方法如图 9.3.15 所示。将屏蔽层剪齐、捻紧、浸锡即可。根据需要可套上绝缘套管或焊上接线端子。

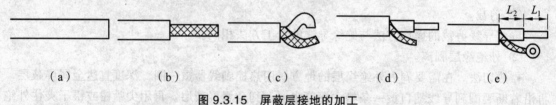

图 9.3.15 屏蔽层接地的加工

• 较粗、较硬金属屏蔽层的加工方法如图 9.3.16 所示。在屏蔽层下面缠黄腊绸布 2 ~ 3 层（或用适当直径的玻璃纤维套管），再用直径为 0.5 ~ 0.8 mm 的镀银线缠绕在屏蔽层端头，宽度为 2 ~ 6 mm，然后用电烙铁将绕好的镀银线焊在一起，再空绕一圈并留出一定长度，最后套上收缩套管。注意焊接时间不宜过长，否则会将绝缘层烫坏。

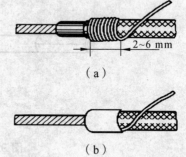

④ 芯线加工。

屏蔽导线芯线的加工方法与绝缘导线的加工步骤相同。

⑤ 浸锡。

屏蔽导线浸锡的方法与绝缘导线的浸锡相同。

图 9.3.16 较粗、较硬金属屏蔽层的加工

金属屏蔽层浸锡时要注意防止焊锡渗透过长而形成硬结。

（8）电缆的加工。

① 棉织线套多芯电缆的加工。

棉织线套多芯电缆线一般用于经常活动器件的连接，如电话软线等。其外套端部极易散开，它的加工主要是对棉织线外套端部的绑扎。加工过程如下：根据工艺要求先剪去适当长度的棉织线套，然后用棉扎线绑扎棉织线套端头，绕扎宽度在 4 ~ 8 mm。缠绕的方法如图

9.3.17 所示。拉紧扎线后将多余扎线剪掉，在扎线上涂以清漆。

② 射频同轴电缆的加工。

射频同轴电缆的金属屏蔽层应同轴。在加工前要检查电缆有无损坏，在加工过程中要防止将屏蔽层压扁。如图 9.3.18 所示为同轴电缆结构示意图。

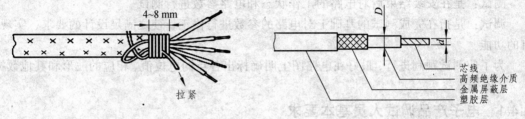

| 图 9.3.17 棉织线套电缆端头绑扎 | 图 9.3.18 同轴电缆 |

射频同轴电缆除剥头、捻紧、浸锡等常规端头加工外，其与插头、插座的连接应是加工过程中的关键。连接在射频电缆上的插头、插座应与射频电缆相匹配，如 75 Ω 的射频电缆应配用 75 Ω 的插头、插座。连接时，要求各导线在焊到焊片上之前所留的长短应合适，焊接要光滑、平整、无毛刺，安装后的电缆线束在插头、插座内不能再产生自由松动的现象。电缆线束的弯曲半径不得小于线束直径的 2 倍，在插头、插座根部的弯曲半径不得小于线束直径的 5 倍，以防电缆在活动中折损。

9.3.5　布线的检查

1. 检查工具

布线连接好以后，还要用万用表的电阻挡来检查接线的正确性。万用表应置于"R×1 Ω"挡进行检查。如果用高阻挡，就难以发现被检查的电路中小阻值电阻的影响。

2. 注意并联阻值

在进行接线检查时，如果电路中有其他元器件小内阻的并联影响，必要时还要将有关元器件的连线焊下来才能检查。

3. 依据电路图或接线图检查

在检查接线时，一般要根据电路原理图或布线接线图（装配接线图或表）来进行。

检查时，同时也要检查在接线图（或表）上指明的电线的色别，屏蔽线和线扎内电线的分布情况，以及有没有与其他元器件间短路的情况。

9.4　电子产品的调试

电子产品的调试指的是整机调试。整机调试是在整机装配以后进行的。电子产品的质量固然与元器件的选择、印制电路板的设计制作、装配焊接工艺密切相关，同样也与整机的调试步骤及方法分不开。在这一阶段，不但要实现电路设计时预想的性能指标，还要对整机在前期加工工艺中存在的缺陷尽可能进行修改和补救。

整机的调试可以包括调试和测试两个方面。

测试：是在安装结束后对电路的工作状态和电路参数进行测试。

调试：是指在完成测试的基础上对电路的参数进行修正，使之满足设计的要求，实现应有的功能。

为了使测试顺利进行，最好在电路图上明确标出各点的电位值、相应的波形和其他数据。

9.4.1 电子产品调试人员基本要求

为了使制作的电子产品各项性能参数满足要求并具有良好的可靠性，所有的调试工作都是非常重要的。在相同的设计水平与装配工艺的前提下，电子产品的调试质量取决于调试工艺是否正确合理以及调试人员对工艺掌握是否熟练。对调试人员的基本要求通常有以下几方面。

1. 掌握电路基础知识

调试人员应懂得被测试的电子产品的各部件和整机的电路原理，并了解它的性能指标要求和使用条件。

2. 会正确使用测量仪器

调试人员应正确、合理地使用测量仪器，熟练地掌握这些仪器仪表的性能和使用方法。

3. 掌握正确的测量

调试人员应掌握正确的测量方法以及数据处理方法；掌握调试过程中故障的查找和排除方法。

4. 遵守安全操作规程

在电子产品测试过程中，应严格遵守各项安全操作规程，以保证调试人员和调试产品的安全，避免触电和损坏仪表。例如初学者错用了万用表的电阻挡去测量电压，结果使万用表烧毁。对于有高压的产品，要特别注意人身和产品的安全，采取必要的防护措施。

9.4.2 整机调试方法与步骤

整机调试通常分为静态调试和动态调试两种。

1. 静态调试

对于模拟电路主要应调整各级的静态工作点。

对于数字电路主要是调整输入、输出端的电平和各单元电路间的逻辑关系。

然后将测出的各点的电压、电流实际值与设计值相比较，如果两者相差较大，则先调节各有关可调零部件，如果还不能纠正，则要从以下方面分析原因：电源电压是否正确；电路安装有无错误；元器件型号是否选对。

一般来说，在能正确安装的前提下，交流放大电路比较容易成功。因为交流电路的各级之间以隔直流电容器互相隔离，在调整状态下互不影响。

对于直流放大器来说，由于各级电路直流相连，各点的直流电压互相影响。有时调整晶体管的静态工作点，会使各级的电压、电流值都会发生变化。所以在调整电路时要有耐心，一般要反复多次进行调整才能成功。

2. 动态调试

动态调试主要是检查电路的各种指标是否符合设计要求，包括输入波形、信号幅度、信号间的相位关系、电路放大倍数、频率、输出动态范围等。

调试电子电路的交流参数最好有信号发生器和示波器。对于数字电路来说，由于多数采用集成电路，调试的工作量要少一些。只要元器件选择符合要求，直流工作状态正常后，逻辑关系通常不会有太大的问题。

动态调试，就是在整机输入端加上信号（例如收音机在其输入端送入高频信号或直接接收电台的信号），对其进行中频覆盖范围和灵敏度的调整，使其满足设计时的要求。

3. 单元电路调试方法

电子产品整机的功能、类别很多，其电路结构以及组成也各不相同。但大多数可分为：电源部分、控制部分、信号处理部分和显示部分等几个单元电路。

（1）电源电路。电源是任何一个电子产品能量的来源，故整机的调试，通常是从电源部分开始的。为了防止电源电压偏离正常值而损坏整机其他部分的元器件，在调试之前，一般应断开其他部分与电源的连接电路，必要时可在电源输出端另接假负载，假负载通过的电流与整机工作电流应大致相等。

电源部分调试的项目主要是输出电压，有时还要调整电源的波纹系数、稳定度及带载能力等。

电源部分调试正常以后，即可将电源和其他部分相连。为了防止意外，第一次连接时可在电源输出端串接一只量程较大的电流表和熔断器，如图 9.4.1 所示。在电流表读数大致符合总电流后再正式将电路连通。

（2）控制电路。电子产品的整机都设置有控制电路，控制电路的主要任务是协助主电路完成预定功能。常用的电子产品控制电路组成的方框图如图 9.4.2 所示。

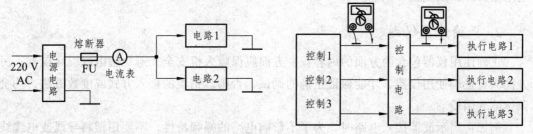

图 9.4.1 第一次连接电源时串接电流表和熔断器方式　图 9.4.2 电子产品控制电路组成的方框图

对控制电路进行调试时，主要是对特定条件下控制端控制信号的电平（电压）、极性、脉宽、时序、相位或波形等进行调整，使其符合电路设计要求。必要时，可在控制端和控制信号输出端（主电路被控端）同时用万用表或示波器监测。

（3）信号处理电路。信号处理电路是主机的主电路。调试时，主要是检查各关键点的电压、电流或波形，检查并调整在某种输入状态下输出端对应的输出信号情况，并使其符合电路设计要求。

值得注意的是：这些关键测试点上的电压在静态（无信号）和动态（有信号）时是不同的，调试时应注意到这一特点，心中要有数。

（4）显示电路。显示部分对某些电子产品整机来说是辅助电路，而对某些整机来说，又可能是终端的电路。

显示部分的调试，主要是使显示器的显示状态或显示值符合电路的设计要求。显示功能应正常，显示值应准确，显示状态应明确无误。

（5）单元电路调试说明。电子产品的功能不同，故其具体调试项目和方法也不同，以上仅介绍了整机调试的一般原则，实际操作时，应根据具体电路而异。要真正调试好一台电子产品整机，使其符合设计要求，最主要的还是要充分了解电路的工作原理，掌握测试仪器、仪表的使用要领，同时还应熟悉所用元器件的作用、性能及其特点。这最需要制作电子产品的初学者平时要大练基本功，通过不断学习、不断提高和不断的总结，使调试水平上一个台阶。

9.4.3 产品调试时应注意的问题

1. 刚通电时应注意观察

产品调试时，首次通电时不要急于试机或测量数据。先要观察有无异常现象发生，如冒烟，发出油漆气味，元器件表面颜色改变等。

用手背触摸元器件观察其是否发烫，特别注意末级功率比较大的元器件和集成电路的温度情况，最好在电源回路中串入一只电流表。如有电流过大，发热或冒烟情况，应立即切断电源，待找出原因，排除故障后方可重新通电。

对于学习电子产品安装和调试的初学者，为防意外，可在电源回路中串入一个限流电阻器，电阻值在几欧姆左右，这样就可有效地限制过大的电流，一旦确认无问题后，再将限流电阻器去掉，恢复正常供电。

2. 正确使用仪器

正确使用仪器包含两方面的内容：一方面应保障人机安全，避免触电或损坏仪器；另一方面只有正确使用仪器，才能保证正确的调试，否则，错误的接入方式或度数方法，均会使调试陷入困境。

例如：当示波器接入电路时，为了不影响电路的幅频特性，不要用塑料导线或电缆线将信号直接从电路引向示波器的输入端。

当示波器测量小信号波形时，要注意示波器的接地线不要太靠近大功率器件的接地线，否则波形可能会出现干扰。

又如：在使用扫频仪器测量检波器或鉴频器或者电路的测试点位于三极管的发射极时，由于这些电路本身已经具有检波作用，故不能使用检波探头。

扫频仪的输出阻抗一般为 75 Ω，如果直接接入电路，会短路高阻负载，因此在信号测试点需要接入隔离电阻器或电容器。

在使用扫描仪时，仪器的输入幅度不宜过大。否则将会使被测电路的某些元器件处于非线性工作状态，导致特性曲线失真。

3. 及时记录数据

在调试过程中要认真观察、测量和记录。记录的内容包括观察到的现象、测量的数据、波形及相位关系等，必要时在记录中还要附加说明，尤其是那些与设计要求不符合的数据，更是记录的重点。依据记录的数据，才能将实际观察到的现象和设计要求进行定量的对比，以便于找出问题，加以改进，使设计方案变得完善。

通过及时记录数据，也可以帮助自己积累实践经验，使设计、制作水平不断地提高。

4. 焊接断电

在电子产品的调试过程中，当发现元器件或电路有异常需要更换或修改时，必须先断开电源后再进行焊接，待故障排除确认无误后，才可重新通电调试。

5. 复杂电路的调试应分块

（1）分块规律。在复杂的电子产品中，其电路通常都可以划分成多个单元功能块，这些单元功能块都相对独立地完成某些特定的电气功能，其中每一个功能块，往往又可以进一步细分为几个具体电路。单元电路的细分通常有以下规律。

对于分立元器件通常是以某一两只半导体三极管为核心的电路。

对于集成电路一般是以某个集成电路芯片为核心的电路。

（2）分块调试的特点。将整机电路进行分块调试能使调试工作顺利且快速。

复杂电路的调试应分块，是指在整机调试时，可对各单元电路功能块分别加电，逐块调试。这种方法可以避免各单元电路功能块之间电信号的互相干扰。一旦发现问题，可大大缩小搜寻原因的范围。

实际上，有些设计人员在进行电子产品设计时，往往都为各个单元电路功能块设置了一些隔离元器件，如电源插座，跨接线或接通电路的某一电阻等。整机调试时，除了正在调试的电路外，其他部分都被隔离元器件断开而不工作因此不会相互干扰。当每个单元电路功能块都调试完毕后，再接通各个隔离元器件，使整个电路进入工作状态进行整机调试。

对于那些没有设置隔离元器件的电路，可以在装配的同时逐级调试，调试好一级再装配下一级进行调试。

6. 直流与交流状态间的关系

在电子电路中，直流工作状态是电路工作的基础。直流工作点不正常，电路就无法实现其特定的电气功能。因此，在成熟的电子产品原理图上，一般都标注有直流工作点（例如：三极管各级的直流电压或工作电流，集成电路各引脚的工作电压，关键点上的信号波形等）作为整机的调试参考依据。但是，由于元器件的参数都具有一定的误差，实测到的数据可能与图标的直流工作点不完全相同，但两者之间的变化率是相同的，误差不会太大。相对误差一般不会超出 ± 10%。

当直流工作状态调试结束以后，再进行交流电路的调试，检查并调整有关的元器件，使电路完成其预定的电气功能。

7. 出现故障时要沉住气

调试出现故障时，不要手忙脚乱。要认真检查故障原因，仔细做出故障判断，切不可解决不了就撤掉电路重装。因为重新安装的电路仍然会存在各种问题，如果原理上有错误则不是重新安装能解决的。

9.5 常见故障的原因及其处理方法

9.5.1 常见故障的原因

从电子产品制作中出现的问题来看，归纳起来不外乎是由于元器件、电路或装配工艺等方面的因素引起的。例如：元器件的失效，参数发生改变，电路中出现短路、错接、虚焊、漏焊，设计不妥或绝缘不良等，都是出现问题的原因。常见的问题大致有以下几类：

1. 接触不良

焊接中的虚焊造成焊接点接触不良，以及接插件（如印制电路板等）和开关等接点的接触不良。

2. 元器件质量不合要求

由于对元器件检查不严，使用了某些失效了的元器件。例如：电解电容器的电解液干涸，导致电解电容器的失效或损耗增加而发热；又如，由于使用不当或负载超过额定值，使晶体管瞬时过载而损坏（如稳压电源中的大功率硅管由于过载而引起的二次击穿，滤波电容器的过压击穿引起的整波二极管的损坏等）。

3. 接插件不良

印制电路板插座弹簧片弹力不足导致接插件接触不良。

4. 继电器不良

由于继电器触点容量选得过小，引起电弧使触点表面氧化变黑，造成接触不良，使控制失灵。

5. 元器件的可动部分接触不良

例如可变电阻器或电位器的滑动点接触不良，造成开路或噪声的增加等。

6. 导线接触不良

线扎中某个引出端错焊、漏焊；某些接线在调试过程中，由于多次弯折或受振动而断裂；装配中受伤的硬导线以及接到紧固松动的零件（如面板上的电位器和波段开关等）上的接线等的断裂；焊接中使用带腐蚀性的助焊剂，过一段时间后元器件引线会腐蚀而断路。

7. 元器件排列不当

由于元器件排列不当，相碰而引起短路；连接导线焊接时绝缘外皮剥除过多或因过热而脱落，也容易和别的元器件或机壳相碰而引起短路。

8. 设计不妥

由于电路设计不妥，允许元器件参数的变动范围过窄，以至元器件参数稍有变化，电子产品就不能正常工作。

9. 空气潮湿的影响

由于空气潮湿，使电源变压器、高压变压器等受潮、发霉，使绝缘能力降低甚至损坏。

10. 失谐原因

由于某些原因造成机内原先调谐好的电路严重失谐等。

9.5.2 常见故障处理方法

以上列举了电子产品装配后出现的一些常见故障，也就是说，这些都是电子产品的薄弱环节，是查找故障原因时的重点怀疑对象。一般来说，电子产品任何部分发生故障，都会引起其整体工作不正常。不同类型的产品，出现的故障各不相同，有时同类产品故障类别也并不一致，应按一定程序，根据电路原理进行分段检测，将故障点的方位确定在某一部分电路后再进行详细检查和测量，最后加以排除。

查找故障的方法有很多，在电子产品中，常常有些作用明显或者描述电路工作是否正常的重要点，这些就是关键点。如控制端电压、电源输出端电压、集成电路信号输入、输出端的波形或电压以及 OTL 中点电压等。这些关键点就是检修故障时的切入点，也是进一步分析故障的依据所在。例如：OTL 中点电压约为电源电压的 1/2，说明功放电路工作正常；部分集成电路的信号输出端是后级的工作偏置等。在检查关键点时，要注意控制端电压的变化是否符合要求，如调谐电压的变化、音量控制端电压的变化等。

关键点是查找故障的入手点，综合分析是检修的落实程序。利用关键点查找到不正常的电压、电流后，就需要详细观察，再利用可调元器件反复调整，通过综合分析，把故障点缩小到某单元电路直至具体元器件。

附录　综合实训项目

综合实训一　电子调光台灯控制电路的制作

一、实训目的

（1）了解双向可控硅、双向二极管的工作原理及技术指标；

（2）熟悉 Protel 软件的使用；

（3）掌握 PCB 电路板的制作过程。

二、电路说明

电子调光台灯控制电路参考电路如附图 1.1 所示。其中电源开关 S、灯泡 L、双向可控硅 VS 与电源构成主回路，如果 S 闭合且 VS 导通时，灯泡便有电流通过，若 VS 不导通时灯泡中就没有电流。电位器 R_P、电阻 R_1、电容 C、双向二极管 G 组成双向可控硅 VS 的触发电路。

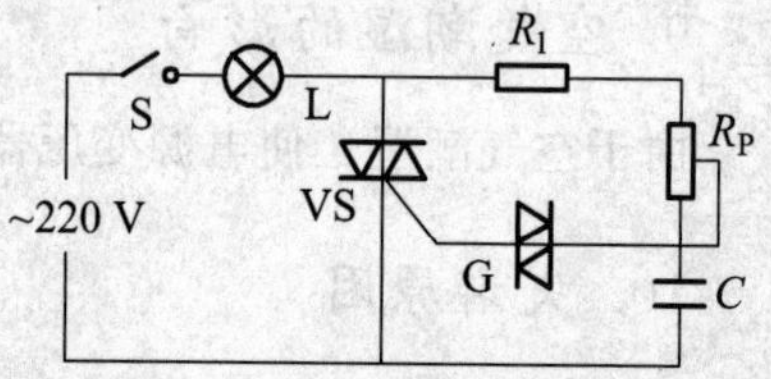

附图 1.1　电子调光台灯控制电路

当闭合开关 S 在 220 V 某个周期内，电源电压经过灯泡直接加到双向可控硅 VS 的两端开始时，双向二极管 G 没有被触发前，没有触发电压加到可控硅 VS 的门极，VS 处于关断状态。此时电源电压经电阻 R_1、R_P 向电容 C 充电。使 C 两端电压不断上升。当电压达到双向二极管 G 的触发电压时，G 被触发。这时电容 C 通过 G 向 VS 的门极放电。双向可控硅 VS 被触发导通。灯泡就有电流通过。C 放电电压下降，回在两端的交流电压过 0 时，双向可控硅 VS 就自动关断。电容 C 又开始充电，交流电的另半周的工作情况与上述类似。调节 R_P 的阻值大小，就可改变电容 C 的充电速率。使在任意半个周期里，VS 的触发导通时间前移或后退，即改变了可控硅 VS 的导通角的大小，从而使流过灯泡的平均电流发生变化。同时灯泡两端平均电压也随之变化，所以能达到调光的目的。

三、元件清单

（1）灯泡：40 W/220 V

（2）电阻器：470 ~ 500 kΩ

（3）电阻：1 kΩ

（4）可控硅：MAC97A6 型双向可控硅

（5）双向二极管：电压 20 ~ 30 V，$\tau = RC$，DB3CC709 型

（6）电容器：0.056 μF/250 V

四、实训设备

电脑、打印机、台钻等。

五、电路板的制作

1. 清洗覆铜板

用棉纱蘸去污粉擦洗覆铜板，使覆铜板的铜箔露出原有的光泽，再用清水清洗，然后晾干或烘干。

2. 复写印制电路底图

用 Protel 软件设计好印制电路板图（用软件进行印制电路板设计时，不要把导线画得太细、焊盘画得过小）并打印，用复写纸复写在覆铜板的铜箔表面上，注意检查，以防止漏描。

3. 覆盖保护材料

将松香压碎泡在酒精里面，将印制电路板上刚描上的印制线路的铜箔涂上松香水。

4. 腐蚀或刀刻

（1）腐蚀。把需要腐蚀的印制电路板放入装有三氯化铁溶液的容器中进行腐蚀，为了缩短腐蚀时间，可在三氯化铁溶液中加入过氧化氢或对三氯化铁溶液适当加热，以提高腐蚀速度。

（2）刀刻。用小刀将需要腐蚀的铜箔逐一刻除。首先用小刀刻出线条的轮廓，刻轮廓时第一刀要轻，用力不能过猛，线条要直；然后将已经刻好轮廓的印制导线用刀的后端用力往下按，并且缓慢进刀，直到刻透铜箔为止；最后是将刻透的铜箔用刀尖挑起一个端，再用尖嘴钳夹住撕下，撕下时要特别小心，否则容易把需要保留的部分也撕下。

腐蚀或刀刻后的印制电路板，用棉纱蘸去污粉或用酒精、汽油擦洗印制电路板，去掉防酸涂料，最后用清水将印制电路板清洗干净。

5. 钻　孔

按印制电路板设计图样的要求，在需要钻孔的位置中心打上定位标志，然后用钻头钻孔。注意安装元器件的孔径与形状，在打孔前，最好用冲样头先在需要打孔的位置上冲样，便于打孔。

6. 磨　平

用带水的水磨砂纸将打好孔的印制电路板磨平。

7. 脱　水

将磨平洗净的印制电路板浸没在酒精中浸泡 0.5 h 后，取出晾干。

8. 涂　漆

将遗留的印制导线的铜箔表面用毛笔涂一层漆，注意焊盘部分不能涂漆，如果不小心涂上，可用有机溶剂清洗。

9. 涂助焊剂

为了便于焊接，在腐蚀好的铜箔上用毛笔蘸上松香水轻轻涂上一层助焊剂，晾干即可。

六、安装调试

1. 安　装

（1）在一般情况下，电容器、三极管等元器件采用立式安装，而电阻器、二极管等采用卧式（贴板）安装；

（2）卧式安装间隙在 1 mm 左右，立式安装间隙在 5 ～ 10 mm，但电解电容安装间隙在 1 mm 左右；

（3）同一规格的元器件应尽量安装在同一高度上；

（4）安装顺序一般为先低后高，先轻后重，先易后难，先一般元器件后特殊元器件；

（5）元器件的极性不能装错；

（6）应注意元器件字符标记方向一致。

2. 调试步骤

（1）开关 S 断开，R_P 调到最大值；

（2）将 220 V 交流市电接到电压源处，关闭开关 S；

（3）调 R_P 使其慢慢变小，观察灯泡亮度的变化。

综合实训二　光控电子开关电路的制作

一、实训目的

（1）了解光敏三极管的工作原理；

（2）掌握常用元器件的检测方法；

（3）熟悉 Protel 软件的使用；

（4）掌握用复写印制电路底图法制作 PCB 电路板的过程。

二、电路说明

光控电子开关参考电路如附图 2.1 所示。

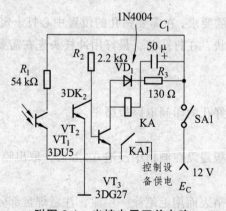

附图 2.1　光控电子开关电路

三、元件清单

元件清单如附表 2.1 所示。

附表 2.1　元件清单

代号	器材名称	规格、型号	数量
SA$_1$	按钮开关	普通，KAX-1 或 AN4 或 AN6	1 只
R$_1$		54 kΩ（47 kΩ）	1 支
R$_2$	电阻器	2.2 kΩ	1 支
R$_3$		130 Ω（150 Ω）	1 支
C$_1$	电解电容	50 μF/25V	1 只
VT$_2$	三极管	3DK2，β = 50 至 90	1 只
VT$_3$		3DG27，β = 100	1 只
VD$_1$	二极管	1N4001	1 只
VT$_1$	光电三极管	3DU5 或 3DU12 或 DU22	1 只
KA	继电器	JRX-13F 或其他 12 V 继电器	1 只

四、实训设备

电脑、打印机、台钻等。

五、电路板的制作

操作步骤与综合实训一相同。

六、安装调试

1. 安　装

（1）在一般情况下，电容器、三极管等元器件采用立式安装，而电阻器、二极管等采用卧式（贴板）安装；

（2）卧式安装间隙在 1 mm 左右，立式安装间隙在 5 ~ 10 mm，但电解电容安装间隙在 1 mm 左右；

（3）同一规格的元器件应尽量安装在同一高度上；

（4）安装顺序一般为先低后高，先轻后重，先易后难，先一般元器件后特殊元器件；

（5）元器件的极性不能装错；

（6）应注意元器件字符标记方向一致。

2. 调试步骤

（1）加上 12 V 电源电压。

（2）接通开关 SA$_1$，当无光照射 VT$_1$ 时，继电器无动作，常闭触点闭合，常开触点断开；当有光照射 VT$_1$ 时，继电器动作，常闭触点断开，常开触点闭合。

综合实训三　延时电子门铃电路制作

一、实训目的

（1）了解光敏三极管的工作原理；

（2）掌握常用元器件的检测方法；

（3）熟悉 Protel 软件的使用；

（4）掌握用复写印制电路底图法制作 PCB 电路板的过程。

二、电路说明

电路原理图如附图 3.1 所示。

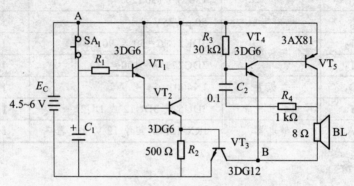

附图 3.1　延时电子门铃电路

三、元件清单

元件清单如附表 3.1 所示。

附表 3.1　元件清单

代号	器材名称	规格、型号	数量
SA_1	按钮开关	普通，KAX-1 或 AN4 或 AN6	1 只
R_1	电阻器	20 kΩ	1 支
R_2		500 Ω（470 Ω）	1 支
R_3		30 kΩ	1 支
R_4		1 kΩ	1 支
C_1	电解电容	100 μF/16 V	1 支
C_2	电　容	0.1 μF	1 支
VT_1、VT_2、VT_4	三极管	3DG6，$\beta \geq 30$	3 支
VT_3		3DG12，$\beta \geq 40$	1 支
VT_5		3AX81B，$\beta \geq 20$（9012）	1 支
BL	扬声器	250 mW，8 Ω，1.5 ~ 4 in	1 只

四、实训设备

电脑、打印机、台钻等。

五、电路板的制作

操作步骤与综合实训一相同。

六、安装调试

1. 安　装

（1）在一般情况下，电容器、三极管等元器件采用立式安装，而电阻器、二极管等采用卧式（贴板）安装；

（2）卧式安装间隙在 1 mm 左右，立式安装间隙在 5 ~ 10 mm，但电解电容安装间隙在 1 mm 左右；

（3）同一规格的元器件应尽量安装在同一高度上；

（4）安装顺序一般为先低后高，先轻后重，先易后难，先一般元器件后特殊元器件；

（5）元器件的极性不能装错；

（6）应注意元器件字符标记方向一致。

2. 调试步骤

（1）音频电路的调整。

将电源接至 A、B 两端，其中 A 端接正极，B 端接负极。测试音频振荡电路的总电流（50 mA 左右）。否则，可调整 R_3 的阻值。

（2）统调。将电源负极接回原处（即 C_1 电容负极），在 B 点缺口两端串接一电流表，按下开关 SA_1，观察电流（约为 50 mA 即可）。测试音频振荡电路的总电流（50 mA 左右）。

（3）调试结束，将 B 点缺口处连接好。

注：① 如要改变延时时间，可调节 R_1、C_1 的大小。

② 如要改变铃声音调，可调节 R_3、C_2 的大小。

综合实训四　集成直流稳压电源的制作

一、实训目的

（1）了解集成直流稳压电源的构成；

（2）掌握常用元件的检测方法；

（3）掌握变压器初次级的检测方法及三端稳压 LM317 的原理；

（4）熟悉 Protel 软件的使用；

（5）了解感光方法制 PCB 电路板的过程；

（6）掌握直流稳压电路的调试方法。

二、实训原理

1. 组成框图

直流稳压电源电路的组成框图如附图 4.1 所示。

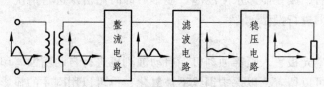

附图 4.1　直流稳压电源电路组成框图

变压器：降压。将 220 V 交流电变成合适的交流电压 u_2。

整流电路：将交流电变换为单向脉动的直流电。

滤波电路：滤去脉动直流中的交流成分使之成为平滑的直流电。

稳压电路：稳定输出的直流电压（当电网电压波动，负载、温度变化时）。

2. 电路原理图

直流稳压电源的电路图如附图 4.2 所示。

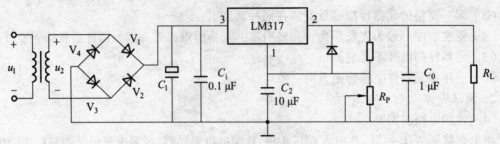

附图 4.2　直流稳压电源电路图

三、实训元件

变压器：功率为 20 W（1 个）；

集成稳压器：LM317；

电阻：$R_1 = 240\ \Omega$（1 只），$R_P = 4.7\ \mathrm{k\Omega}$（1 只）；

整流二极管及滤波电容：1N4001（4 只），$C = 2\,200\ \mu\mathrm{F}$（1 只），2CP11（1 只）。

四、实训设备

电脑、打印机、台钻、蚀刻机等。

五、电路板的制作

1. 用 Protel 软件设计好印制电路板图

用软件进行印制电路板设计时，不要把导线画得太细、焊盘画得过小。

2. 打　印

用打印机将底层的图形打印出来。

3. 感　光

把感光板的保护层去掉，将打印好的图形层覆盖在感光板的感光面上，在曝光机内进行感光（根据不同的感光板所设置的时间各异）。

4. 显　影

当感光板感光后，放在显影水中浸泡。显影后即时用清水进行清洗（显影液的浓度及显影时间，应按说明书进行操作）。

5. 腐　蚀

将显影完后的感光板置入喷雾蚀刻机，启动蚀刻机进行自动腐蚀。印制电路板腐蚀后表面残留的绿色物质可以留着，以保护铜线不被氧化，也可以用刚才的显影水泡洗掉。

6. 打　孔

六、安装调试

先安装集成稳压电路，再安装整流滤波电路，最后安装变压器，安装一级测试一级。稳压电路主要测试集成稳压器是否正常工作，在输入端加直流电压 $V_i \leqslant 12\ V$，调 R_P 输出电压 V_o 随之变化，说明正常；整流电路检查 D 是否接反，安装后接入电源、变压器，整流输出电压应变正，最后断开交流电源，将整流滤波电路与稳压电路相连，再通电输出 V_o。注意 LM317 应加散热片。

综合实训五   多路竞赛抢答器的制作

一、实训目的

（1）理解由二极管组成编码电路的原理；
（2）掌握 CD4543、CD4071、CD4069、共阴极七段显示器的功能以及管脚排列；
（3）熟悉 Protel 软件的使用；
（4）了解感光方法制 PCB 电路板的过程。

二、实训原理

参考电路如附图 5.1 所示。按钮 $S_1 \sim S_9$ 分别表示 9 名选手或 9 个代表队。S_{10} 为系统清除和抢答控制开关，该开关由主持人控制，4543 完成译码，4071 和 4069 为锁存电路。抢答开始后，若有选手按动抢答按钮，编号立即锁存，并在 LED 数码管上显示出选手的编号，其他选手抢答无效。优先抢答选手的编号一直保持到主持人将系统清零为止。

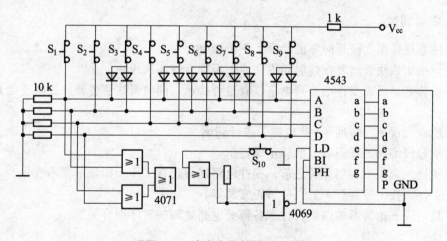

附图 5.1　路竞赛抢答器的电路图

三、实训元器件

（1）按键开关：10 只。
（2）集成电路：CD4071（1 片），CD4069（1 片），CD4543（1 片）。
（3）电阻：1 kΩ（1 只），10 kΩ（5 只）。

（4）二极管：1N4148（11 只）。

（5）共阴极显示器：1 只。

四、实训设备

电脑、打印机、台钻、蚀刻机等。

五、电路板的制作

1. 用 Protel 软件设计好印制电路板图

用软件进行印制电路板设计时，不要把导线画得太细、焊盘画得过小。

2. 打　印

用打印机将底层的图形打印出来。

3. 感　光

把感光板的保护层去掉，将打印好的图形层覆盖在感光板的感光面上，在曝光机内进行感光（根据不同的感光板所设置的时间各异）。

4. 显　影

当感光板感光后，放在显影水中浸泡。显影后即时用清水进行清洗（显影液的浓度及显影时间，应按说明书进行操作）。

5. 腐　蚀

将显影完后的感光板置入喷雾蚀刻机，启动蚀刻机进行自动腐蚀。印制电路板腐蚀后表面残留的绿色物质可以留着，以保护铜线不被氧化，也可以用刚才的显影水泡洗掉。

6. 打　孔

六、安装调试

（1）注意接单向二极管时不能接反，正极接电源。

（2）焊接集成块管脚要在短时间内完成，否则会烧坏集成块。

（3）安装完毕后，要仔细检查电路，看是否接通，同时要注意各器件之间不能有短接或断接。

（4）检查无误后，接通 +5 V 电源，进行调试。

（5）信号经编码、译码后，能够正确显示。

（6）主持人未按下控制开关之前，锁存电路能够正常工作，即显示器不变化。

（7）主持人按下控制开关后，能够正常清零。

（8）最后完成抢答器的联调，注意各部分电路之间的时序配合关系。

综合实训六　音乐彩灯控制电路的制作

一、实训目的

（1）理解音乐彩灯控制电路的原理；

（2）了解双向可控硅的工作原理；

（3）熟悉 Protel 软件的使用；

（4）了解感光方法制 PCB 电路板的过程。

二、实训原理

该彩灯控制电路可由音乐控制彩灯的亮暗。具体为由音乐信号的强弱控制红色灯的亮暗，作为背景光，声音高时红光光线强，声音弱时红光的光线暗；由音乐的音调控制黄、绿、蓝三种颜色灯光的亮暗，低音重时变为蓝色，中音重时变为绿色，高音重时变为黄色。音乐彩灯控制器电路如附图 6.1 所示。

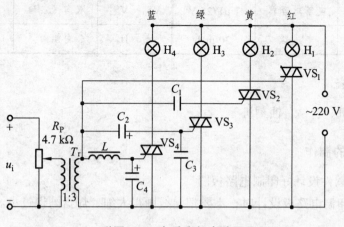

附图 6.1   音乐彩灯电路图

控制器的控制信号可以直接由音响系统输出端提供，然后通过变压器 T_r 升压后触发可控硅，使可控硅随音乐电信号的强弱作通断变化，从而控制流经灯泡电流的大小，使各灯泡发出明暗不断变化的彩色灯光。

为了直接利用市电，电路中使用双向可控硅，可选用 3CTS，它与负载相串联。考虑到音乐的彩色效果，在电路中采用了 4 种颜色的彩灯支路 H_1、H_2、H_3、H_4，每条支路控制一种颜色的彩灯。

音乐信号通过隔离变压器直接控制 VS_1，在整个频率范围内由声音高低控制红色灯的发光程度。

H_2、H_3、H_4 三条支路前分别接入了选频网络。由 C_1 滤除低频信号，由高频信号触发 VS_2 使黄色灯随高频成分的强弱而变化；由 C_2、C_3 构成中频选频网络，由中频信号触发 VS_3，使绿色灯随中频成分的成分而变化；由 L 和 C_4 构成低通网络，由低频信号触发 VS_4，使蓝色灯 H_4 随低频信号的强弱变化而变化。

电路中，升压变压器可用 40 mm × 40 mm 铁芯绕制，初级线圈 400 匝，次级线圈 1 200 匝，均用直径 0.1 mm 的高强度漆包线，初次级之间要绝缘良好。双向可控硅可根据所带彩灯的数量选择，一般每安培电流可带动 200 W 灯泡，建议选用 3 A/600 V 的。彩灯 H_1、H_2、H_3、H_4 分别选用红色、黄色、绿色和蓝色的白炽灯，每路可用多个灯泡并联，但总功率不得超过可控硅的允许功率。电感 L 可选用 30 mH 左右的电感器，也可用直径 1.0 mm 漆包线在 25 mm × 25 mm 骨架上绕制约 110 匝左右。

三、元件清单

音乐彩灯控制电路元件清单如附表 6.1 所示。

附表 6.1 元 件 清 单

符　号	名　　称	规　格	符　号	名　　称	规　格
C_1、C_3	电容器	0.33 μF	R_P	电位器	4.7 kΩ/1 W
C_2	电解电容器	2 μF/25 V	Tr	隔离变压器	$N_1 : N_2 = 1 : 3$
C_4	电解电容器	1 μF/25 V	$VS_1 \sim VS_4$	双向可控硅	3 A/600 V
L	电感器	20 mH	$H_1 \sim H_4$	白炽灯	25 W/220 V

四、实训设备

电脑、打印机、台钻、蚀刻机等。

五、电路板的制作

1. 用 Protel 软件设计好印制电路板图

用软件进行印制电路板设计时，不要把导线画得太细、焊盘画得过小。

2. 打　印

用打印机将底层的图形打印出来。

3. 感　光

把感光板的保护层去掉，将打印好的图形层覆盖在感光板的感光面上，在曝光机内进行感光（根据不同的感光板所设置的时间各异）。

4. 显　影

当感光板感光后，放在显影水中浸泡。显影后即时用清水进行清洗（显影液的浓度及显影时间，应按说明书进行操作）。

5. 腐　蚀

将显影完后的感光板置入喷雾蚀刻机，启动蚀刻机进行自动腐蚀。印制电路板腐蚀后表面残留的绿色物质可以留着，以保护铜线不被氧化，也可以用刚才的显影水泡洗掉。

6. 打　孔

六、制作调试

电路焊好以后，检查电路连接是否正确，有无虚焊。确认无误后，先接上触发信号，再接通市电，调节电位器 R_P，使灯泡闪烁。在调试时一定要注意人身安全，因为电路板连接 220 V 交流电。

彩灯可以用额定电压为 220 V 的，然后再将这些彩灯串并联。彩灯负载较大时，可控硅因发热较多而需要加散热片，其具体尺寸因负载大小而定，以可控硅能安全工作为宜。

综合实训七　编码电子锁的制作

一、实训目的

（1）了解编码电子锁的工作原理；
（2）了解 1496 的功能以及管脚排列；
（3）熟悉 Protel 软件的使用；
（4）掌握感光方法制 PCB 电路板的过程。

二、实训原理

编码电子锁不需要钥匙，只要记住一组 10 进制数字（即所谓编码，一般为 4 位数，此电路中采用 1496），顺着数字的先后从高位数到低位数，用手指逐个按键开关，锁便自动打开。若操作顺序不对，锁就打不开。同时该电子锁还具有电子门铃的功能，只要按下 0 号按键，音乐片就能驱动扬声器发出音乐声。编码电子锁原理电路如附图 7.1 所示，图中有十个按键开关 $S_0 \sim S_9$，分别标记为 0～9。电路中有 4 个 D 触发器，由两片 74LS74 双 D 触发器组成。四个 D 触发器的触发端都连在一起，由反相器 4 的输出控制，并接一只电容 C_2 到地，由于电容两端的电压不能跃变，因此在接通电源的瞬间，$\overline{P}_d$ 端为低电平，将 4 个 D 触发器置零。F 输出为低电平，电子锁处于关闭状态。

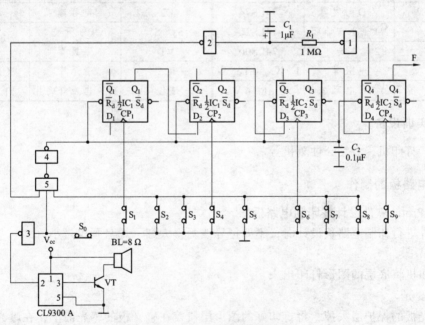

附图 7.1　编码电子锁原理图

左边第一个触发器的 D_1 端悬空（或通过一直电阻接电源），始终处于高电平。它的输出端 Q_1 接下一个触发器的 D_2 端，依次类推，D_2 接 D_3，D_3 接 D_4。因此有一个 D 触发器的输入状态与前一个触发器的输出相同，既 $D_{n+1} = Q_n$。4 个 D 触发器的 CP 脉冲输入端 CP_1、CP_2、CP_3、CP_4 分别通过按键开关 S_1、S_4、S_6 和 S_9 接地，形成 1469 四位编码。当 S_1、S_4、S_6、S_9 没有被按下时，4 个 CP 脉冲端均悬空，相当于输入高电平，输出保持原状态不变，当按下

S_1 键后 CP_1 变为低电平，松手后，CP_1 来了一个上升沿，使触发器 D_1 的输出 Q_1 变成了高电平。再按下 S_4 并松手后，CP_2 来了一个上升沿，使 D_2 的输出也变成了高电平，依次类推，当人们先后按次序按下 S_1、S_4、S_6、S_9 时将会依次使 $D_2 = Q_1 = 1$、$D_3 = Q_2 = 1$、$D_4 = Q_3 = 1$、$D_4 = F = 1$。F 作为输出端驱动控制电路，将锁打开。若输入的次序不对，锁就不能被打开。

电路中，与非门 5 的输出经反相器 4 后接到 4 个触发器的复位端。与非门 5 有 3 个输入端，一个通过 S_0 接地，当按下 S_0 时，与非门输出低电平，经 4 反相器将各触发器复位，同时，由于 S_0 被按下，将与非门 3 的输出为高电平，给 CL9300A 的触发端提供一个触发信号，音乐片带动扬声器工作，发出声音，既具有电子门铃的功能。与非门 5 的第二个输入端与开关 S_2、S_3、S_5、S_7、S_8 相连，当这些开关中有一个被按下时，都会将 $D_1 \sim D_4$ 置零。与非门 5 的第三个输入端经反相器 1 和 2 及由 R_1、C_1 组成的延时网络与第四个触发器的 Q_4 端相连，当依次输入密码将锁打开后，Q_4 输出低电平，使反相器 1 输出高电平，经 RC 延时网络延时一定时间后，将反相器 2 置零，使各个 D 触发器复位。延时时间的长短，取决于电阻 R_1 和电容 C_1 的值。

三、元件清单

使用元件如附表 7.1 所示。

附表 7.1　元 件 清 单

符　号	名　称	规　格	符　号	名　称	规　格
IC1，IC2	双 D 触发器	74LS74	C2	电容器	$0.1\ \mu F$
IC3	2/4 输入与非门	74LS20	$S_0 \sim S_9$	按钮开关	
IC4	4/2 输入与非门	74LS00	VT	三极管	9013
R_1	电阻器	$1\ M\Omega$，$0.125\ W$	IC5	音乐片	CL9300 A
C_1	电解电容器	$1\ \mu F/16\ V$	BL	扬声器或蜂鸣片	$1.5\ in/8\ \Omega$

四、实训设备

电脑、打印机、台钻、蚀刻机等。

五、电路板的制作

1. 用 Protel 软件设计好印制电路板图

用软件进行印制电路板设计时，不要把导线画得太细、焊盘画得过小。

2. 打　印

用打印机将底层的图形打印出来。

3. 感　光

把感光板的保护层去掉，将打印好的图形层覆盖在感光板的感光面上，在曝光机内进行感光（根据不同的感光板所设置的时间各异）。

4. 显　影

当感光板感光后，放在显影水中浸泡。显影后即时用清水进行清洗（显影液的浓度及显影时间，应按说明书进行操作）。

5. 腐　蚀

将显影完后的感光板置入喷雾蚀刻机，启动蚀刻机进行自动腐蚀。印制电路板腐蚀后表面残留的绿色物质可以留着，以保护铜线不被氧化，也可以用刚才的显影水泡洗掉。

6. 打 孔

六、安装调试

该电路的安装与调试可在电子线路插接板上进行。各集成电路必须选用 TTL 集成电路，4 个触发器可由 74LS74 双 D 触发器组成，3 输入端与非门 5 和反相器 4 可用一片 74LS20 完成，反相器 1、2、3 可用一片 74LS00 完成。

电源电压取 5 V，三极管可先焊接在音乐片上，与扬声器或蜂鸣片连接在一起，再插接到插接板上。音乐片的电源电压范围为 3～18 V，为了与电路电源相适应，也采取 5 V 电源供电。开锁后的延迟时间可以通过调节 R_1 和 C_1 的数值进行调整，电容越大延迟时间越长，电阻越大，延迟时间也越长。调试时，可在 Q_1、Q_2，Q_3、Q_4 端分别接 1 只发光二极管显示其状态。电路故障的排除方法与前面介绍的相同，此处不再赘述。

综合实训八　LED 数码显示电子钟装调

一、实训目的

（1）了解电子钟的原理；
（2）熟悉元器件的识别及检测方法；
（3）了解各集成电路的管脚功能；
（4）练习贴片的安装与焊接技术。

二、实训原理图

数字钟电路如附图 8.1 所示，采用一只 PMOS 大规模集成电路 LM8560 和 4 位 LED 显示屏，通过驱动显示屏便能显示时、分。振荡部分采用石英晶体作时基信号源，从而保证了走时精度。

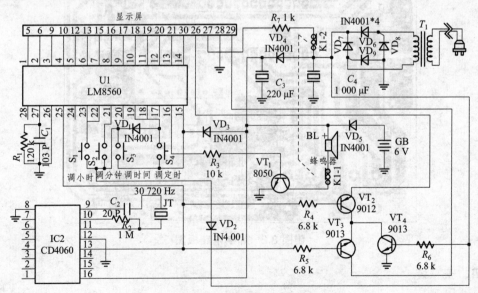

附图 8.1　数字钟电路原理图

LM8560 是 50/60 Hz 的时基 24 小时专用数字钟集成电路,有 28 只管脚是显示笔画输出,15 脚为正电源端,20 脚为负电源端,27 脚是内部振荡器 RC 输入端,16 脚为报警输出。

CD4060、JT、R_2、C_2 构成 60 Hz 的时基电路,CD4060 内部包含 14 位 2 分频器和 1 个振荡器,电路简洁,30 720 Hz 的信号经分频后,得到 60 Hz 的信号送到 LM8560 的 25 脚,经 VT_2、VT_3 驱动显示屏内的各段笔画分两组轮流点亮。

当调好定时时间后,按下开关 K_1,显示屏右下方有绿点指示,到定时时间有驱动信号经 R_3 使 VT_1 工作,即可定时报警输出。

在面板上从左到右,存在 5 个微动开关,分别是 S_4、S_3、K_1、S_2、S_1,其中 S_1 调小时、S_2 调分钟、S_3 调时钟、S_4 调定时、K_1 为定时报警开关(闹铃开关)。

调时钟时,需按下 S_3 的同时按动 S_1 可调小时数,按下 S_3 的同时按动 S_2 可调分钟数。

调定时报警时,需按下 S_4 的同时按动 S_1 可调闹铃的小时数,按下 S_4 的同时按动 S_2 可调分钟数。

三、印制板图(底视图)

该收音机一部分为插件元件,一部分是贴片元件,其印制板图如附图 8.2 所示。

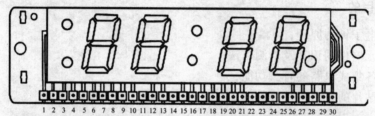

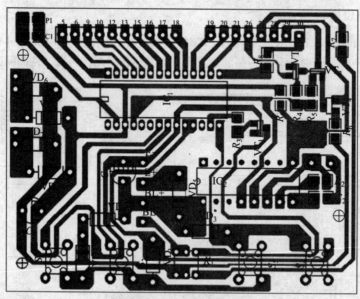

附图 8.2　印制电路板图

四、安　装

在动手焊接前请用万用表将各元器件测量一下,安装时先装低矮和耐热的元器件,然后再装大一点的元器件，最后装怕热的元器件（如三极管、集成电路等）。

电阻的安装：将电阻的阻值选择好后，紧贴电路板安装，电解电容器、二极管、三极管安装时注意极性，电解电容器 C_4 紧贴电路板卧式安装，C_3 紧贴电路析立式安装，二极管紧贴电路板立式安装，三极管安装时注意型号，轻触开关和直锁开关紧贴电路板安装。

排线两端去塑料皮上锡后，一端按原理图的序号接 LCD 的显示屏，另外一端接电路板，蜂鸣器安装时注意接线，在蜂鸣器的两端分别焊接红、黑导线，导线的另一端分别接电路板的 BL、BL_。

变压器安装在前盖两个高的座上，用螺丝钉固定，接入电路时注意分清初、次级，蜂鸣器装在前盖的共振腔座孔中，用电烙铁点一下固定，显示屏和电路板分别用 3 颗自攻螺钉固定，电路板与显示屏之间的排线折成 S 形，防止排线在焊接处折断，电源线卡好后引出壳外，电源弹簧依顺序安好，前盖和后盖对好后扣好，再用自攻螺钉固定即可。

五、调　试

通电前应认真对照电路原理图和线路板，检查有无错焊、漏焊，特别是观察电路板上有无短路现象发生，如有故障要一一排除。只要焊接正确，通电后即可正常工作，时间显示并闪动，调整后就不闪动了。

综合实训九　数字万用表装调

一、实训目的

（1）了解数字万用表的原理；
（2）熟悉元器件的识别及检测方法；
（3）了解数字集成电路 IC7106 的工作原理；
（4）掌握集成电路的安装与焊接技术。

二、实训原理

数字万用表的参考电路如附图 9.1 所示为 DT830B，它是 3 位半数字万用表，其核心是以 ICL7106A/D 转换器为核心的数字万用表，A/D 转换器将 0～2 V 的模拟电压变成 3 位半的 BCD 码数字显示出来，将被测直流电压、交流电压、直流电流及电阻等物理量变成 0～2 V 的直流电压，送到 ICL7106 的输入端，即可在数字表上进行检测。

为检测大于 2 V 的直流电压，在输入端引入衰减器，将信号变为 0～2 V，检测显示时再放大同样的倍数。

检测交流电压，首先必须将被测输入信号作衰减，与上述直流电压检测是相同的，衰减之后的交流电压还要进行精密整流，变成直流电压后才能进入 A/D 转换器。

检测直流电流，首先必须将被测电流变成 0～2 V 的直流电压即实现衰减与 I/V 变换，衰减是由精密电阻构成的具有不同分流系数的分流器完成。

电阻的检测是利用电流源在电阻上产生压降，因为被测电阻上通过的电流是恒定的，所以在被测电阻上产生的压降与其阻值正比，然后将得到的电压信号送到 A/D 转换器进行检测。

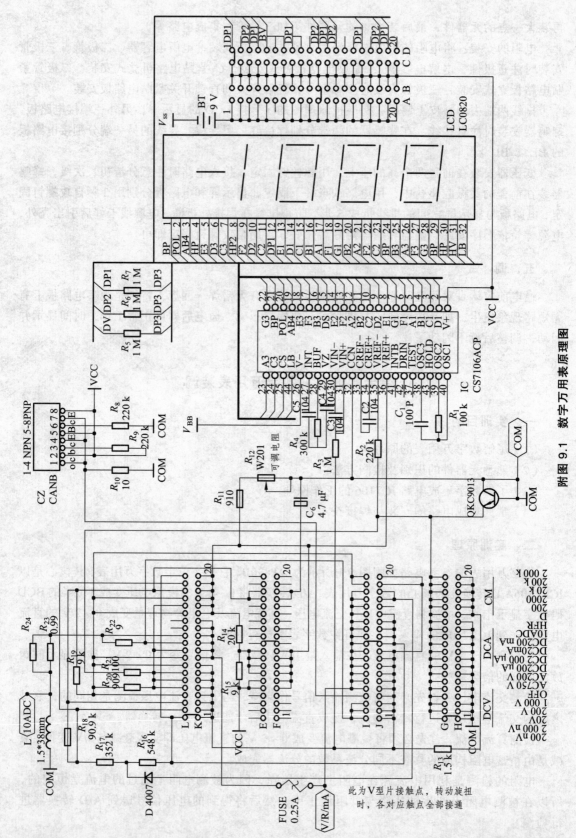

附图 9.1 数字万用表原理图

294

三、印制板图

印制电路如附图9.2所示，双面板的A面是焊接面，中间环行印制导线是功能、量程转换开关电路，需要小心保护，不得划伤或污染。

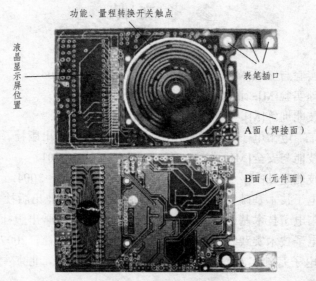

附图9.2　印制电路板图

四、安　装

DT830B由机壳塑料件（包括上下盖和旋钮）、印制板部件（包括插口）、液晶屏及表笔等组成，组装成功关键是装配印制板部件，整机安装流程如附图9.3所示。

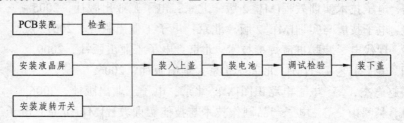

附图9.3　整机安装流程

安装前必须仔细清理、测试元器件。

（1）将所有元器件按顺序插焊到印制电路板相应位置上。安装电阻时，如果孔距大，则采用卧式安装；如果孔距小，则采用立式安装。电容、二极管、三极管采用立式焊接，特别是二极管、三极管安装时要注意极性。

（2）安装电位器、三极管插座时要注意安装方向，三极管插座装在A面，而且应使定位凸点与外壳对准，在B面焊接。

五、调　试

调试时可配合一台标准表和1.5 V电池进行。将本表置于DC 2 V（2 000 m）挡位，与标准表一起测量1.5 V电池的电压，调节校准可调电阻，使本表显示的结果与标准表相同即可。

参 考 文 献

[1]　付家才. 电工实验与实践[M]. 北京：高等教育出版社，2004.

[2]　程周. 电工基础实验[M]. 北京：高等教育出版社，2001.

[3]　杨利军. 电工技能训练[M]. 北京：机械工业出版社，2004.

[4]　吴新开，于立言. 电工电子实践教程[M]. 北京：人民邮电出版社，2002.

[5]　李运兴. 电工技能与安全[M]. 北京：石油工业出版社，2001.

[6]　王港元. 电子技能基础[M]. 2 版. 成都：四川大学出版社，2004.

[7]　徐咏冬. 电工电子技术基础实训[M]. 2 版. 北京：机械工业出版社，2007.

[8]　沙晓菁. 电工与电子技术基础技能实训[M]. 北京：清华大学出版社，2005.

[9]　袁桂慈. 电工电子技术实践教程[M]. 北京：机械工业出版社，2007.

[10]　曾建唐. 电工电子基础实践教程（上册）实验·EDA[M]. 北京：机械工业出版社，
　　　2003.

[11]　曾建唐. 电工电子基础实践教程（下册）实习·课程设计[M]. 北京：机械工业出版社，
　　　2003.

[12]　高嵩，苑秀香. 电工电子技术实训[M]. 北京：化学工业出版社，2002.

[13]　肖俊武. 电工电子实训与设计[M]. 北京：电子工业出版社，2005.

[14]　杨碧石. 电子技术实训教程[M]. 2 版. 北京：电子工业出版社，2005.

[15]　张大彪. 电子技能与实训[M]. 2 版. 北京：电子工业出版社，2007.

[16]　攀融融. 现代电子装联再流焊接技术. 北京：电子工业出版社，2009.

[17]　周春阳. 电子工艺实习[M]. 北京：北京大学出版社，2006.

[18]　赵青，赵志杰，等. 电子电路识图[M]. 北京：电子工业出版社，2006.

[19]　孙余凯，吴鸣山，等. 电子产品制作技术与技能实训教程[M]. 北京：电子工业出版社，
　　　2006.

[20]　韩雪涛. 电子仪表应用技术与技能实训教程[M]. 北京：电子工业出版社，2006.

[21]　韩广兴，韩雪涛，等. 电子产品装配技术与技能实训教程[M]. 北京：电子工业出版社，
　　　2006.

[22]　孙余凯，吴鸣山，等. 模拟电路基础与技能实训教程[M]. 北京：电子工业出版社，2006.

[23]　胡斌. 图表细说元器件及实用电路[M]. 北京：电子工业出版社，2005.

[24]　周惠潮. 常用电子元器件及典型应用[M]. 北京：电子工业出版社，2005.

[25]　王昊，李昕，等. 通用电子元器件的选用与检测[M]. 北京：电子工业出版社，2006.

[26]　胡万海，张帆，等. Protel 电路及印制板设计大全[M]. 北京：中国宇航出版社，1998.

[27]　李东升，张勇，等. Protel 99SE 电路设计技术入门与应用[M]. 北京：电子工业出版社，
　　　2002.